Springer-Lehrbuch

Georg Färber

Prozeß-rechentechnik

Grundlagen, Hardware, Echtzeitverhalten

Dritte, überarbeitete Auflage mit 116 Abbildungen

Springer-Verlag
Berlin Heidelberg NewYork
London Paris Tokyo
Hong Kong Barcelona Budapest

Prof. Dr. Georg Färber
Technische Universität München
Lehrstuhl für Prozeßrechner
Fakultät für Elektrotechnik
und Informationstechnik
Arcisstraße 21
80333 München

ISBN 978-3-540-58029-4   ISBN 978-3-642-87972-2 (eBook)
DOI 10.1007/978-3-642-87972-2

CIP-Eintrag beantragt

Satz: Reproduktionsfertige Vorlage des Autors
SPIN: 10424620   62/3020 - 5 4 3 2 1 0 - Gedruckt auf säurefreiem Papier

Vorwort

Das Fachgebiet "Prozeßrechentechnik" hat seit dem Erscheinen der ersten Auflage dieses Buches im Jahre 1979 tiefgreifende Veränderungen erfahren: Prozeßrechner gibt es als eigene Geräteklasse vor allem deshalb nicht mehr, weil sich die Architektur der Universalrechner genau in die Richtung weiterentwickelt hat, die durch die klassischen Prozeßrechner vorgegeben war. Insbesondere gehören leistungsfähige Programm-Unterbrechungssysteme heute zur Standardausstattung jedes Rechners und Mikrorechners.

Vor allem unter dem Einfluß der Mikroprozessortechnologie wurden die klassischen, zentral organisierten Prozeßrechnersysteme einerseits durch verteilte Prozeßrechner- und Prozeßleitsysteme, andererseits durch spezialisierte Automatisierungsgeräte (z.B. Steuerungen und digitale Regler) ersetzt. Dabei bleiben jedoch die grundlegenden Konzepte der Prozeßrechentechnik maßgebend, die den Schwerpunkt der neuen, völlig überarbeiteten Auflage dieses Buches bilden: Insbesondere sind dies das Echtzeitverhalten und die Anschlußtechniken, durch welche die Umformung von physikalischen Signalen, Meßwerten und Stellgrößen von und zu informationstechnisch handhabbaren Größen erfolgt.

Ohne die Unterstützung durch die Mitarbeiter meines Lehrstuhls wäre diese Neuauflage nicht möglich gewesen. Besonderer Dank gebührt Frau U. Fuchs, die den schwierigen technischen Text in sehr kurzer Zeit und praktisch fehlerfrei geschrieben hat, sowie Herrn K. Hettler, der mit großem Geschick und Gestaltungsvermögen alle Zeichnungen erstellt hat.

Herrn G. Koller danke ich für seine Hilfe bei der Zusammenstellung von Text und Zeichnungen zum druckfertigen Manuskript sowie bei der Erstellung von Inhalts- und Stichwortverzeichnis, ohne seine Beherrschung des verwendeten Publishing-Softwarepakets und die von ihm realisierten Umsetzungsfunktionen aus anderen Textsystemen hätte das Buch nicht so rasch und perfekt erstellt werden können. Herrn M. Triller und Herrn J. Quade danke ich für die kritische fachliche Durchsicht des Manuskripts und für zahlreiche Anregungen zu inhaltlichen und stilistischen Verbesserungen.

Dem Springer-Verlag möchte ich für seine Unterstützung und insbesondere für seine große, bei der immer wieder verzögerten Manuskriptabgabe bewiesene Geduld sehr herzlich danken.

München, im Mai 1994   G. Färber

Inhaltsverzeichnis

Verzeichnis der Abbildungen

1 Prozeßautomatisierung mit Rechnern

1.1 Einführung

Bereits in den frühen 60er Jahren wurden elektronische Rechenanlagen zur Steuerung von technischen Prozessen eingesetzt: Prozeßsignale konnten direkt aufgenommen, verarbeitet und wieder an den Prozeß ausgegeben werden. Die hohen Kosten dieser Rechner führten jedoch – zusammen mit einigen technischen Mängeln dieser frühen Modelle – dazu, daß vielen Installationen der durchschlagende Erfolg versagt blieb. Um die Wirtschaftlichkeit der Rechner nachweisen zu können, mußten viele, auch voneinander unabhängige Anwendungen auf ein und demselben Rechner realisiert werden. Die Realisierungszeiten wurden dadurch oft sehr lang, und manche Systeme, deren Verwirklichung mit viel Begeisterung begonnen wurde, kamen gar nicht oder nur mit sehr eingeschränkten Funktionen zum Einsatz.

Beispiele für derartige klassische Prozeßrechnersysteme stammen von folgenden Unternehmen:

- In den USA von Control Data (CDC 1700), IBM (1800), Honeywell (H516), General Electric und von Digital Equipment (PDP-8, PDP-11), das sich auf diesem Gebiet zum erfolgreichsten Unternehmen entwickelte.

- In Deutschland haben die Hersteller Siemens (Serie 300) und AEG mit zwei Familien (TR 86, AEG 60/50) Prozeßrechnersysteme der 1. Generation geliefert.

Zahlreiche neue Unternehmen, die sich der Herstellung von Prozeßrechnern oder Minicomputern widmeten, sind in den zurückliegenden dreißig Jahren entstanden – die meisten von ihnen sind inzwischen wieder vom Markt verschwunden. In Deutschland sind hier die Firmen Dietz (Mincal) und ERA zu erwähnen, die damals sehr leistungsfähige Systeme anboten. Auch Rechner der Firma Zuse wurden für Aufgaben der Prozeßautomatisierung eingesetzt.

Die Entwicklung der Halbleitertechnologie hat hier zu wesentlichen Änderungen geführt. Die Hardware von Prozeßrechnern ist heute so preiswert, daß ihr Einsatz auch für sehr kleine Anwendungen wirtschaftlich ist. Die Technik der Mikroprozessoren - deren Architektur sich im übrigen stark am Vorbild der klassischen Prozeßrechner orientierte – führt einerseits dazu, daß die von einem Prozeßrechnersystem wahrzunehmenden Aufgaben zunehmend auf mehrere Rechner aufgeteilt werden (dezentrale Prozeßdatenverarbeitung), andererseits werden immer kleinere technische Prozesse Gegenstand der Automatisierung durch Kleinst-Prozeßrechner. So werden Geräte wie Küchenherde, Nähmaschinen, Waschmaschinen, Fernseh- und Tonbandgeräte durch Mikroprozessoren gesteuert. Die prinzipiellen Methoden der Prozeßdatenverarbeitung haben damit eine ungeahnt breite Anwendung gefunden; unter dem Einfluß dieser Technologie haben viele Produkte aus unterschiedlichen Branchen ihr Gesicht wesentlich verändert.

Das vorliegende Buch, das aus einer seit mehr als 15 Jahren gehaltenen Vorlesung "Prozeßrechentechnik" entstanden ist, soll in die Grundlagen dieses Faches einführen und folgende Inhalte vermitteln:

- Zunächst (Kapitel 1) wird der Begriff des Prozesses eingeführt und auf Vorgänge im zu automatisierenden System sowie im Rechner angewandt. Nach einer Darstellung der besonderen Kennzeichen von Prozeßrechnern werden ihre Einsatzgebiete anhand von Beispielen erläutert.

- Grundkenntnisse über die Prozeßrechner-Hardware werden in Kapitel 2 vermittelt. Architektureigenschaften von Prozessoren und Ein-/Ausgabe-Systemen, die Gerätetechnik zum Anschluß von Prozeßsignalen und Maßnahmen zur Erhöhung von Zuverlässigkeit und Sicherheit sind Gegenstand dieses Abschnitts.

- Kapitel 3 ist dem Echtzeitverhalten gewidmet. Hier spielt die Modellierung des Zeitverhaltens sowohl des Rechners als auch des von ihm gesteuerten Systems die zentrale Rolle; daraus abgeleitet werden die Grundlagen, auf denen typische Echtzeit-Betriebssysteme aufsetzen.

- Abschließend (Kapitel 4) werden einige aktuelle technische Ausprägungen von Prozeßrechnersystemen präsentiert. Obwohl hier sehr unterschiedliche Hardware- und Software-Techniken eingesetzt werden, sind die zugrunde liegenden Prinzipien immer die gleichen.

1.2 Technische Prozesse und Rechenprozesse

Laut DIN-Norm (66201) ist der Begriff "Prozeß" als

"Umformung und/oder Transport von Materie, Energie und/oder Information"

definiert /1/. Ein Prozeß ist also ein Vorgang, eine Folge von einzelnen Operationen, die sequentiell ablaufen. Ein Prozeß kann z.B. durch ein externes Ereignis ausgelöst werden und nach seinem definierten Ablauf zum Ende kommen. Es gibt auch zyklische Prozesse, in denen sich der vorgegebene Ablauf zyklisch (nicht unbedingt periodisch) wiederholt.

Im allgemeinen gibt es in einem System viele derartige Prozesse, die parallel zueinander, gleichzeitig ablaufen. Diese Prozesse können voneinander völlig unabhängig sein, sie können sich jedoch auch gegenseitig beeinflussen, also voneinander abhängig sein. Wenn z.B. in einer fünfachsigen Fräsmaschine ein Werkstück gefertigt werden muß, dann müssen die fünf Prozesse, welche die Vorgänge der Einzel-Achsen charakterisieren, streng zueinander synchronisiert sein.

Für die Prozeßrechentechnik müssen drei Arten von Prozessen voneinander unterschieden werden:

a) Technische Prozesse

Ein technischer Prozeß ist ein Prozeß, dessen Zustandsgrößen mit technischen Mitteln gemessen, gesteuert und/oder geregelt werden können (DIN 66201). Es handelt sich also um Vorgänge (Umformung, Verarbeitung, Transport von Materie oder von Energie), meist gibt es in dem zu automatisierenden System viele parallel laufende Vorgänge, die in mehr oder weniger großem Umfang voneinander abhängen. Prozeßrechner dienen der Automatisierung des Messens, Steuerns und Regelns in technischen Prozessen.

Technische Prozesse kann man nach verschiedenen Gesichtspunkten klassifizieren /2/:

- nach Art des zeitlichen Ablaufs des Prozesses (kontinuierliche oder diskontinuierliche Prozesse),

- nach der Art der umgeformten oder transportierten Größen (Material, Energie, Information),

- nach dem Einsatzgebiet (Verfahrenstechnik, Fertigung, Verteilung, Messen, Prüfen),

- nach der Art der Variablen, durch die der Prozeß beschrieben wird (physikalische Größen mit kontinuierlichem Wertebereich [Fließprozesse], binäre Informationselemente [Folgeprozesse], Informationseinheiten, die einzelnen Objekten zugeordnet werden können [Stückprozesse].

Die meisten technischen Prozesse stellen eine Mischung aus den oben genannten Prozeß-Klassen dar.

Damit ein Prozeßrechner auf technische Prozesse einwirken kann, muß er

- über Stellglieder (Aktoren) Zustandsgrößen der technischen Prozesse verändern können und

- über Sensoren Information über Zustandsgrößen des technischen Prozesses gewinnen.

Die zwischen dem Prozeßrechner und den Aktoren/Sensoren ausgetauschte Information kann sowohl analoger als auch digitaler Natur sein.

Technische Prozesse gibt es z.B.

- in verfahrenstechnischen Anlagen,

- in Maschinen und verketteten Fertigungseinrichtungen,

- in Haushaltsgeräten (z.B. Waschmaschine),

- im Fahrzeug (z.B. Automotor),

- in biologischen Systemen (z.B. Herzschrittmacher).

b) Rechenprozesse

Während technische Prozesse der Umformung, Verarbeitung und dem Transport von *Materie* oder *Energie* gewidmet sind, haben Rechenprozesse die Umformung, Verarbeitung und den Transport von *Information* zum Gegenstand. Der Ablauf eines Programms in einem Rechner wird als Rechenprozeß, häufig auch nur als "Prozeß" bezeichnet. Häufig wird auch die Bezeichnung "Task" verwendet, insbesondere auch, um eine klare Unterscheidung zu den technischen Prozessen zu erreichen.

Während also das *Programm* die statische Aufschreibung von Befehlen, von Algorithmen ist, gewissermaßen die "Bedienungsanleitung" darstellt, bedeutet der *Rechenprozeß* die dynamische Ausführung des Programms, sozusagen die Ausführung der Bedienungsanleitung.

Auf einem Rechner können quasi gleichzeitig mehrere Rechenprozesse ausgeführt werden, solange die Rechenleistung ausreicht. Diese Betriebsart eines Rechners nennt man *Multitasking*, gelegentlich auch Multiprocessing.

Mehrere Rechenprozesse können in einem Rechner dasselbe Programm benutzen, ihr Ablauf muß hierzu mehrmals angestoßen werden. Allerdings benötigt jeder Prozeß seinen eigenen Datenbereich. Beispiele hierfür sind:

- Ein Programm zur Steuerung von Schrittmotoren: sind z.B. 10 Schrittmotoren angeschlossen, dann steuert jeweils 1 Rechenprozeß seinen Schrittmotor, so daß 10 Rechenprozesse dasselbe Programm benutzen.

- Ähnlich ist es bei einem Terminal-Steuerprogramm, mit dem jeweils 1 Rechenprozeß 1 Terminal bedient.

Ein einfaches Modell für die Aufteilung der Zeit eines Rechners auf n (Beispiel n = 4) Rechenprozesse wird im folgenden vorgestellt – jeder Rechenprozeß erhält hier denselben Anteil der Rechnerleistung (Abb. 1.1):

- Die jedem Prozeß zugeteilte Zeitscheibe sei T (Beispiel T = 1 ms): Zyklisch wird eine Zeitscheibe dem ersten, zweiten, dritten, vierten und dann wieder dem ersten Rechenprozeß zugeteilt.

- Betrachtet man den Umschaltvorgang genauer, dann muß jeweils zunächst der *Kontext* des Rechenprozesses (also alle Größen, die zum Zeitpunkt des Prozeß-Wechsels in den Prozessor-Registern gespeichert sind) für diesen Prozeß abgespeichert werden, danach muß der Kontext des nächsten Rechenprozesses geladen werden, damit das Programm genau mit demselben Zustand fortgesetzt werden kann, in dem es am Ende der letzten Zeitscheibe unterbrochen

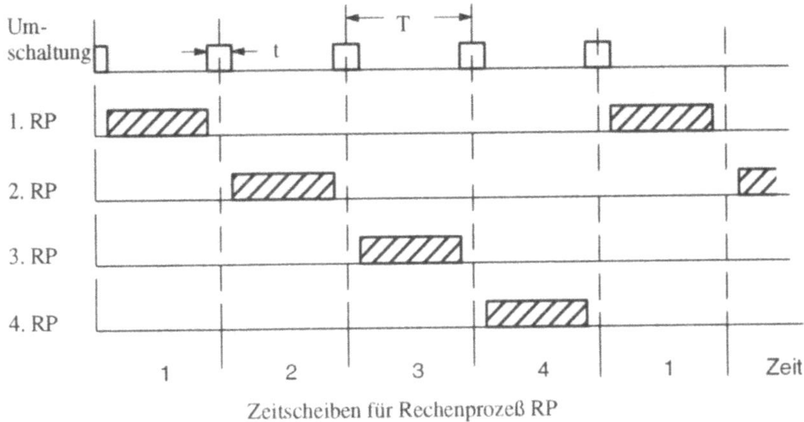

Abb. 1.1: Einfaches Modell für die Aufteilung eines Prozessors auf Rechenprozesse

wurde. Dieser Kontextswitch benötigt die Zeit t (z.B. t = 0,1 ms). Durch den Kontext-Austausch entsteht offensichtlich ein Overhead von $100 \cdot t/T$ %, wobei t durch die Architektur und Leistung des Rechners gegeben ist. Abb. 1.2 zeigt die sich ergebende Leistung in Abhängigkeit von dem Verhältnis T/t. Je größer die Zeitscheibe T gewählt wird, desto kleiner ist der Overhead - allerdings wird eine quasi gleichzeitige Bearbeitung der Rechenprozesse nur erreicht, wenn T genügend klein ist.

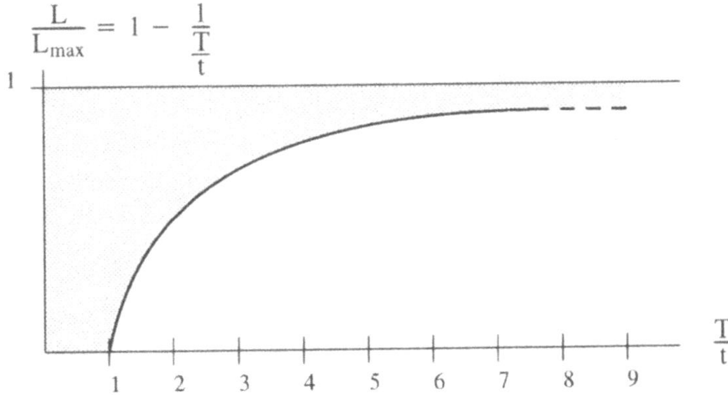

Abb. 1.2: Rechenleistungsverlust bei kleinen Zeitscheiben

Die Vergabe identischer Zeitscheiben teilt den einzelnen Rechenprozessen gleich große Anteile an der Prozessorleistung zu. In der Praxis ist es Aufgabe des Echtzeit-Betriebssystems (insbesondere des Schedulers, vgl. Abschnitt 3.2), den einzelnen Rechenprozessen zu jedem Zeitpunkt die erforderliche Rechenzeit zur Verfügung zu stellen.

Rechenprozesse laufen natürlich nicht sinnvoll ohne Kommunikation nach außen ab:

- Sie erhalten Information bzw. Nachrichten, die entweder von anderen Rechenprozessen herkommen oder von außen (z.B. Zustandsinformation vom technischen Prozeß): Sensoren sind gewissermaßen die Wandler, die Information über physikalische Zustände im technischen Prozeß aufnehmen und in Nachrichten umsetzen, die von den Rechenprozessen empfangen werden.

- Sie geben Informationen/Nachrichten ab, entweder zu anderen Rechenprozessen oder nach außen (z.B. Steuerungsinformation an technische Prozesse): Aktoren sind hier die Wandler, die Nachrichten aus Rechenprozessen in physikalische Signale umsetzen.

Rechenprozesse sind also "kommunizierende sequentielle Prozesse" (CSP, Communicating Sequential Processes) /3/.

Die Rechenprozesse eines Prozeßrechnersystems laufen

- entweder auf einem zentralen Prozeßrechner

- oder sie sind auf mehrere Rechner verteilt (verteiltes Prozeßrechnersystem). Die Kommunikation erfolgt entweder innerhalb eines Rechners oder zwischen verschiedenen Rechnern. Die Verteilung der Rechenprozesse auf die Rechner erfolgt dabei nach Lastsituation oder nach den benötigten Ressourcen (z.B. Anschlüsse zu den technischen Prozessen) entweder *statisch* (also bei der Installation) oder *dynamisch* (also während des Betriebs).

c) Kognitive Prozesse

Die meisten durch Prozeßrechner automatisierten Systeme benötigen immer noch die Kommunikation mit dem Menschen als Bediener. Auch die Vorgänge im Kopf des Bedieners kann man als komplexe "Prozesse zur Umformung von Information" verstehen, auch diese "Denkprozesse" kommunizieren sowohl intern als auch über die Geräte der Mensch-Maschine-Kommunikation (z.B. Bildschirm, Tastatur) extern.

Abb. 1.3 zeigt die Einordnung von kognitiven Prozessen, Rechenprozessen und technischen Prozessen, wobei die Kommunikation zwischen Prozessen unterschiedlicher Art durch Wandler (Mensch-Maschine-Kommunikations-Geräte, Aktoren/Sensoren) ermöglicht wird.

Abb. 1.4 zeigt, wie diese unterschiedlichen Prozesse (dargestellt durch Kreise) miteinander interagieren:

- Technische Prozesse liefern Zustandsinformation und werden durch Stellgrößen beeinflußt; innerhalb einer Maschine können durchaus mehrere Prozesse ablaufen, welche miteinander (z.B. durch mechanische Einrichtungen wie Getriebe) kommunizieren.

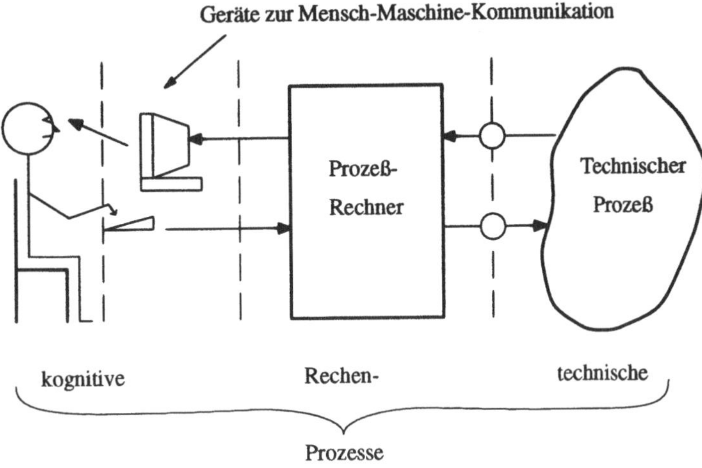

Abb. 1.3: Prozeß-Formen in Prozeßrechensystemen

- Aktoren und Sensoren fungieren als Nachrichten-Wandler, sie verstehen/erzeugen Nachrichten, die von Rechenprozessen erzeugt bzw. verstanden werden.

- Rechenprozesse laufen innerhalb der Rechnersysteme ab, sie können mit Sensoren und Aktoren sowie untereinander kommunizieren. Die Verteilung der Rechenprozesse auf physikalische Rechner erfolgt nach Auslastung und ggf. mit dem Ziel, die physikalische Kommunikation zwischen Rechnern zu minimieren. Oft gibt es auch gerätetechnische Beschränkungen; Datenerfassungs- und Steuerungsprozesse sollten auf den Rechnern laufen, an welche die Sensoren bzw. Aktoren angeschlossen sind.

- Als Schnittstelle zwischen den Rechenprozessen und den kognitiven Prozessen dient das Mensch-Maschine-Interface, das auf der Eingabe-Seite z.B. aus einer Tastatur oder Maus, auf der Ausgabe-Seite aus einem Display besteht. Die wahrnehmungspsychologisch optimale Darstellung von Prozeßinformation und die richtige Strategie zur interaktiven Bedienung sind noch immer wichtiger Forschungsgegenstand.

- Schließlich laufen im Operator kognitive Prozesse ab, die über die Mensch-Maschine-Schnittstelle mit den Rechenprozessen kommunizieren.

Gegebenenfalls gibt es auch noch Kommunikation mit übergeordneten Rechnern, in diesem Fall kommunizieren Rechenprozesse im Prozeßrechner mit Rechenprozessen des übergeordneten Rechnersystems (Datenkommunikation).

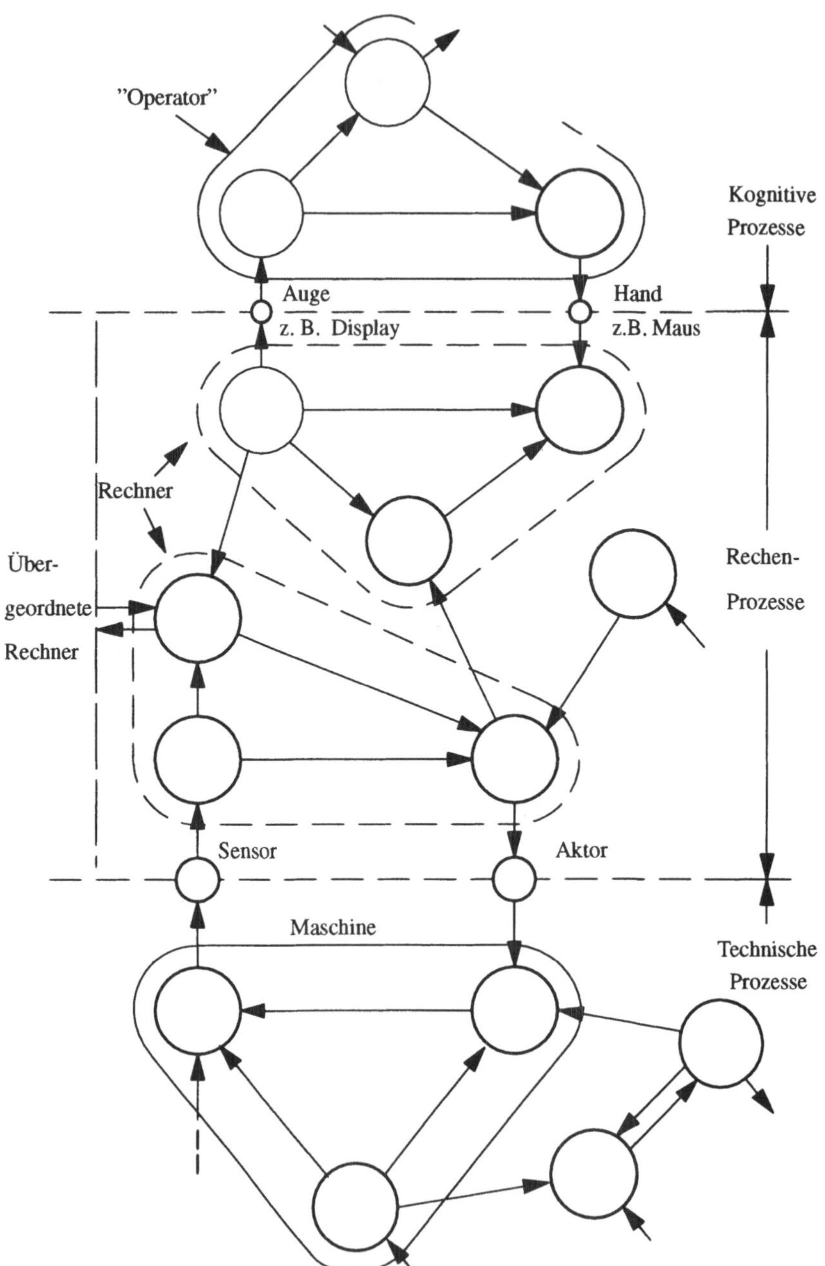

Abb. 1.4: Kommunikation von Prozessen

1.3 Besondere Kennzeichen von Prozeßrechnern

Bei der ersten und zweiten Generation von Prozeßrechnersystemen gab es noch deutliche Unterschiede zu anderen Datenverarbeitungs-Anlagen, welche allerdings heute fast verschwunden sind. Gründe dafür sind:

- Nahezu alle Datenverarbeitungs-Anwendungen sind heute durch interaktiven Betrieb und Rechnervernetzung gekennzeichnet, es stellen sich an die Architektur dieser Rechner sehr ähnliche Anforderungen wie an Prozeßrechner.

- Fast alle modernen Datenverarbeitungssysteme und Prozeßrechner basieren auf Mikroprozessoren: Deren Architektur ist fast immer durch die Architektur früherer Prozeßrechner definiert.

Drei charakteristische Merkmale kennzeichnen jedoch heute noch den Prozeßrechner, sie sollen im folgenden anhand von Beispielen vorgestellt werden.

a) Direkt gekoppelter Betrieb

Das erste wichtige Merkmal ist die Möglichkeit des direkten Anschlusses von Prozeßsignalen an den Rechner (Online-Kopplung). Daß dies nicht selbstverständlich ist, zeigen die folgenden Beispiele:

Datenerfassung

In der Vergangenheit (und zum Teil noch heute) wurden Protokolle von Prozeßdaten manuell oder mit Hilfe eines Datenloggers erstellt. Diese Daten werden später in eine rechnerlesbare Form gebracht und können damit auf jeder Datenverarbeitungsanlage verarbeitet werden. Allerdings ist der Aufwand so groß, daß man ihn nur sehr selten (z.B. Störfälle) betreibt, und die dazu benötigte Zeit ist viel zu groß, um mit den daraus gewonnenen Erkenntnissen noch Einfluß auf das Prozeßgeschehen nehmen zu können.

Der Prozeßrechner (Abb. 1.5) kann mit seiner Online-Datenerfassung alle Signale schon im Moment der Entstehung aufnehmen (z.B. zyklisch oder zu bestimmten, vom technischen Prozeß vorgegebenen Zeitpunkten) und sofort mit der Analyse des Prozeßzustands beginnen. Es gibt zahlreiche Beispiele für reine Datenerfassungsaufgaben, in denen nur die Online-Datenerfassung einen wirksamen Nutzen erbringt. Drei Beispiele sollen dies verdeutlichen:

- In der neurophysiologischen Forschung besteht die Möglichkeit, mit Hilfe von winzigen Mikroelektroden von einzelnen Nervenzellen elektrische Signale abzuleiten, die sogenannten Nervenimpulse. Die Statistik und zeitliche Reihenfolge dieser Nervenimpulse erlauben Rückschlüsse auf die Funktion der erfaßten Nervenzelle. Vor der Einführung von Prozeßrechnern in diesem Forschungsgebiet wurden diese Nervenimpulse über einen Oszillographen auf Filme aufgezeichnet. Mit Hilfe eines Meßstabes konnten dann die räumlichen Abstände zwischen diesen Impulsen auf dem Film ermittelt und in einen Zeit-

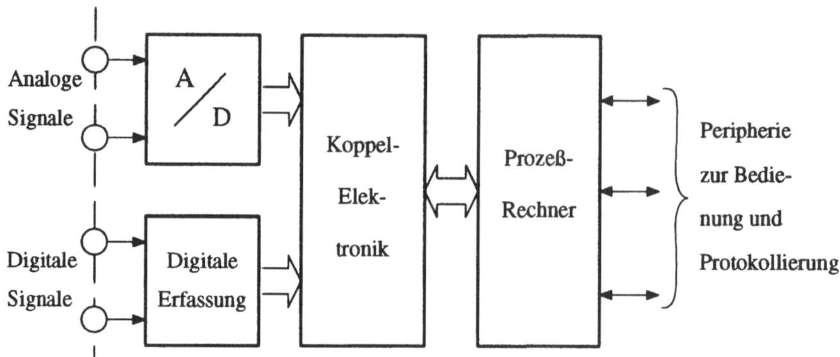

Abb. 1.5: Online-Datenerfassung

wert umgesetzt werden. Bei einer mittleren Impulsrate von 50 Impulsen pro Sekunde müssen für ein Zeitintervall von nur 1 Minute 3000 Meßwerte in dieser mühsamen Form erfaßt werden. Eine Nervenzelle ist aber in der Lage, über mehrere Stunden wichtige Informationen zu liefern. Man erkennt, daß bei diesen Experimenten vor der Einführung der Prozeßrechner die Auswertezeit der begrenzende Faktor war. Heute werden die Impulse direkt vom Prozeßrechner ausgemessen, und bereits während des Experiments steht die entsprechende Signalstatistik zur Beurteilung durch den Experimentator zur Verfügung. Dieses Beispiel steht stellvertretend für eine große Zahl von Experimenten, in denen der Prozeßrechner heute als Standard-Werkzeug die Untersuchungszeiten verkürzen hilft.

- Ein weiteres Beispiel sind die Crash-Tests, wie sie bei der Entwicklung von Automobilen durchgeführt werden (Safety-Tests). Während des eigentlichen "Crash", also während des Abbrems- bzw. Aufprall-Vorgangs fallen in etwa 1 Sekunde eine Million Meßwerte an. Das einzige Verfahren, diese Datenmenge zu erfassen und Auswerteergebnisse so rasch vorliegen zu haben, daß diese noch Auswirkungen auf den nächsten Versuch haben können, ist die Verwendung eines direkt gekoppelten Prozeßrechners.

- Ein drittes Beispiel ist die Installation von Umwelt-Meßnetzen: An möglichst vielen Meßstellen müssen z.B. die Konzentrationen bestimmter Gase in der Luft kontinuierlich gemessen und auf Grenzwerte überprüft werden. Die so entstehende Datenflut ist ohne den Einsatz von Prozeßrechnern nicht beherrschbar.

Datenausgabe

Auch die direkte Ausgabe von analogen oder digitalen Signalen zur Steuerung von technischen Prozessen (auf Anforderung oder zu bestimmten Zeiten) ist eine wichtige Prozeßrechneranwendung. Als Beispiel diene eine numerisch gesteuerte Werkzeugmaschine:

- Bei der Offline-Steuerung werden die geometrischen Daten des zu fertigenden Werkstücks in die Datenverarbeitungsanlage eingegeben, es entsteht eine Folge von Steueranweisungen für die NC-Steuerung, bei klassischen Systemen auf einem Lochstreifen. Danach liest der Lochstreifenleser der Werkzeugmaschine diese Information und gibt sie an die einzelnen Aggregate weiter. Vor Ort, also an der Werkzeugmaschine, ist keine Modifikation des Steuerprogramms mehr möglich: Kleine Korrekturen am Werkstück machen einen erneuten Durchlauf in der Datenverarbeitungsanlage erforderlich, mit jeder Modifikation ist also die Erstellung eines neuen Lochstreifens mit den zugehörigen Durchlaufzeiten verbunden.

- Bei der Online-Kopplung steht der Prozeßrechner direkt bei der Werkzeugmaschine und ist für die Aufnahme der Geometriedaten und deren Umwandlung in Steueranweisungen für die Maschine verantwortlich. Über die Koppelelektronik werden diese Anweisungen direkt an den Steuerteil der Werkzeugmaschine weitergegeben. Änderungen der Geometriedaten sind vor Ort problemlos möglich.

Closed-Loop-System

Der Einsatz des Prozeßrechners brachte bei beiden vorgestellten Beispielen insbesondere zeitliche und aufwandsmäßige Vorteile. Komplexe geschlossene Systeme (Closed-Loop-Systeme, die aus Datenerfassung, Erarbeitung von Steueranweisungen und Steueroperationen bestehen) werden erst durch die Online-Eigenschaften des Prozeßrechners möglich. Als Beispiel wird wiederum die numerische Steuerung von Werkzeugmaschinen gewählt. Zusätzlich zu den oben beschriebenen Funktionen wird jetzt am Werkstück und/oder am Werkzeug gemessen, die Steueranweisungen werden jeweils nach Vergleich von Sollwert und Istwert der geometrischen Daten ermittelt und ausgegeben (Abb. 1.6). Daraus ergibt sich der Vorteil einer höheren Genauigkeit sowie einer höheren Unempfindlichkeit gegen die Abnutzung von Werkzeugen und gegen sonstige Störgrößen. Aus einem gesteuerten System ist ein digital geregeltes System geworden.

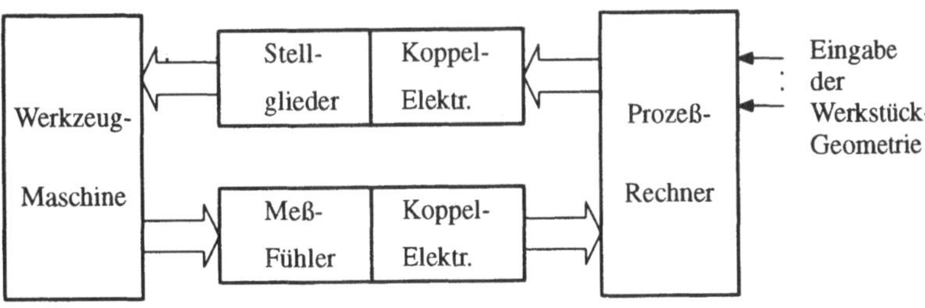

Abb. 1.6: Closed-Loop-Betrieb

Voraussetzung für den Online-Anschluß ist das Vorhandensein von Prozeßperipherie, die das Einlesen und Ausgeben von analogen und digitalen Prozeßsignalen ermöglicht (vgl. Abschnitt 2.4).

b) Echtzeitbetrieb

Während es bei klassischen Datenverarbeitungs-Aufgaben nicht so sehr darauf ankommt, wann genau eine bestimmte Aufgabe abgeschlossen ist, müssen bei Prozeßrechner-Anwendungen zum Teil sehr kritische Zeitbedingungen erfüllt werden. Bezüglich der Verarbeitungsgeschwindigkeit und der Reaktionszeit werden besondere Anforderungen gestellt: Der Rechner muß mit den Vorgängen, die er erfassen und steuern soll, Schritt halten können (vgl. Abschnitt 3.1).

Echtzeit-Anforderungen gibt es auch bei Rechnern, die nicht zu den Prozeßrechnern zählen. Insbesondere bei Buchungs- und Reservierungs-Systemen (z.B. Flugreservierung) müssen bezüglich der Antwortzeiten recht enge Zeitbedingungen eingehalten werden. Diese liegen jedoch im allgemeinen in der Größenordnung von einigen Sekunden, während es bei Prozeßrechnern um Antwortzeiten im Millisekunden- oder gar Mikrosekundenbereich geht.

Bei der bereits oben erwähnten numerisch gesteuerten Werkzeugmaschine muß das Zeitintervall, welches für die Aufgaben

- Messen und Umwandeln in Digitalsignale,

- Erfassen,

- Verarbeiten,

- Ausgeben und Umwandlen in Prozeßsignale und

- Steuern

benötigt wird, kleiner sein als bestimmte Regelstrecken-Zeitkonstanten, sonst ist eine optimale rückgeführte Steuerung nicht möglich.

Abb. 1.7 zeigt als weiteres Beispiel schematisch eine Weiche in einem Fördersystem. Vor dieser Weiche befindet sich ein Leser, der eine auf den transportierten Behältern aufgebrachte Identifikations-Nummer lesen kann. Diese Nummer gibt die Zieladresse an, zu welcher der Behälter befördert werden muß. Der Prozeßrechner übernimmt die Identifikations-Nummer aus dem Leser, bestimmt daraus die Weichenstellung und erzeugt die entsprechenden Steuersignale. Die Reaktionszeit des Rechners muß nun kürzer sein als die durch den Weg x und die Transportgeschwindigkeit v bestimmte Zeit $t_{max} = x/v$, andernfalls sind Fehlstellungen der Weiche möglich. Bei dem Fördersystem kann es sich um eine Rohrpost, um eine Eisenbahn oder um ein Transportsystem von Behältern im Krankenhaus handeln, so daß die Geschwindigkeit v einen großen Wertebereich überstreicht und damit sehr unterschiedliche Anforderungen an das Echtzeitverhalten des Rechners gestellt werden.

Prozeßrechner sind hardware- und softwaremäßig in der Lage, gleichzeitig mehrere technische Prozesse zu überwachen oder zu steuern. So wird man im oben angegebenen Beispiel einen Prozeßrechner nicht nur zur Steuerung einer

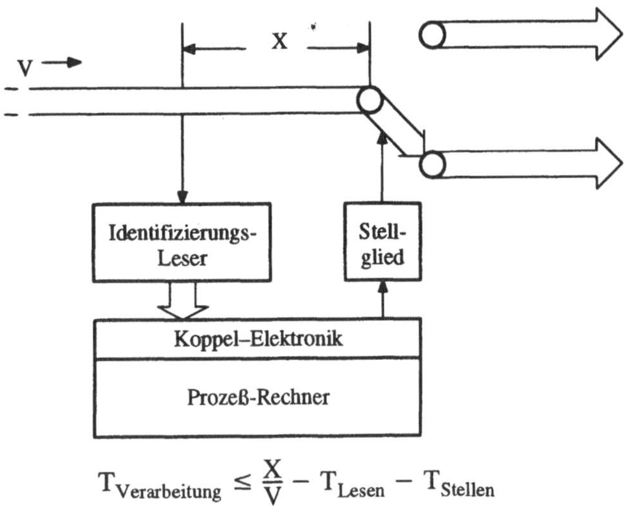

$$T_{Verarbeitung} \leq \frac{X}{V} - T_{Lesen} - T_{Stellen}$$

Abb. 1.7: Echtzeitbedingung bei einer prozeßrechnergesteuerten Weiche

Weiche, sondern möglicherweise aller Weichen des Systems einsetzen. Das Echtzeitverhalten muß dennoch für jeden dieser technischen Prozesse garantiert werden, sogar für den schlechtesten Fall (worst case), daß genau gleichzeitig an allen Lesern Transportbehälter angekommen sind.

Ein weiteres Beispiel hierfür ist die direkte digitale Regelung (DDC); der Prozeßrechner ist in der Lage, die Regler für viele Regelkreise durch eigene Rechenprozesse zu realisieren. Dabei müssen folgende Aufgaben zyklisch durchlaufen werden:

- Meßwertaufnahme (Istwert-Messung),

- Verarbeitung gemäß vorgegebenem Regelalgorithmus, der z.B. durch ein übergeordnetes Programm optimiert wird,

- Steuerung der Stellglieder.

Auch hier gilt, daß dieser Zyklus im Verhältnis zu den Regelkreis-Zeitkonstanten ausreichend häufig durchlaufen werden muß.

Die beiden Beispiele sind durch die Gleichartigkeit der Teilprozesse gut zu beschreiben und in ihrem zeitlichen Verhalten zu beherrschen. Deutlich schwieriger ist es, das Echtzeitverhalten auch in solchen Systemen zu garantieren, in denen sehr unterschiedliche technische Prozesse mit unterschiedlicher zeitlicher Struktur durch entsprechende Rechenprozesse beherrscht werden müssen.

Alle modernen Rechnersysteme erlauben die quasi simultane Bearbeitung mehrerer Aufgaben. Während die Zuteilung des Rechners (und anderer Betriebsmittel) bei klassischen DV-Anlagen durch den Operator vorgenommen wird, werden die einzelnen Programmläufe bei Prozeßrechnern durch Vorgänge im Prozeß selbst ausgelöst. Ein Echtzeit-Betriebssystem (vgl. Abschnitt 3.3) muß dafür sorgen, daß auch mehrere gleichzeitig anstehende Aufgaben entsprechend ihrer Wichtigkeit innerhalb der vorgegebenen tolerierbaren Zeit bearbeitet werden.

c) Anforderungen an die Zuverlässigkeit und Sicherheit

An die Zuverlässigkeit von Prozeßrechnern werden besondere Anforderungen gestellt: Prozeßrechner müssen oft im 7-Tage-/24-Stunden-Betrieb funktionsfähig sein. Jeder Ausfall kann dazu führen, daß

- damit die gesamte Produktionsanlage ausfällt, womit sehr hohe Kosten verbunden sein können,

- sich die Produkt-Qualität verschlechtert (oder der Energie- bzw. Rohstoff-Bedarf),

- hohe Kosten bei der Wiederinbetriebnahme entstehen.

Es wird immer wirtschaftlicher, hochzuverlässige Prozeßrechner einzusetzen, ggf. fehlertolerante Systeme (vgl. Abschnitt 2.6), welche auch beim Ausfall einzelner Komponenten ihre Funktionen weiter erfüllen.

Es gibt auch sicherheitskritische Anwendungen von Prozeßrechnern, deren unkontrollierter Ausfall die Sicherheit von Menschen gefährdet. Beispiele hierfür sind Anlagen in der Intensivmedizin (Patientenüberwachung), in der Kernkraftwerks-Überwachung sowie bei der Steuerung von Flugzeugen. Bei sicherheitskritischen Anwendungen spielt der "fail-safe"-Begriff eine besondere Rolle: Bei Erkennung des Ausfalls muß der Prozeßrechner das System in einen sicheren Zustand bringen (z.B. das Eisenbahnsignal auf "Halt" stellen). Sicherheitskritische Anwendungen machen zum Teil sehr aufwendige technische Maßnahmen notwendig.

Die Bezeichnung *Prozeßrechner* hat sich eingebürgert, da dieser Rechnertyp vorwiegend zur

"Automatisierung technischer Prozesse"

eingesetzt wird. Dabei kann der Begriff "technischer Prozeß" so weit gefaßt werden, daß auch biologische oder medizinische Vorgänge dazugehören. Der Begriff "Prozeßrechner" wird nur in der deutschen Sprache verwendet: im englischen Sprachraum werden Prozeßrechner unter dem Sammelnamen "Minicomputer" geführt.

1.4 Einsatzgebiete und Beispiele

1.4.1 Industrielle Produktion

Prozeßrechner werden heute in allen Bereichen der industriellen Produktion eingesetzt. Im folgenden werden willkürlich einige Beispiele zitiert, um einen Überblick über die Breite der Einsatzmöglichkeiten zu geben.

- **Papiermaschinen-Steuerung:** Dem Prozeßrechner werden hier Aufgaben der Datenerfassung, der Störungsüberwachung, der Vergabe von Sollwerten an die untergeordneten Regelkreise für die Antriebstechnik, Aufgaben der Protokollierung und der globalen Optimierung übertragen.

- **Steuerung von Walzwerken:** Der Prozeßrechner mißt die Stärke, die Temperatur und die Geschwindigkeit des Walzguts und überwacht dessen jeweilige Lage. Er optimiert die Einstellung der Walzen sowie die Walzgeschwindigkeit in Abhängigkeit von Temperatur, Anforderungen an die Qualität, Walzgutstärke usw. Hinzu kommen Aufgaben der Störungsüberwachung für die gesamte Anlage.

- **Automatisierung der Roheisenerzeugung im Hochofen:** Neben der zentralen Erfassung und Registrierung aller wichtiger Größen sowie der raschen Auswertung und Meßwertüberwachung ist vor allem die Erhöhung der Ofenleistung und der Qualität Ziel der Automatisierung. Dies wird erreicht durch laufende Analysen und daraus abgeleitete Verbesserungen des Verfahrensablaufs (Begichtungsprogramm). Ähnliche Anwendungen gibt es auch bei der Herstellung von Aluminiumlegierungen.

- **Automatisierung im Zementwerk:** Der Prozeßrechner wird eingesetzt, um ein optimales Mischungsverhältnis zwischen den einzelnen Zement-Komponenten zu erreichen. Aufgrund von Analysen des Zementgemisches kann der Zufluß der einzelnen Komponenten gesteuert werden.

- **Automatisierung in Raffinerien:** Prozeßrechner dienen hier zur Überwachung der Produktionsanlagen sowie zur Optimierung des Prozeßzustandes. Meist werden heute spezialisierte verteilte Prozeßrechnersysteme eingesetzt, die als "Prozeßleitsysteme" bezeichnet werden.

- **Chemische Verfahrenstechnik:** Unter anderem werden Verfahren der direkten digitalen Regelung eingesetzt, da es sich häufig um sehr viele langsame Regelkreise für recht komplexe Regelstrecken handelt. Auch hier werden Prozeßleitsysteme eingesetzt.

- **Steuerungsaufgaben in der Fördertechnik:** Prozeßrechner übernehmen die Überwachung und Steuerung für die Förderzeuge, etwa in Fertigungsstraßen, bei Krankenhaus-Transportsystemen, in der Flughafen-Gepäckabfertigung oder im Postbereich. Bei der Steuerung von Hochregallagern wird dem Prozeßrechner die Aufgabe der Steuerung und Überwachung der Förderzeuge übertragen, daneben müssen die Wege für das Ein- und Auslagern der Waren optimiert werden.

- **Steuerung von Werkzeugmaschinen:** In dieser Anwendung gewinnt der Rechner zunehmend an Bedeutung. Die Kurzbezeichnungen DNC (Direct Numeric Control) und CNC (Computer Numeric Control) machen dies deutlich. Auch Fertigungszellen, die neben der Werkzeugmaschine Einrichtungen zur Versorgung und Entsorgung mit Werkstücken und Werkzeugen haben, werden durch Prozeßrechner gesteuert und koordiniert (''Zellenrechner'').

- **Steuerung von Handhabungssystemen:** Die Bahn- und Greifer-Steuerung von Robotern, deren Ausstattung mit intelligenten Sensoren (z.B. Sicht-Systeme zur Werkstückanalyse) basiert auf Prozeßrechnern.

- **Fertigungsleitsysteme:** Verteilte, aus Leitrechnern und Zellenrechnern bestehende Fertigungsleitsysteme dienen dazu, Einrichtungen zur diskreten Fertigung (Teilefertigung, Montage) zu steuern und zu überwachen.

- **Steuerung von Textilmaschinen:** Textilmaschinen gehören bekanntlich zu den frühesten automatisch gesteuerten Maschinen (Jaquard-Webmaschinen). Moderne Textilmaschinen, etwa Rundstrickmaschinen, werden heute mit Prozeßrechnern gesteuert, wobei eine direkte Umsetzung von Mustervorlagen in gestrickte Textilwaren möglich ist (optisches Abtasten des Musters, Umsetzen in Maschinenanweisungen, Steuerung der Maschine).

- **Betriebsdatenerfassung:** Aufgabe des Prozeßrechners ist hier die Überwachung von Betriebsstörungen an Produktionsmaschinen, die direkte Datenerfassung etwa von Waagen oder die Erfassung von Stückzahlen aus dem Produktionsbetrieb. An den Prozeßrechner sind dazu Betriebsdatenerfassungs- oder Maschinen-Terminals angeschlossen, welche ihrerseits Aufgaben der direkten Datenerfassung und -Steuerung wahrnehmen und zum anderen für die Kommunikation mit dem Bedienungspersonal verantwortlich sind. Ein interessantes Beispiel ist etwa die Verfolgung einzelner Güter durch die gesamte Produktionsanlage bis zur Fertigstellung: Fehlerhafte Güter können auf ihrem Produktionsweg zurückverfolgt werden und damit auf Schwachstellen innerhalb der Produktionsanlage hinweisen.

Mit der Betriebsdatenerfassung sind häufig Aufgaben der Fertigungssteuerung gekoppelt. Dem Bedienungspersonal können mehrere Fertigungsaufträge zur Auswahl angeboten werden; der Entscheidungsspielraum für die Mitarbeiter wird vergrößert. Die Fertigungssteuerung ist jedoch nicht nur ein organisatorisches Hilfsmittel. Beim Herstellen von Aluminiumlegierungen werden vom Prozeßrechner beispielsweise die richtigen Komponenten (und die sie enthaltenden Behälter) ausgewählt, die entstandene Legierung wird analysiert und – nach einer Chargenrechnung – durch das Hinzufügen neuer Komponenten korrigiert.

- **Qualitätskontrolle:** Mehr und mehr werden Prozeßrechner dafür eingesetzt, Aufgaben der Qualitätskontrolle wahrzunehmen (CAQ = Computer Aided Quality). Ein interessantes Beispiel ist die akustische Qualitätskontrolle: Ein ordnungsgemäß arbeitender Dieselmotor erzeugt beispielsweise ein genau definiertes Geräuschspektrum. Ändert sich dieses Spektrum in charakteristischer Weise, dann deutet dies einen in Kürze zu erwartenden Maschinenschaden an. Ein eingebauter Mikro-Prozeßrechner kann diesen Schaden frühzeitig erkennen und eine Präventivwartung auslösen. Auch die prozeßrechnergesteuerte optische Qualitätskontrolle, z.B. zur Überwachung von Textilmustern oder Film- bzw. Blechoberflächen, gewinnt an Bedeutung.

- **Automatisierung von Prüfeinrichtungen:** Einrichtungen zur Zwischen- oder Endprüfung von Produkten (elektronische Baugruppe bis vollständige Fahrzeuge) werden zunehmend von Prozeßrechnern gesteuert. Diese enthalten das Prüfprogramm, bei dessen einwandfreier Ausführung das Produkt die Fertigung verlassen kann. Bei Auftreten von Fehlern kann eine weitgehend automatische Identifizierung ihrer Ursachen erfolgen (Check-Out-Systeme).

- **Materialprüfung:** Materialprüfgeräte werden in Materialprüfämtern, zur Produktionskontrolle und in Entwicklungslabors eingesetzt. Am Beispiel einer Zugprüfmaschine soll die Aufgabenstellung für den Prozeßrechner erläutert werden:

Abb. 1.8 zeigt ein Kraft-Dehnungs-Diagramm, wie es entsteht, wenn man Material dehnt und die dazu notwendige Kraft mißt; der Kurvenverlauf hängt stark vom verwendeten Material ab. In diesem Diagramm sind einige Punkte von besonderem Interesse, etwa der Anstieg der Kurve im Nullpunkt, die maximale Kraft und die Dehnung an der Bruchstelle. Der Prozeßrechner führt zunächst die Datenerfassung durch, rechnet die Meßwerte um und wertet sie statistisch aus. Der für die Datenerfassung eingesetzte Rechner kann zusätzlich auch die Steuerung der Maschine übernehmen, er ist damit für die gesamte Folge der Prüfmaschinenver- und -entsorgung verantwortlich und steuert den Prüfablauf.

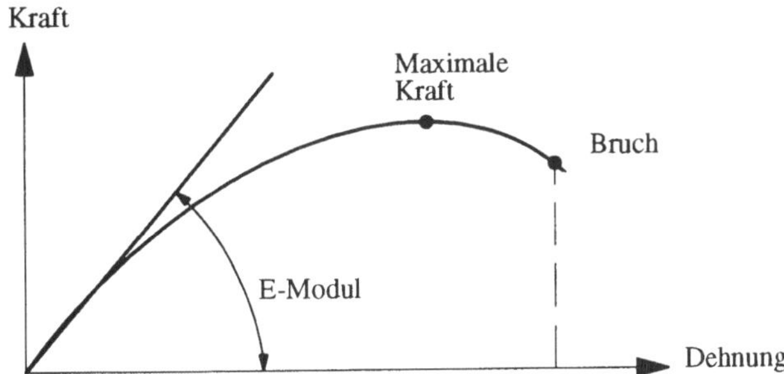

Abb. 1.8: Erfassung charakteristischer Größen im Kraft-Dehnungs-Diagramm

Schließlich kann der Prozeßrechner als Closed-Loop-System eingesetzt werden. Bei der Prüfung wird eine bestimmte statistische Sicherheit der Ergebnisse gefordert, die sich zum Beispiel auf den Mittelwert der maximalen Kraft bezieht. Diese statistische Sicherheit ist nach n Prüfungen mit Sicherheit erreicht, so daß bisher immer n Prüfungen aufgeführt werden. Wird vom Rechner nach jeder Prüfung die statistische Signifikanz untersucht, mit welcher der Mittelwert bestimmt werden kann, so kann die gesamte Prüfung in nahezu allen Fällen früher beendet werden. Es resultieren Zeitgewinn, bessere statistische Aussagen und eine bessere Nutzung der Anlage.

1.4.2 Energietechnik

In allen Bereichen der Energietechnik werden Prozeßrechner eingesetzt. Bei der *Energieerzeugung* (Wasserkraftwerk, Wärmekraftwerk, Kernkraftwerk) übernehmen Prozeßrechner Aufgaben der Anlagenüberwachung und der Sicherheitstechnik. Auch Steuerungsaufgaben werden an sie übertragen (Kraftwerks-Leitsysteme).

Ebenso wichtig sind Prozeßrechner auf dem Gebiet der *Energieverteilung*. Die Berechnung der optimalen Lastverteilung gehörte zu den ersten großen Aufgaben, welche auf digitalen Rechenanlagen überhaupt mit erheblichem wirtschaftlichen Nutzen durchgeführt wurden. Heute besteht die Möglichkeit, diese Berechnungen nicht nur global und statisch durchzuführen, sondern aufgrund des genauen Wissens über momentane Belastungszustände dynamisch. Über Meßnetze erhalten die Prozeßrechner genaue Informationen über die Zustände im Energieverteilnetz.

Schließlich werden Prozeßrechner in zunehmendem Umfang zur Optimierung der *Energienutzung* eingesetzt. Ein Beispiel hierfür ist die Haustechnik und Gebäudeautomatisierung, durch die beim Betrieb von großen Gebäudekomplexen erhebliche Energie eingespart werden kann (Gebäude-Leittechnik). Diese Optimierung der Energienutzung bezieht sich nicht nur auf elektrische Energie, andere Energieformen wie etwa die Solarenergie sind davon ebenfalls betroffen. Ein weiteres Beispiel ist die Überwachung von Leistungsaufnahmespitzen in Industriebetrieben, da bei der Überschreitung von vereinbarten Höchstgrenzen von den Energieversorgungs-Unternehmen hohe Strafzahlungen verlangt werden.

1.4.3 Verkehrstechnik

Seit vielen Jahren werden Prozeßrechner zur Steuerung des Straßenverkehrs (Verkehrsleitsysteme) eingesetzt. Sie haben dort die Aufgabe, die Ampeln so einzustellen, daß für die Verkehrsteilnehmer im Mittel minimale Wartezeiten entstehen ("grüne Welle"). Moderne Systeme messen dabei den aktuellen Verkehrsfluß und optimieren die änderbaren Parameter (Rot-Grün-Anteil, Phasenverschiebungen zwischen den einzelnen Ampeln).

Ein anderes Beispiel aus der Verkehrstechnik ist die Flugüberwachung, die heute mit Hilfe von Prozeßrechnern durchgeführt wird. Auch in der Eisenbahn-Signaltechnik werden Prozeßrechner eingesetzt, in beiden Fällen werden höchste Anforderungen an die Zuverlässigkeit und Sicherheit gestellt.

Prozeßrechner werden auch für die Steuerung der Einzelfahrzeuge eingesetzt. Dies ist in Flugzeugen schon lange selbstverständlich. Die sinkenden Hardware-Preise machen es heute möglich, Mikroprozeßrechner auch in Kraftfahrzeuge einzubauen. Ihre Aufgaben reichen dabei von Diagnose- und Überwachungs-Funktionen, Navigationshilfen über die Motor-Optimierung, Fahrwerksregelung, Antiblockiersysteme, Antikollisionsradar bis hin zur automatischen Fahrzeugsteuerung z.B. auf einer induktiven Leitschiene. Nur mit Hilfe der Mikroprozeßrechner war in den letzten Jahren der Kraftstoffverbrauch und die Umweltbelastung erheblich zu reduzieren.

1.4.4   Labor-Automatisierung

Im industriellen und wissenschaftlichen Bereich haben sich Prozeßrechner für die Labor-Automatisierung durchgesetzt. Viele physikalische und chemische Laborgeräte stellen erhebliche Anforderungen an die Leistung der Datenerfassung. Dazu gehören besonders alle Arten von Spektrometern (z.B. Massen-Spektrometer, UV- oder Infrarot-Spektrometer, Gas-Chromatographen usw.). Hier werden Signale gewonnen, die sich mit der Zeit ändern und einen für die gemessene Substanz charakteristischen Verlauf zeigen. Meist handelt es sich um die Datenerfassung und bestimmte Aufgaben der Datenvorverarbeitung, wie:

- Detektion von Gipfelwerten (z.B. bei der Massen-Spektometrie),

- Integration von Flächen in bestimmten Kurvenabschnitten (bei der Gas-Chromatographie oder der Elektrophorese),

- Aufgaben der Eichung und Geräteüberwachung,

- Drift-Kontrollen und Drift-Korrekturen,

- Umrechnen in physikalische Größen unter Verwendung von mathematischen Beziehungen und Eichtabellen,

- Mittelwertbildung und sonstige statistische Berechnungen,

- Aufbereitung von Ausgabe-Information.

In einigen Fällen werden die Ergebnisse selbst wieder zum Steuern der Analysegeräte verwendet. Beispielsweise kann die Abtastgeschwindigkeit von Spektrometern so eingestellt werden, daß uninteressante Bereiche des Spektrums mit hoher, interessante Bereiche mit niedriger Geschwindigkeit durchfahren werden. Auch dies ist ein Beispiel dafür, wie durch den Einsatz des Prozeßrechners vorhandene Geräte besser genutzt werden können.

Neben der Labor-Datenerfassung und -Vorverarbeitung übernimmt der Prozeßrechner im Labor auch organisatorische Aufgaben. So sorgt er im klinisch-chemischen Labor dafür, daß alle zu einem Patienten gehörenden Analyseergebnisse in einem Datensatz gesammelt und als Ergebnisprotokoll ausgedruckt werden. In vielen Fällen sind diese organisatorischen Aufgaben schon deshalb nicht leicht zu lösen, weil auch beim Ausfall des Prozeßrechners noch auf früher erfaßte Daten zurückgegriffen werden muß.

Natürlich handelt es sich bei der Labor-Automatisierung nicht nur um die Automatisierung physikalisch-chemischer Analysegeräte. Abhängig vom Einsatzbereich kommen sehr unterschiedliche Aufgaben auf den Prozeßrechner zu. Als Beispiel sei an den schon erwähnten Crash-Test erinnert, bei welchem der Prozeßrechner in kurzer Zeit eine große Zahl von Meßwerten erfassen und verarbeiten muß.

1.4.5 Medizin

Im medizinischen Bereich gibt es viele Anwendungen, die ohne Prozeßrechner nicht oder nur sehr umständlich bewältigt werden können. Dazu gehören alle Aufgaben der Bildverarbeitung. Zahlreiche medizinische Befunde werden in Form von Bildern dargestellt: Der Prozeßrechner übernimmt Aufgaben der Bilderzeugung, der Bilderfassung, der Bildverbesserung, der Bilderkennung sowie der Bild-Verwaltung und -Ausgabe. Manche neuere Abbildungsverfahren sind ohne den Prozeßrechner gar nicht mehr möglich. Beispiele für derartige Bilder sind:

- Röntgenbilder, welche durch den Rechner in sehr kurzer Zeit aufgenommen und wesentlich verbessert werden können.

- Computertomographische Bilder, welche überhaupt erst durch den Einsatz sehr leistungsfähiger Rechner gewonnen werden können. Dies gilt für die Röntgen-Tomographie ebenso wie für die Kernspinresonanz-Tomographie.

- Nuklearmedizinische Bilder, an deren Aufbau, Verbesserung und klarer Darstellung der Prozeßrechner beteiligt ist.

- Ultraschall-Bilder, welche eine zunehmende diagnostische Bedeutung haben. Hier übernimmt der Rechner Aufgaben der Bildverbesserung und der Bild-Analyse.

- Bilder von Zellpräparaten, etwa zur Krebs-Früherkennung oder für eugenische Beratungen. Für den Prozeßrechner sind Aufgaben der automatischen Bildverarbeitung zu lösen, an den Zellen gewonnene Vermessungsdaten werden statistisch verarbeitet und zu einer Diagnose verdichtet. Auch die Erfassung, Vermessung und Auszählung von Chromosomen in einzelnen Zellen können so automatisiert werden.

Neben der Bildverarbeitung werden Prozeßrechner zur Verarbeitung von Biosignalen eingesetzt, welche bei unterschiedlichen Untersuchungsmethoden vom menschlichen Körper geliefert werden. Das wichtigste Biosignal ist das EKG (Elektro-Kardiogramm), für dessen Auswertung es bereits eine ganze Reihe von erprobten und medizinisch validierten Programmen gibt. Auch für die Auswertung des EEG (Elektro-Enzephalogramm) gibt es Programme. Andere Biosignale sind das EMG (Elektro-Myogramm) oder das ERG (Elektro-Retinogramm).

Auf den Intensivstationen werden von den Patienten laufend wichtige Biosignale (EKG, Blutdruck, EEG) aufgenommen und durch Prozeßrechner auf pathologische Veränderungen hin überwacht. Der Prozeßrechner meldet dem wachhabenden Pflegepersonal oder dem Arzt, wenn solche Veränderungen eingetreten sind. An diesem Beispiel werden die Anforderungen an die Zuverlässigkeit von Prozeßrechnern besonders deutlich: Aufgaben der Intensivüberwachung werden daher oft nicht mehr einzelnen Rechnern, sondern redundanten Mehrrechnersystemen anvertraut.

In der medizinischen Forschung spielt der Prozeßrechner seit vielen Jahren eine wichtige Rolle. Dies gilt in der Neurophysiologie, der Neurologie, bei psychologischen Experimenten, in der Verhaltensforschung oder in der Pharmaforschung.

Der Einsatz von Prozeßrechnern im klinisch-chemischen Labor wurde bereits erwähnt. Heute gibt es Tendenzen, durch den Prozeßrechner oder ein Netz von solchen Rechnern nicht nur diese biochemisch gewonnenen Laborwerte zu speichern und zu verarbeiten, sondern mit anderen Untersuchungsergebnissen (z.B. EKG) zusammenzufassen, um damit zu einer von mehreren Seiten bestätigten, sicheren Diagnose zu kommen.

1.4.6 Entwicklungstrends

Die oben erwähnten Anwendungen machen die sehr breiten Einsatzmöglichkeiten des Prozeßrechners in den unterschiedlichsten Fachgebieten deutlich. Die zukünftige Entwicklung wird eine noch breitere Anwendung mit sich bringen: Die durch Preis, Zuverlässigkeit und Leistungsfähigkeit heute noch gesetzten Grenzen werden sich mehr und mehr ausdehnen. Einige dieser Trends sind im folgenden zusammengestellt:

- Trend zu komplexeren Aufgaben. Komplexere Aufgaben machen immer leistungsfähigere Prozeßrechnersysteme erforderlich. Dies wird einerseits durch leistungsfähigere Technologien und Architekturen der Einzelrechner erreicht, andererseits werden ganze Netze von Prozeßrechnern mit solchen komplexen Aufgaben beauftragt.

- Trend zu sicherheitsrelevanten Aufgaben. Man beginnt heute die Technik von ausfallsicheren Prozeßrechnern zu beherrschen. Dabei muß natürlich davon ausgegangen werden, daß jedes Bauelement ausfallgefährdet ist, die Ausfallsicherheit muß sich aus der überlagerten Struktur ergeben (Fehlertoleranz). Auch in diesem Zusammenhang werden Prozeßrechnernetze eine große zukünftige Bedeutung haben.

- Trend zu kleinen Aufgaben. Der sehr stark sinkende Hardware-Preis (Mikroprozessoren) ermöglicht es, die Technik der Prozeßrechner auch in sehr kleinen Anwendungen, z.B. in Konsumgütern einzusetzen. Obwohl dabei ein komplettes Prozeßrechnersystem nicht mehr als 5 oder 10 DM kosten darf, werden von diesen kleinen Systemen doch alle Anforderungen erfüllt, welche an einen Prozeßrechner gestellt werden. Alle Einrichtungen, welche heute mit konventio nellen Steuerungen ausgerüstet sind, werden innerhalb kurzer Zeit mit den Methoden verbessert, die aus dem Gebiet der Prozeßrechentechnik stammen.

Hier wird deutlich, welche Bedeutung in Zukunft die Prozeßrechentechnik für den Ingenieur allgemein und den Elektro-Ingenieur im besonderen haben wird. Alle Inhalte, die in diesem Buch behandelt werden, dürfen daher nicht nur im Zusammenhang mit klassischen Prozeßrechnersystemen gesehen werden, sondern auch im Hinblick darauf, daß dieselben Verfahren und Komponenten in Zukunft überall in der Technik zunehmend wichtige Konstruktionshilfsmittel und Produktbestandteile werden.

2 Prozeßrechner-Hardware

2.1 Übersicht

Ziel dieses Kapitels ist es, einen Überblick zu geben über die Hardware-Architektur und Gerätetechnik von Prozeßrechnersystemen. Abb. 2.1 zeigt die schematische Darstellung eines klassischen, zentral organisierten Prozeßrechners:

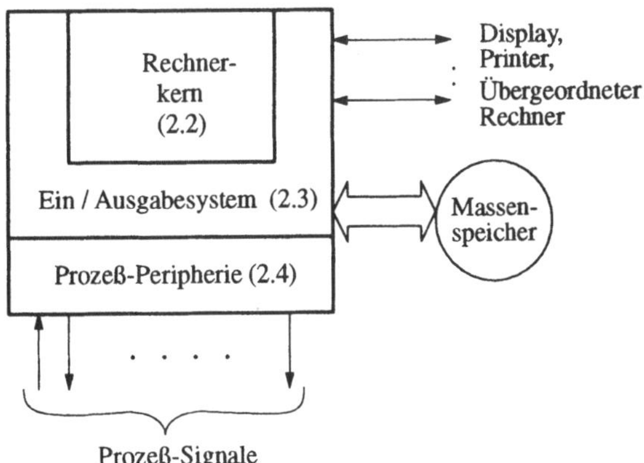

Abb. 2.1: Funktionseinheiten des Prozeßrechners

- Der Rechnerkern (Abschnitt 2.2) umfaßt den Prozessor mit dem Arbeitsspeicher.
- Das Ein-/Ausgabesystem liegt als Schale um den Rechnerkern herum (Abschnitt 2.3) und dient zum Anschluß sowohl der Prozeßperipherie als auch der klassischen Datenverarbeitungs-Peripherie (Massenspeicher, Terminal- und Druckeranschlüsse, Datenkommunikation).
- Prozeßperipherie (Abschnitt 2.4), welche die Online-Fähigkeit der Prozeßrechner herstellt. Hierzu gehören auch Anschlüsse an sehr spezielle Geräte und für spezielle Aufgabenstellungen.

Diese Darstellung gilt sowohl für große, zentrale Prozeßrechner als auch für Systeme, bei denen all diese Funktionen und Komponenten auf einem einzigen Chip untergebracht sind (embedded control, Kleinst-Prozeßrechner als Gerätebestandteil integriert).

Ein erster Schritt weg vom zentral organisierten Prozeßrechner ist die Verteilung von Prozeßperipherie und von Vorverarbeitungs-Funktionen auf mehrere Rechner. Motivation für diese Verteilung ist:

- die Vereinfachung der Installation (einfachere, preiswertere Verkabelung, einfachere Inbetriebnahme),
- die Auslagerung zeitkritischer Funktionen aus der Zentrale und damit Verbesserung des Echtzeitverhaltens,
- Verbesserung der Zuverlässigkeit durch Verteilen auf mehrere Prozessoren: Der Ausfall eines Prozessors trifft nur einen kleinen Teil der Anlage;
- die Verfügbarkeit der Technologie-Voraussetzungen für verteilte Systeme (Mikroprozessoren, Kommunikationstechniken, Software).

Abb. 2.2 zeigt, wie für eine sternförmige Verbindungstopologie die Kommunikationsanschlüsse des zentralen Prozeßrechners mit den entsprechenden Anschlüssen der "intelligenten" Unterstationen gekoppelt sind. Die dezentral angeordneten Unterstationen verwalten dezentrale Prozeßperipherie und übernehmen die erwähnten Vorverarbeitungs-Funktionen.

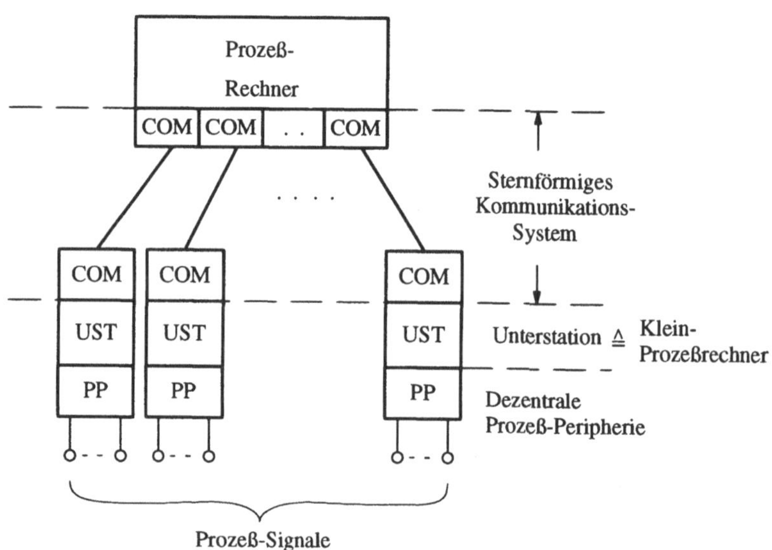

Abb. 2.2: Verteilung der Prozeßperipherie mit Vorverarbeitungsfunktion

Abb. 2.3 zeigt eine busförmige Version, bei der das sternförmig angeordnete Kommunikations-Subsystem durch einen Prozeßbus mit den erforderlichen Prozeßbus-Anschlüssen ersetzt wird. Die Aufgabenverteilung bleibt jedoch gegenüber der in Abb. 2.2 dargestellten. Die erwähnten "Unterstationen" sind im Prinzip ebenfalls Prozeßrechner im Sinne dieses Kapitels 2, die dort genannten Prinzipien können auf die Unterstationen direkt Anwendung finden.

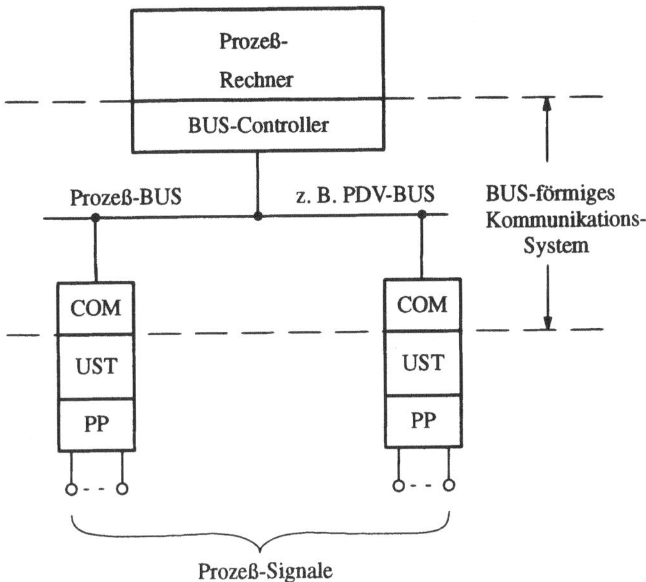

Abb. 2.3: Alternative BUS-förmige Kommunikation

Im nächsten Schritt zu einem vollständig dezentralen Prozeßrechnersystem wird eine weitgehende funktionelle Verteilung der Automatisierungsfunktionen auf beliebige Rechnerknoten möglich, gleichzeitig werden die Topologie-Einschränkungen (Stern, Bus) aufgehoben. Der Trend zu dezentralen Prozeßrechnersystemen resultiert aus folgenden Gründen:

- Funktionelle Erweiterungen, der physikalische Ausbau ist sehr viel einfacher durchzuführen. Verteilte Prozeßrechnersysteme sind besser skalierbar, d.h. an die jeweiligen Anforderungen des technischen Prozesses anpaßbar.
- Mit der Möglichkeit, bei Rechnerknoten-Ausfällen auch dynamische Verschiebungen von Rechenprozessen auf andere Knoten durchzuführen, steigt die Zuverlässigkeit des Gesamtsystems erheblich. Es ist dies eine elegante Methode, fehlertolerante Systeme zu realisieren.
- Das Verständnis für verteilte Systeme ist in den letzten Jahren deutlich gewachsen: Es gibt erprobte Verfahren und Werkzeuge, welche deren Komplexität beherrschbar machen.

Abb. 2.4 zeigt ein allgemeines Modell für solche verteilte Prozeßautomatisierungs-Systeme:

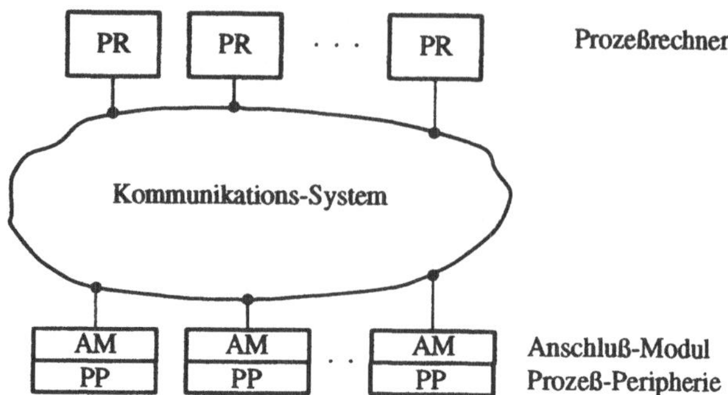

Abb. 2.4: Verteiltes Automatisierungssystem

- Zentrale Bedeutung hat ein Kommunikationssystem, das für den Informationsaustausch zwischen allen Teilnehmern genügend Bandbreite zur Verfügung stellt.
- Prozeßrechner stellen die technische Basis dar, auf welcher die Rechenprozesse ablaufen, und
- Module zum Anschluß von Prozeßperipherie stellen die Verbindung zum technischen Prozeß her – sie wandeln physikalische Eingangssignale und Zustände in Eingangs-Nachrichten, die von dem Rechner verstanden werden können, und Ausgabe-Nachrichten in physikalische Ausgangssignale.

Das Kommunikationssystem kann dabei sehr unterschiedliche physikalische und topologische Ausprägungen haben: Im einfachsten Fall (Abb. 2.5) kann es sich um ein einzelnes Bussystem handeln, das alle Rechnerknoten und Prozeßperipherie-Module miteinander verbindet. Dabei wäre allerdings eine sehr hohe Bandbreite erforderlich, was zu einem hohen technischen Aufwand für die Anschluß-Komponenten führt. Eine solche Struktur berücksichtigt nicht die tatsächlichen Informationsflüsse und würde daher bei größeren Systemen zu hohem Aufwand führen.

Die in Abb. 2.6a dargestellte Alternative nimmt auf die tatsächlichen Kommunikationsbeziehungen Rücksicht – z.B. kommuniziert eine Reihe von Prozeßperipherie-Modulen nur mit Rechenprozessen in einem Rechnerknoten, der z.B. die Vorgänge in einem räumlich abgegrenzten Bereich überwacht und steuert ("Automatisierungsinsel"). Die Aufteilung in mehrere physikalische Bussysteme, die durch die Rechnerknoten miteinander verbunden sind, entspricht den heutigen Architekturvorstellungen verteilter Prozeßrechnersysteme (Abb. 2.6b): In Abschnitt 4.4 werden solche hierarchisch strukturierte verteilte Prozeßautomatisierungs-Systeme detaillierter behandelt.

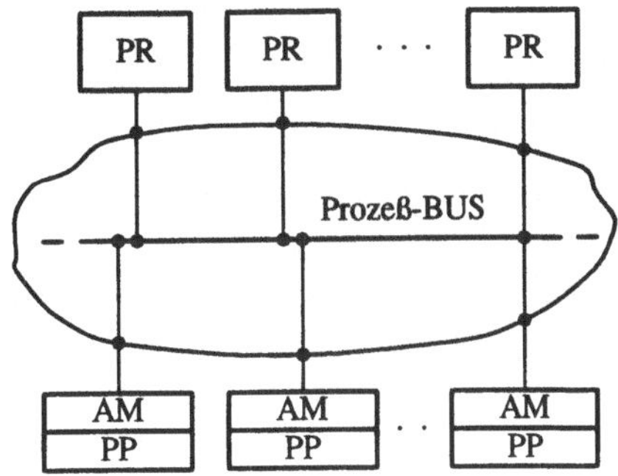

Abb. 2.5: BUS als Kommunikations-System

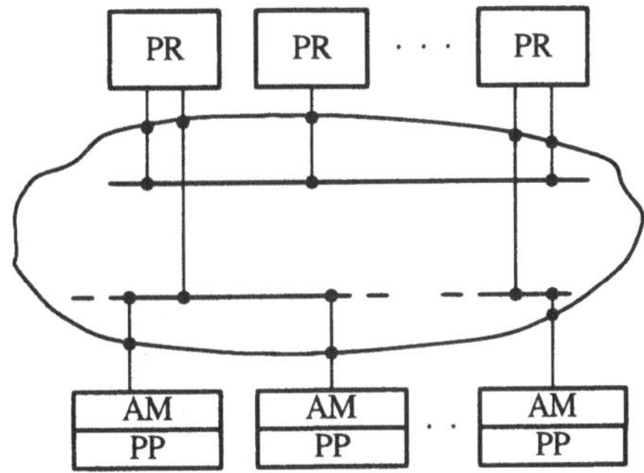

a) Mehrfach-BUS als Kommunikationssystem

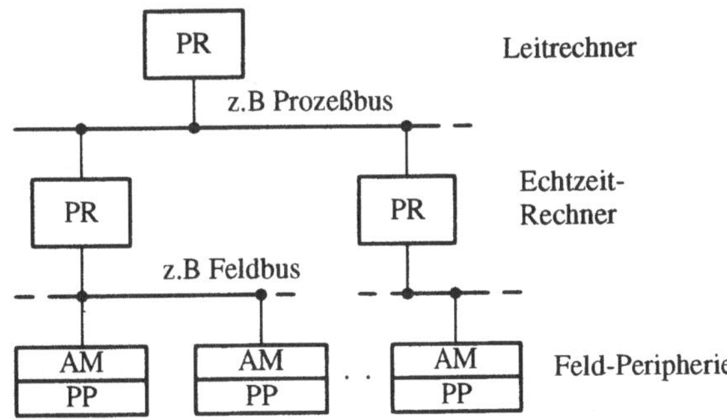

b) Darstellung als hierarchisches System

Abb. 2.6: Hierarchisch strukturiertes Kommunikationssystem

2.2 Rechnerkern-Architektur

2.2.1 Rechnerinterne Darstellung von Prozeßgrößen

Dieser Absatz ist der Darstellung typischer Prozeßgrößen im Rechner gewidmet. Als Grundelement, sozusagen als "Behälter" zur Aufbewahrung dieser Daten, dient das *Wort*, eine Aggregation von Einzelbits mit einer festgelegten Wortlänge: Dies ist ein Basismerkmal der Prozeßrechner-Architektur, Worte dieser Länge können mit jeweils einem Maschinenbefehl verarbeitet werden. Die Entwicklung der Wortlänge für Prozeßrechner charakterisiert deutlich die verschiedenen Klassen und Generationen von Prozeßrechnersystemen:

- 4 bit: Ein-Chip-Mikrocomputer (also Chips, welche neben dem Prozessor auch noch Speicher und Peripheriefunktionen beinhalten) für einfache Aufgaben (z.B. Waschmaschine, Videorecorder) verarbeiten 4–bit-Worte.
- 8 bit: Die meisten Mikro-Prozeßrechner für Steuerungsaufgaben im Auto sind heute 8-bit-Systeme, meist ebenfalls in Form von Ein-Chip-Mikrocomputern. Auch viele speicherprogrammierbare Steuerungen (SPS) für Automatisierungsaufgaben nutzen noch 8-bit-Mikroprozessoren.
- 12 bit: Die erste Generation von low-cost-Prozeßrechnern (PDP-8) verarbeitete 12-bit-Worte, in welchen z.B. ein Meßwert mit ausreichender Genauigkeit dargestellt werden konnte.
- 16 bit: 16 bit bildeten für ca. 20 Jahre den Prozeßrechner-Standard, alle großen Hersteller (Siemens, AEG, IBM, DEC usw.) lieferten 16-bit-Prozeßrechner. Besonders erfolgreich war hier die PDP-11 (DEC).
- 24 bit: Die erste Generation großer Prozeßrechner (Siemens, AEG) hatten eine 24-bit-Wortlänge, in 24–bit-Befehlen konnte der Operations-Code und eine ausreichend lange Adresse untergebracht werden.
- 32 bit: Heutige Prozeßrechner haben eine 32-bit-Architektur, sie basieren ausschließlich auf 32–bit-Mikroprozessoren (Motorola 68030, Intel i386/486, RISC-Prozessoren, VAX). Es gibt bereits einen Trend zu 64-bit-Architekturen, wobei weniger der Bedarf nach noch größerer Wortlänge zur Daten-Darstellung als vielmehr der Wunsch nach längeren Adressen die Motivation ist: Die Vergangenheit hat gezeigt, daß z.B. bei 16-bit-Rechnern die meist durch die Architektur gegebene Identität von Datenwortlänge und Adreßlänge (Adressen werden ebenfalls in Datenregistern aufgehoben und verarbeitet) der begrenzende Faktor war. 16 bit erlauben die Adressierung von nur 64 KByte (z.B. PDP-11), die Erweiterung auf 24 bit Adreßbreite (16 MByte) genügte den steigenden Anforderungen an die Größe von Programm- und Datenspeicher nur wenige Jahre. Die heute standardmäßig verfügbaren 32 bit (4 GByte) werden insbesondere wegen modernen Konzepten der Speicherorganisation (virtuelle Speicherkonzepte, einstufiger Speicher-Adreßraum) in Bälde ebenfalls nicht mehr ausreichend sein.

Die Wortbreite der Rechnerarchitektur muß nicht unbedingt auch physikalisch im Rechner realisiert sein – so gibt es 32-bit-Rechner, in denen 32-bit-Worte auf 16 oder gar 8 bit breiten Wegen transportiert und verarbeitet werden, innerhalb eines Befehls müssen dann zwei oder vier Teilworte transportiert bzw. verarbeitet werden. Solche Konzepte wurden früher aus Gründen des Implementierungsaufwands realisiert (so gab es eine PDP-8, welche die 12 bit seriell bearbeitete, der 16-bit-Nova-Rechner von Data General verarbeitete 16-bit-Worte in 4-bit-Einheiten). Heute kann man parallele Rechenwerke mit sehr geringem Aufwand auf einem Chip realisieren, man wählt Teil-Datenbusse wegen des geringeren Aufwands der externen Beschaltung (z.B. Intel 8088, 386SX, Motorola 68008).

Moderne Rechnerarchitektur-Konzepte erlauben die Verarbeitung unterschiedlicher Wortlänge, z.B. von 8 bit (Byte), 16 bit (Halbwort) und 32 bit (Wort). Damit ist eine bessere Anpassung an die jeweilige Aufgabenstellung möglich, die verschiedenen Wortlängen werden mit verschiedenen Befehlen desselben Typs verarbeitet, wobei im Befehl durch ein Wortlängenfeld die entsprechende Wortbreite ausgewählt wird. Um in einem 32-bit-Rechner ein 8-bit-Wort (Byte) adressieren zu können, muß die Adresse jedes einzelne Byte identifizieren können – für fast alle modernen 32-bit-Rechner ist daher das Byte die kleinste adressierbare Einheit.

Um auch die einzelnen bits in einem Wort ansprechen zu können, müssen sie numeriert werden: In Abb. 2.7 ist dies für ein 32-bit-Wort dargestellt: Das niederwertigste Bit (LSB = Least Significant Bit) erhält die Nummer 0, das höchstwertigste Bit (MSB = Most Significant Bit) die Nummer 31: Damit charakterisiert die Bitnummer das Gewicht der entsprechenden Binärstelle. Manche Rechner benutzen eine umgekehrte Bit-Numerierung.

Auch für die Numerierung der Bytes in einem Wort gibt es zwei Zählrichtungen. Im unteren Teil von Abb. 2.7 ist dieselbe Zählrichtung verwendet wie für die Bit-Positionen: Das niederwertigste Byte erhält die Nummer 0, das höchstwertigste Byte die Nummer 3. Bei einer Binär-Darstellung entsprechen dabei die beiden vorderen Bit der 5-bit-Bitnummer genau der Byte-Nummer. Diese Zählweise wird "little endian" genannt (das Wort endet mit der niedrigsten Byte-Nummer), die auf DEC- und Intel-Architektur basierten Rechner nutzen diese Zählweise. Im Gegensatz dazu gehorchen die Motorola 68020-Prozessoren der umgekehrten Zählweise ("big endian"). Einige moderne 32-bit-RISC-Prozessoren erlauben die Umschaltung der Zählrichtung unter Programmkontrolle. Eine Standardisierung ist hier von großer Bedeutung, da die Datenkommunikation zwischen Rechnern mit unterschiedlicher Zählweise zu großen Problemen führt.

Gerade bei der hardwarenahen Nutzung einzelner Bit-Positionen spielt ihre Benennung eine Rolle. Meist werden jeweils drei oder vier Binärziffern zu einer Oktalziffer (2^3) oder einer Hexadezimal-Ziffer (2^4) zusammengefaßt und oktal (0 bis 7) bzw. hexadezimal (0 ... 9, A ... F) benannt. Abb. 2.8 zeigt dies am Beispiel eines 16-bit-Wortes.

Abb. 2.9 gibt die Organisation von Speicheradressen wieder: Die niederwertigen beiden Bit charakterisieren das Byte im jeweiligen 32-bit-Wort, die Bit-Posi-

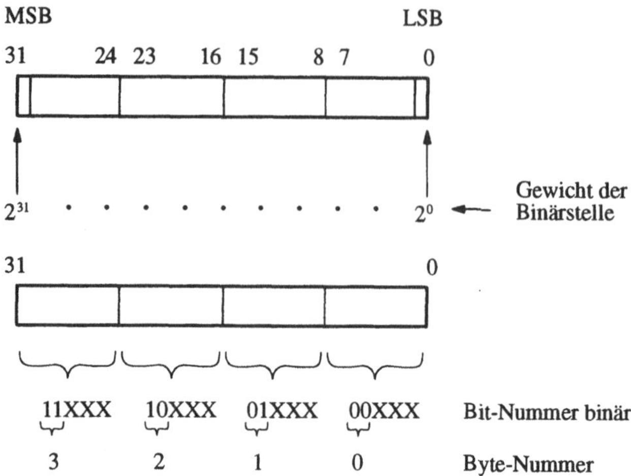

Abb. 2.7: Bit- und Byte-Nummerierung in 32-bit-Daten- und Adreß-Wörtern

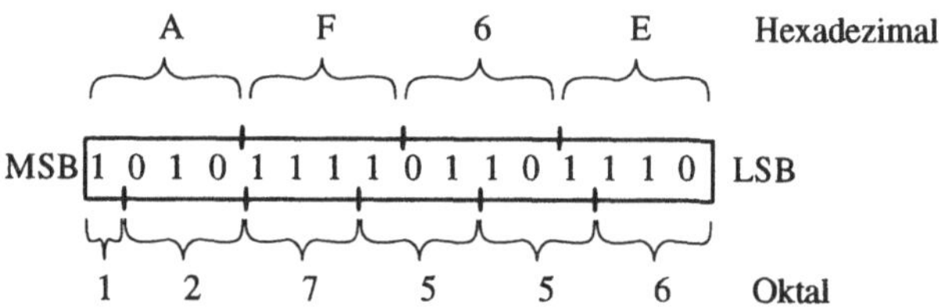

Abb. 2.8: Beispiel für die Zusammenfassung von Binärstellen zu Oktal- und Hexadezimalziffern

tionen 2 bis 31 die Nummern des 32-bit-Wortes, wie es als Einheit im Hauptspeicher abgespeichert ist. Wird nun auf ein 32-bit-Wort mit der Byte-Adresse 0 zugegriffen, dann genügt ein Speicherzugriff, um das 32-bit-Wort zu lesen oder zu schreiben – der Zugriff ist auf die Anordnung im Hauptspeicher ausgerichtet (Alignment). Ist die Byte-Adresse z.B. 1 (niederwertige Adreßbit "01"), dann müssen 3 Byte aus einem ersten, das letzte Byte aus einem zweiten Wort mit einem zweiten Zugriff ausgelesen werden. Nicht alle Rechner erlauben diesen Zugriff auf "misaligned" 32-bit-Worte.

Im folgenden soll nun die Abbildung von Prozeßsignalen auf die rechnerinterne Darstellung beschrieben werden.

a) Binäre Daten

Bei der Eingabe werden hier z.B. Zustände von Schaltern, Lichtschranken oder von anderen binären Sensoren erfaßt, bei der Ausgabe Schütze, Motore oder andere binäre Stellglieder ein- bzw. ausgeschaltet. Die Steuerinformation ist in einzel-

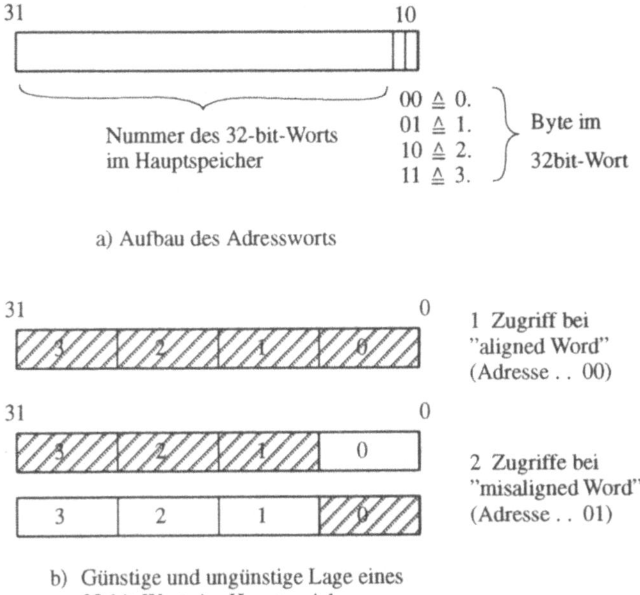

Abb. 2.9: Byte- und Wort-Adressierung

nen Bitpositionen oder einem Bitstring eines Wortes, Halbwortes oder Bytes enthalten. Diese binären Prozeßgrößen werden im Rechner durch folgende Befehle manipuliert:

- Durch logische Befehle, z.B. können mit UND-Befehlen und Bit-Masken einzelne Bit oder Bitstrings ausmaskiert und mit anderen logischen Operationen modifiziert werden (logische UND/ODER-Verknüpfung, Exklusives ODER, Bit-Komplementierung usw.).
- Zusätzlich gibt es Bit-Befehle, in welchen einzelne Bitpositionen adressiert und modifiziert bzw. abgefragt werden können.
- Schließlich kann jede Bitposition durch Schiebe-Befehle in die Vorzeichen-Position, das Übertragsbit (carry) oder das LSB (odd/even) gebracht und durch entsprechende Verzweigungsfunktionen getestet werden.

Binärcodierte Dezimalziffern (BCD): In einem 4-bit-Teilwort wird an 10 von $2^4 = 16$ Codes jeweils eine Dezimalziffer zugewiesen. Informationen aus dem technischen Prozeß umfassen z.B. die Inhalte von BCD-Schaltern oder Dezimalzählern, die Ausgabe von BCD-Information erfolgt etwa an LED-Ziffernanzeigen. In den Befehlslisten der Rechner gibt es Addier- und Subtraktions-Befehle für Ein-Byte-Worte, in welchen zwei BCD-Ziffern codiert sind. Die Arithmetik korrigiert die beim Ziffernübertrag entstehenden Fehler.

Character: Alphanumerische Zeichen sind das wichtigste Mittel für die Mensch-Maschine-Kommunikation, sie sind heute meist in einem Byte (8 bit) codiert. Wie bereits erwähnt, gibt es Befehle für Manipulation von solchen Einheiten, manche Rechner stellen auch Befehle für die Manipulation von Character-Strings zur Verfügung. Die Verwendung von 8 bit für einen Character ist nicht sehr ökonomisch: Manchmal werden auch heute noch Kompressionstechniken eingesetzt, welche es erlauben, in 2 Bytes 3 Characters abzuspeichern. Umfaßt das Alphabet nicht mehr als 40 Zeichen (26 Buchstaben, 10 Ziffern und 4 Sonderzeichen), dann kann man eine dreistellige Zahl zur Basis 40 bilden, wobei jede Ziffer einem Zeichen entspricht. Der maximale Wert dieser Zahl ist 40^3-1, also 63999, dies ist kleiner als $2^{16}-1 = 65535$, die Zahl kann also in einem 16-bit-Wort dargestellt werden. Diese Methode wird Radix 50 genannt, wobei die Zahl 50 zur Basis 8 dargestellt ist ($40_{10} = 50_8$).

Zählerstände: Viele Prozeßgrößen können nur positive Werte einnehmen, typisch sind Zähler zur Ermittlung einer Anzahl, verbrauchter Energiemenge oder zurückgelegter Weglänge. Die Abbildung erfolgt intern mit dem Datentyp *"Cardinal"*, wobei der Zahlenbereich bei der Wortlänge n von 0 bis 2^n-1 reicht. (Bei 16 bit: 65535). Rechnerintern können alle arithmetischen Operatoren eingesetzt werden, welche auch bei der Verarbeitung von Integer-Größen Verwendung finden. Eine Zahlenbereichs-Überschreitung wird bei dieser Darstellung durch einen Übertrag (carry) angezeigt.

Meßwerte: Hier kann es sich bei Eingabe-Operationen um die von Analog-Wandlern kommenden Digital-Worte oder auch von Zählern handeln, welche vorwärts und rückwärts zählen. Auch bei der Ausgabe können Zählerstände oder Analogwerte ausgegeben werden. Im allgemeinen erfolgt die Abbildung dieser Meßwerte auf *Integer-Größen*, also auf ganze Zahlen mit Vorzeichen. Ihre Darstellung im Rechner erfolgt heute ausschließlich nach dem Zweier-Komplement, wie er in dem Zahlenkreis in Abb. 2.10 dargestellt ist. Positive Zahlen (Vorzeichen = MSB = 0) reichen von 0 bis $2^{n-1}-1$, negative Zahlen entstehen durch Bildung des Zweier-Komplements (Komplementierung aller Einzel-Bit, Addition +1). Der Bereich der negativen Zahlen ist gleich groß wie derjenige der positiven Zahlen, eine Sonderstellung hat die Zahl mit MSB = 1 und allen anderen Bitpositionen = 0, welche entweder als -2^{n-1} oder als "ungültig" interpretiert wird: Die Komplementierung dieser Zahl führt zum gleichen Wert. Eine Zahlenbereichs-Überschreitung tritt auf, wenn im Zahlenkreis der unterste, Null gegenüberliegende Punkt überschritten wird, bei der Addition zweier positiver Zahlen also eine negative Größe, bei der Addition zweier negativer Größen eine positive Zahl herauskommt. Tritt dieser Überlauf ein, dann wird im Status des Rechners das Überlauf-Bit (Overflow) gesetzt. Die Abbildung von Prozeßgrößen mit einer Auflösung von z.B. 12 bit auf ein 16-bit-Halbwort ist in Abb. 2.11 dargestellt:

- Soll der Wertebereich des A/D-Wandlers dem Zahlenbereich der Integer-Größe entsprechen, dann müssen die 12 bit in die Bitpositionen 4 bis 15 kopiert werden, die Bitpositionen 0 bis 3 werden mit 0 aufgefüllt. Repräsentationen

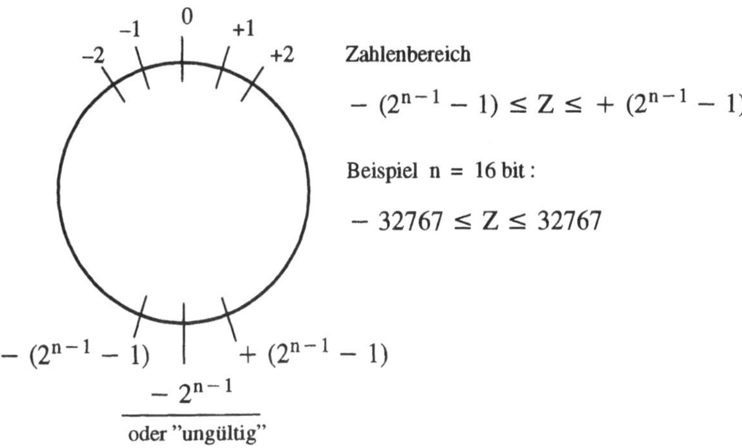

$$- (2^{n-1} - 1) \le Z \le + (2^{n-1} - 1)$$

$$- 32767 \le Z \le 32767$$

Abb. 2.10: Zahlenkreis für die 2er-Komplement-Darstellung

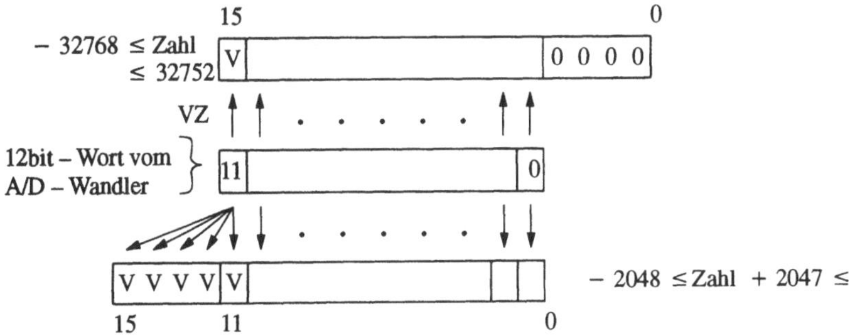

Abb. 2.11: 2 Varianten für die Abbildung eines 12-bit-A/D-Wandler-Worts auf ein 16-bit-Wort

von Analogwerten sind also um Vielfache von 16 voneinander unterschieden.

- Wenn man den Wertebereich des 16-bit-Integer-Wortes besser nutzen möchte, dann kopiert man die 12 bit des A/D-Wandlers in die niederwertigen 12 bit des 16-bit-Wortes, das Vorzeichen wird in die führenden Bitpositionen 12 bis 15 expandiert: Die ersten fünf Bitpositionen sind also immer alle 0 oder alle 1. Die dargestellten Integer-Zahlen variieren hier zwischen –2048 und +2047.

In der Ausgaberichtung verhält sich die Abbildung der Bitpositionen ähnlich. Bei Ausgabe des Analogwertes über die Bitpositionen 0 bis 11 müßte extern überprüft werden, daß die Bitpositionen 11 bis 15 identisch sind (alle 0 oder alle 1), ansonsten würden zu große Zahlenwerte ausgegeben werden, welche analog nicht darstellbar sind.

Für Meßwerte mit einem großen Dynamik-Bereich erfolgt vor der Analog/Digital-Wandlung eine Signalverstärkung mit einem in Zweierpotenzen einstellbaren Verstärkungsfaktor (z.B. 1, 2, 4, 8, 16, 32, 64 und 128), danach erzeugt der Wandler einen 12-bit-Wert. Der Verstärker wird jeweils so eingestellt, daß der Absolutbetrag des Signals in der oberen Hälfte des Meßbereiches liegt – damit wird die jeweils beste Auflösung erreicht. Als Ergebnis gewinnt man zwei Werte:

- einen Faktor 2^E, wobei der Exponent E mit 3 bit codierbar ist, und
- einen gewandelten Analogwert m, dessen höchstwertige Stelle gesetzt ist.

Die relative Meßgenauigkeit bleibt damit über den gesamten Meßbereich konstant. Der resultierende Meßwert $m \cdot 2^{-E}$ kann jetzt auf zwei Arten dargestellt werden:

- Wie in Abb. 2.12 dargestellt, wird der 12-bit-Meßwert in Abhängigkeit vom Verstärkungsfaktor 2^E stellenverschoben in ein 32-bit-Wort einkopiert. Die niederwertigste Bitposition des Wandlerwertes (Bit 0) wird dabei in die Position 7–E des Rechnerwortes kopiert. Wenn z.B. beim höchsten Verstärkungsfaktor die Änderung des Digitalwortes um Eins einer Spannungsdifferenz von 10 µV entspricht, dann ist der Meßbereich ±20,48 mV. Beim kleinsten Verstärkungsfaktor entspricht die Änderung des Digitalwertes um Eins einer Spannungsdifferenz von 1,28 mV, der Meßbereich beträgt hier ±2,62 V.

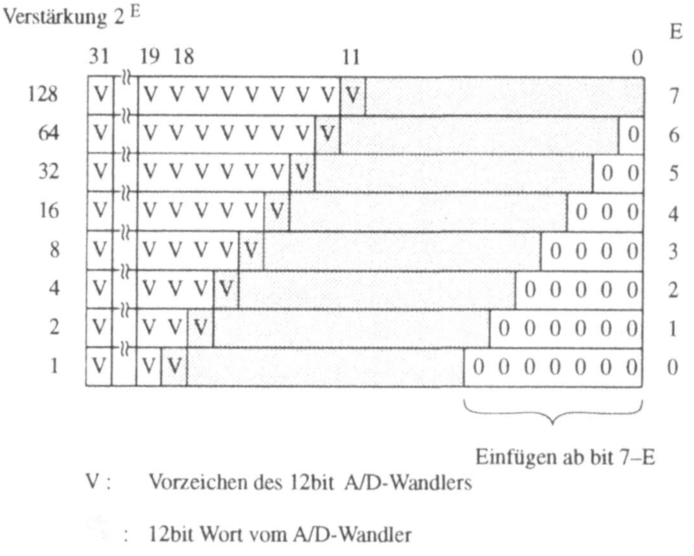

Verstärkung 2^E

128	V	V V V V V V V V V			7
64	V	V V V V V V V V		0	6
32	V	V V V V V V V		0 0	5
16	V	V V V V V V		0 0 0	4
8	V	V V V V V		0 0 0 0	3
4	V	V V V V		0 0 0 0 0	2
2	V	V V V	0 0 0 0 0 0	1
1	V	V V	0 0 0 0 0 0 0	0

Bitpositionen: 31   19 18   11   0 ;   E

Einfügen ab bit 7–E

V :   Vorzeichen des 12bit A/D-Wandlers

 :   12bit Wort vom A/D-Wandler

Abb. 2.12: Abbildung des 12-bit-A/D-Wandler-Worts in Abhängigkeit vom Verstärkungsfaktor 2^E

- Eine einfachere Lösung bietet die Darstellung als *Gleitkommazahl* (*Floating Point* Number): Hier kann m als Mantisse und E als Größe betrachtet werden, welche den Exponent bestimmt.

Gleitkommazahlen werden rechnerintern zur Darstellung des Datentyps "real" verwendet. Die halblogarithmische Darstellung besteht aus folgenden Komponenten (Abb 2.13).

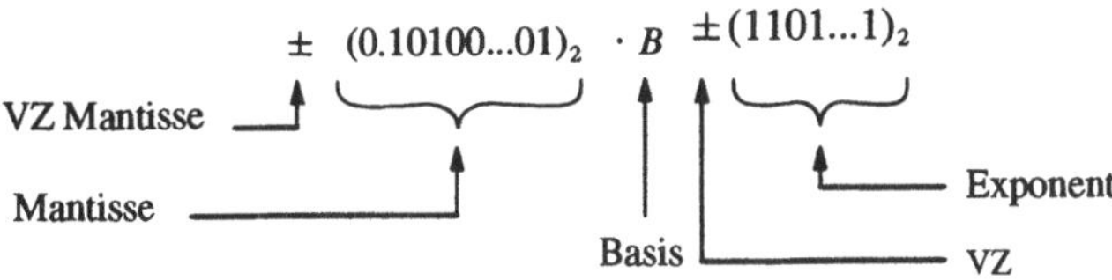

Abb. 2.13: Komponenten einer Gleitkommazahl

- Vorzeichen Mantisse: Dies ist das Vorzeichen der Gleitkommazahl bzw. der Mantisse, welche entweder als Zweierkomplement oder als Betrag (IEEE-Standard) interpretiert wird.
- Mantisse: Die Darstellung dieser Zahl erfolgt normiert, sie ist kleiner als Eins, das erste Digit nach dem Dezimalpunkt muß ungleich Null sein. Durch die Länge der Mantisse wird die relative Genauigkeit der Zahlendarstellung bestimmt.
- Basis: Heute wird meist die Basis 2 gewählt, es gibt jedoch auch Zahlendarstellungen mit der Basis 4 oder 16 (IBM), bei denen jeweils zwei oder vier Binärstellen der Mantisse gemeinsam behandelt werden.
- Vorzeichen-Exponent: Die Darstellung des Exponenten erfolgt im Zweierkomplement, wobei das Vorzeichen komplementiert ist (negative Zahlen sind kleiner als positive Zahlen).
- Exponent: Durch die Länge des Exponents wird der Zahlenbereich (Dynamik) festgelegt, in welchem Gleitkommazahlen darstellbar sind.

Während es früher eine große Vielfalt unterschiedlicher Gleitkommadarstellungen gab, hat sich heute die Normierung nach dem IEEE-754-Standard weitgehend durchgesetzt. In diesem Standard sind zwei bzw. drei Darstellungs-Genauigkeiten festgelegt /4/:

- Zahlen einfacher Genauigkeit (single precision) können in einem 32-bit-Wort dargestellt werden (Abb. 2.14).

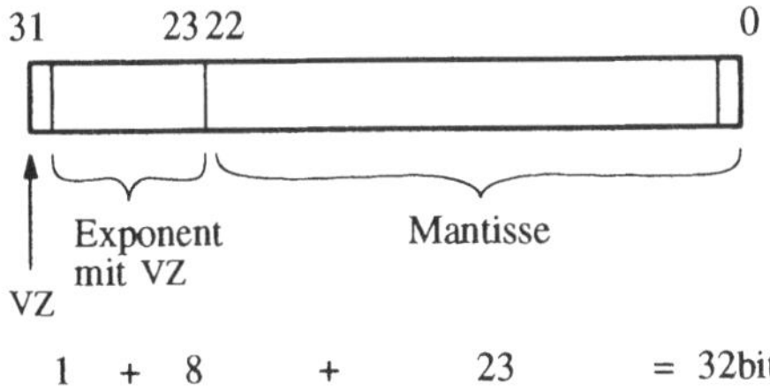

Abb. 2.14: Codierung von Zahlen einfacher Genauigkeit

Nach dem Vorzeichen der Real-Zahl kommt der 8-bit-Exponent, gefolgt von einer 23-bit-Mantisse. Der Exponent gestattet, Zahlenbereiche von 2^{-128} (ca. 10^{-38}) bis 2^{+127} (ca. $3 \cdot 10^{38}$) darzustellen. Die Mantisse hat durch die Normierung immer die Form 0.1xxx..x: Da die Zeichen "0.1" immer identisch sind, brauchen sie in den Worten nicht abgespeichert werden, mit der Mantissenlänge von 23 bit können damit 24-bit-Genauigkeit erreicht werden, was einer relativen Genauigkeit von etwa 10^{-7} entspricht. Die Reihenfolge der einzelnen Komponenten der Gleitkommazahl sind so gewählt, daß der Wert der Realgröße monoton mit dem Wert der als Integerwert interpretierten Ziffernfolge wächst – damit können Integer-Vergleichsbefehle auch auf Gleitkommazahlen angewandt werden. Die Zahl 0 wird durch lauter binäre Null-Ziffern dargestellt (Vorzeichen 0, Exponent hat den kleinsten möglichen Wert, die Mantisse hat den kleinsten möglichen Wert), darüber hinaus sind einige spezielle Bit-Kombinationen verwendet, um nicht darstellbare Zahlen zu charakterisieren (Not A Number NAN, z.B. unendlich).

- Bei doppelter Genauigkeit (double precision) wird die Gleitkommazahl in 64-bit- bzw. zwei 32-bit-Worten dargestellt. Neben dem Vorzeichen gibt es 11 Exponenten-Bit und 52 Mantissen-Bit. Damit wird ein Zahlenbereich von etwa $2 \cdot 10^{-308}$ bis $2 \cdot 10^{307}$ erreicht, die relative Genauigkeit beträgt 2^{-53} und entspricht etwa 10^{-16}.
- Für Prozessor-interne Berechnungen ist noch ein 80-bit-Gleitkommaformat definiert, so daß intern mit einer Mantissenlänge von 68 bit gerechnet werden kann, was einer relativen Genauigkeit von 21 Dezimalstellen entspricht.

In Prozeßrechnern der ersten und zweiten Generation versuchte man, möglichst wenige Operationen mit Gleitkommazahlen durchzuführen: Sowohl die Knappheit des Speichers als auch die deutlich längeren Ausführungszeiten für die Gleitkomma-Operationen machten ihren Einsatz für viele Aufgaben unmöglich. Man war darauf angewiesen, Programme für Integer-Werte zu schreiben und sich um die dabei auftretenden Zahlenbereichs-Skalierungen explizit zu kümmern. Die Ausführung von Gleitkomma-Operationen wurde in der Folgezeit immer besser durch Hardware unterstützt:

- Bei einer Realisierung durch eine Software-Bibliothek benötigte die Ausführung von Gleitkomma-Grundoperationen die etwa 100fache Zeit von Integer-Operationen.
- Die Verlagerung der Gleitkomma-Operationen in die Firmware verkürzte diesen Abstand um den Faktor 10. Gleitkomma-Operationen benötigten etwa 10 mal soviel Zeit wie Integer-Operationen.
- Die Einführung von spezialisierten Co-Prozessoren (Gleitkomma-Rechenwerke) verkürzte den Faktor auf etwa 3 bis 5, und
- bei neueren Prozessoren arbeiten die Gleitkomma-Rechenwerke parallel und sind in den Haupt-Prozessor integriert, sie benötigen etwa dieselbe Zeit wie Integer-Operationen (Faktor 1).

b) Zeiten

Die Verwaltung von Zeitintervallen oder absoluten Zeiten spielt bei Prozeß-rechner-Anwendungen eine zentrale Rolle. So müssen an Zeitgeber (vgl. Abschnitt 2.4.6) Zeiten ausgegeben werden, nach deren Ablauf z.B. eine Rückmeldung an den Prozeßrechner erzeugt werden muß. Diese Zeiten werden dargestellt

* als Integer-Werte, wobei etwa bei einem 32-bit-Wort mit einer vorgegebenen Taktfrequenz bis auf $4{,}2 \cdot 10^9$ gezählt werden kann: Bei einer Zählfrequenz von 1 MHz (1 Mikrosekunde Zeitauflösung) beträgt das maximale Intervall ca. 1 Stunde.
* Auch hier bietet sich eine halblogarithmische Darstellung an (Gleitkomma): Der Exponent wird dazu benutzt, einen von n Ausgängen eines Binär-Teilers auszuwählen. Das Grund-Zählintervall kann damit zwischen t und $2^n \cdot$ t eingestellt werden. Mit diesem Takt wird dann der mit dem Mantissen-Wert geladene Rückwärtszähler auf Null gezählt. Damit sind Zeiten in einem sehr viel weiteren dynamischen Bereich einstellbar.

Für Absolut-Zeitgeber, welche meist als CMOS-Uhrenbausteine mit äußerst geringem Energieverbrauch die absolute Zeit auch nach längerem Abschalten oder Spannungsausfall noch kennen, werden häufig das Datum (Jahr, Monat, Tag) und die Uhrzeit (Stunde, Minute, Sekunde, Millisekunde) sequentiell in Form von BCD-Ziffern zur Verfügung gestellt bzw. abgefragt.

2.2.2   Grundfunktionen des Prozessors

Prozeßrechner verfügen heute nicht mehr über spezifische Prozessor-Architekturen. Ebenso wie die meisten anderen Datenverarbeitungs-Anlagen sind sie definiert durch die Mikroprozessoren, auf denen sie basieren: Bisher waren dies meist Prozessoren mit komplexem Instruktionssatz (Complex Instruction Set Computer = CISC) wie z.B. Motorola 68040 oder Intel 80486. In Zukunft kommen zunehmend RISC-Architekturen (Reduced Instruction Set Computer) zum Einsatz, die sich bei gleichem Technologiestand durch noch höhere Verarbeitungsleistungen auszeichnen. Eine sehr gute Übersicht über die Entwicklung der Prozessor-Architekturen findet man in /5/. In diesem Abschnitt wird nur eine sehr kurze Übersicht über charakteristische Architekturmerkmale gegeben.

Durch seine interne Ablaufsteuerung ist der Prozessor in der Lage,

* mit Hilfe des Befehlszählers (Program Counter = PC) Maschinenbefehle aus dem Speicher des Rechnerkerns (Hauptspeicher) zu holen (*instruction fetch*),
* sie bezüglich der Operations-Codes und der Operanden-Adressen zu analysieren und
* diese Befehle mit Hilfe seines Rechenwerkes auszuführen (*execution*).

Die Ablaufsteuerung führt diese Folge solange mit sequentiell im Speicher stehenden Befehlen aus, bis durch einen Verzweigungsbefehl der Befehlszähler einen neuen Wert zugewiesen erhält.

Die wichtigste Rolle spielen die *Befehle zur Verknüpfung der Operanden*. Im allgemeinen sind es *zweistellige* Operationen (*dyadische*, z.B. Addition oder UND-Verknüpfung), mit welchen Operanden im Hauptspeicher oder im Prozessor (Register: der Zugriff auf solche Operanden benötigt keinen Hauptspeicher-Zugriff) verknüpft werden. Die Speicherplätze, in welchen die Operanden stehen und in welche Ergebnisse transportiert werden müssen, sind durch Adressen charakterisiert, die zweistellige Operation lautet damit entsprechend Abb. 2.15.

< Adresse Op.1 > Operator < Adresse Op.2 > → Adresse Ergebnis

→ Status

< x > : "Inhalt von x"

Abb. 2.15: Zweistellige Operation

Neben dem eigentlichen Verknüpfungsergebnis wird im allgemeinen noch das Status-Register des Prozessors (Rechenwerks) beeinflußt. Es enthält Zusatzinformationen über das Ergebnis:

- Das Verknüpfungs-Ergebnis ist negativ.
- Das Verknüpfungs-Ergebnis ist "0".
- Bei der letzten arithmetischen Operation gab es eine Zahlenbereichsüberschreitung (Überlauf).
- Bei der letzten Operation gab es einen Übertrag (carry).

In Abhängigkeit von diesen Status-Bedingungen können Sprungbefehle ausgeführt werden oder nicht.

Voraussetzung für die korrekte Ausführung der Operation ist, daß die Maschinenbefehle und die Typen der bearbeiteten Operanden zusammenpassen: Wenn beispielsweise eine Gleitkomma-Addition auf zwei Integer-Größen angewandt wird, entsteht ein fehlerhaftes Ergebnis. Bei der Übersetzung von Programmen aus einer höheren Programmiersprache wird der eingesetzte Operator (z.B. "+") in Abhängigkeit vom Datentyp der Operanden mit dem korrekten Maschinenbefehl übersetzt.

Der oben dargestellte Verknüpfungsbefehl enthält drei Adressen (Drei-Adreß-Befehl): Hier entstehen sehr lange Befehle, bei z.B. 8-bit-Operations-Codelänge und 32-bit-Adreßlänge würde dieser Befehl 13 Byte Code benötigen. Da in sehr vielen Algorithmen ein Operand genau aus der Adresse entnommen wird, in welcher auch das Ergebnis abgelegt werden soll (Destination), genügt für Befehle dieser Art die Angabe von zwei Adressen (Source und Destination): Hier handelt es sich um Zwei-Adreßbefehle. Man kann in einem Befehl auch nur eine einzige Adresse explizit angeben (erster Operand), wenn man implizit annimmt, daß der zweite Operand aus einer einzigen Sonderzelle (Akkumulator) kommt und das Ergebnis auch dort abgelegt wird: Man gelangt damit zur Ein-Adreß- oder Akkumulator-Maschine. Im Mittel werden natürlich Programme mit Drei-Adreß-Befehlen weniger Befehle haben als Zwei- oder Ein-Adreß-Befehle, die Analyse typischer

Algorithmen zeigt jedoch eindeutig, daß Ein- und Zwei-Adreß-Befehle deutlich ökonomischer sind.

Die heute praktisch meist gewählte Zwischenlösung besteht darin, nicht nur eine solche Sonderzelle (also nur ein Akkumulator) bereitzustellen, sondern z.B. 4, 8, 16 oder 32 *Register.* Zur Auswahl eines dieser Register benötigt man natürlich auch eine Adresse, diese ist jedoch nur 2, 3, 4 oder 5 bit lang. Man hat es hier sozusagen mit einer "Eineinhalb-Adreß-Maschine" zu tun. Die Zahl, Anordnung und Funktionalität dieser Register bestimmen das Register-Modell, welches heute ein wichtiges Architekturmerkmal darstellt. Viele Prozessoren können heute Ein-, Eineinhalb- und Zwei-Adreß-Befehle ausführen.

Es gibt auch Null-Adreß-Maschinen (z.B. die Transputer-Familie): Die beiden Operanden stehen in vordefinierten Plätzen, in der zweitobersten und obersten Position eines Speicherbereichs (Stack, vgl. Abb. 2.18): Der Befehl besteht nur aus einem Operations-Code, bei seiner Ausführung werden die beiden Operanden verknüpft, das Ergebnis nimmt den neuen obersten Platz des Speicherbereichs ein. Natürlich müssen die Operanden zuvor mit Hilfe einer Adresse in den Speicherbereich gebracht werden, auch das Ergebnis muß wieder abgeholt und unter einer Adresse abgelegt werden. Insbesondere bei der Auswertung arithmetischer Ausdrücke führt diese Anordnung dazu, daß Zwischenergebnisse weiterverwendet werden können und nur die minimale Anzahl von Zugriffen auf Speicheradressen erforderlich ist (Abb. 2.16). Solche Prozessoren, welche die Befehlsfolgen der "umgekehrten polnischen Notation (UPN)" direkt ausführen können, heißen auch Stack-Maschinen.

Arithmetischer Ausdruck

$$E = A * (B + C)$$

Befehl	Bedeutung	1.	2.	3.
A →	Hole A	A	–	–
B →	Hole B	A	B	–
C →	Hole C	A	B	C
+	Add	A	B+C	–
*	Multiply	A * (B+C)	–	–
→ E	Speichere nach E	–		

← Speicherbereich →

Abb. 2.16: Null-Adreß- / Stack-Maschine

Neben den zweistelligen Operationen gibt es auch *einstellige (monadische)*, bei denen meist auch nur eine Adresse angegeben wird: Der Operand wird aus dieser Adresse entnommen, durch den Operator verändert und an dieselbe Adresse zurückgespeichert. Beispiele für monadische Operationen sind etwa Absolutbetrag, Vorzeichen-Umkehr, Einer- und Zweier-Komplement, Schiebe-Operationen, Inkrement- oder Dekrement-Funktionen. Einstellige Operationen zur Datentyp-Wandlung (z.B. Umwandlung Integer in Floating Point oder umgekehrt) nutzen meist implizit vorgegebene Speicherplätze für Operanden des entsprechenden Typs.

Neben diesen Verarbeitungsbefehlen gibt es weitere Befehlstypen:

- **Verzweigungsbefehle**: Mit diesen Befehlen kann der lineare Programmablauf verlassen werden. Dies sind bedingte Verzweigungs- und Sprungbefehle, Unterprogramm-Sprünge und Befehle zum Rücksprung aus Unterprogrammen. Die Befehle müssen also beinhalten: den Operations-Code, die Bedingung, das Sprungziel. Daneben gibt es oft Befehle, deren Funktion durch die Programmfluß-Konstrukte höherer Programmiersprachen vorgegeben ist (z.B. Schleifeneintritt, Schleifenende).
- **Weitere Befehle:** Hier handelt es sich um Befehle mit impliziten Annahmen über Daten und Adressen (z.B. das Status-Register, den Stack betreffend), organisatorische Befehle (z.B. Halt, Trap) und Befehle, welche speziell zur Unterstützung höherer Programmiersprachen festgelegt wurden (z.B. Befehle zur Zahlenbereichskontrolle (Range Check) zur Laufzeit, Unterstützung des Prozedur-Aufrufmechanismus, Indexberechnung usw.).

Die *Darstellung der Adressen*, welche in den Befehlen auf Operanden und Ergebnisse hinweisen, ist ein weiteres wichtiges Architekturmerkmal. Adressen können direkt auf die Speicherplätze der Operanden/Ergebnisse zeigen (z.B. drei oder vier bit zur Auswahl eines Registers oder eine 32-bit-Adresse für den Hauptspeicher), meist möchte man jedoch gerade für den Hauptspeicher einen flexibleren Adressiermechanismus anwenden. Gründe dafür sind:

- Absolute Speicheradressen sind zum Zeitpunkt der Befehlsgenerierung nicht bekannt, da die benutzten Datenbereiche erst zum Zeitpunkt der Ausführung festgelegt werden. Dasselbe Programm kann ja auch gleichzeitig von mehreren Rechenprozessen genutzt werden, die jeweils mit unterschiedlichen Datenbereichen arbeiten. Man müßte also die Adressen der Befehle zur Laufzeit modifizieren.
- Bei Programmschleifen möchte man bei jedem Durchlauf andere Operanden, z.B. Vektorelemente miteinander verknüpfen, es sollte also bei jedem Durchlauf eine andere Adresse erzeugt werden.
- Für einen 32-bit-Adreßraum müßte man für jeden Operanden-Zugriff eine 32-bit-Adresse angeben, und würde damit einen sehr hohen Speicherbedarf erzeugen, obwohl nur sehr wenige Operanden oder Befehle im Kontext eines Programms erreichbar sein müssen. Beispiele sind die Adressierung eines Vektors oder die Verzweigung in Programmen, welche meist nur Zieladressen im Umfeld des augenblicklichen Befehls-Zählerstands erreichen müssen.
- Sollen Operationen mit Konstanten ausgeführt werden, dann sollte die Möglichkeit bestehen, die Adresse direkt als Konstante zu nutzen. Es müßte dann nicht eine besondere Speicherzelle angelegt werden, in der die Konstante steht.

Adressen müssen also zur Laufzeit modifiziert werden können. Der Algorithmus, nach dem dies erfolgt, wird als *Adreßmode AM* bezeichnet: Im selben Befehl, der Operanden-Verknüpfungen oder -Verzweigungen durchführt, können also auch eine oder mehrere Operationen auf Adressen ausgeführt werden, deren Ergebnisse zum Zugriff auf die Daten verwendet werden. Meist wird zur Bestimmung der *effektiven Adresse EA* auch ein Register benötigt (Index-Register, Pointer), so daß zur Bestimmung einer effektiven Adresse folgende Komponenten dienen:

- der *Adreßmode,* sozusagen der "Operations-Code", der den Algorithmus der Adreßberechnung festlegt,
- die Spezifikation eines *Adreß-Registers AR,*
- optional eine *Adreß-Konstante AK*, die als Konstante, Basis- oder Differenz-Adresse verwendet wird und unterschiedliche Längen haben kann (z.B. 8, 16 oder 32 bit).

Eine Adreß-Angabe hat also allgemein die Form wie in Abb. 2.17.

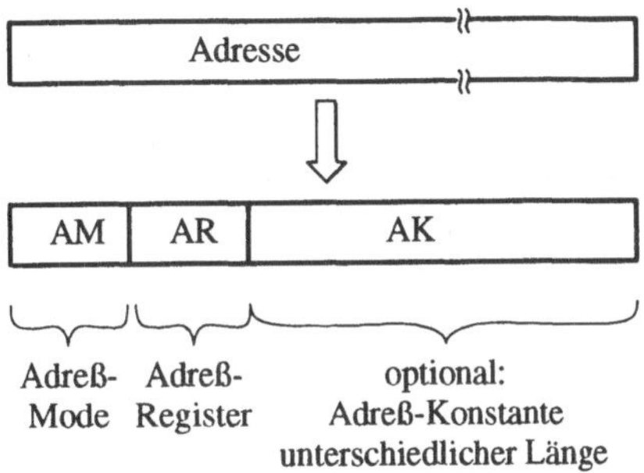

Abb. 2.17: Form einer Adreßangabe

Folgende Grundalgorithmen zur Berechnung der effektiven Adresse (Adreßmodes) sind gebräuchlich:

- Immediate-Adressierung: hier wird die Adreß-Konstante als Operand verwendet, ein weiterer Operanden-Zugriff entfällt.
- Absolute Adressierung (EA = AK): die Adreß-Konstante wird direkt als effektive Adresse verwendet.
- Indirekte Adressierung (EA = <AK>): Die Adreß-Konstante zeigt auf eine Speicherzelle, welche die effektive Adresse beinhaltet.
- Indirekte Register-Adressierung (EA = <AR>): Ein Register wird als Pointer auf den Operanden im Speicher verwendet.
- Indizierte Adressierung (EA = AK + <AR>): Zu der Adreß-Konstante wird der Inhalt eines Adreß-Registers (Index-Register) addiert, Zugriffe auf konsekutive Operanden werden durch entsprechende Veränderungen am Adreß-Register erreicht. Das Adreß-Register wird auch häufig dazu eingesetzt, auf den Beginn eines Datenbereichs zu zeigen, dessen Einzelelemente dann mit der Adreß-Konstante erreicht werden. Da in solchen Programmen meist nur wenige Operanden lokal benötigt werden, genügt eine kurze Adreß-Konstante (z.B. 8 oder 16 bit).

- Relative Adressierung (EA = AK + <PC>): Statt eines Adreß-Registers wird hier der Befehlszähler verwendet, diese Adressierung ist vor allem für Verzweigungsbefehle wichtig, deren Zieladressen meist nicht weit von der Absprung-Adresse entfernt sind (Differenz-Adresse klein).

Bei der Verwendung von Index-Registern oder Pointern wird durch manche Adreßmodes nicht nur die effektive Adresse berechnet, sondern auch der Inhalt des Adreß-Registers modifiziert: In Abhängigkeit von der Länge der Operanden (1, 2 oder 4 Byte) wird bei sogenannten Autoinkrement-Adreßmodes das Adreß-Register um diese Anzahl (1, 2, 4) erhöht, bei Autodekrement-Adreßmodes verringert. Damit können konsekutiv im Speicher stehende Größen z.B. bei Schleifendurchläufen erreicht werden, ohne daß zusätzliche Adreßrechenbefehle ausgeführt werden. Die Adreß-Modifikation kann vor oder nach der Verwendung des Registers zur Berechnung der effektiven Adresse erfolgen: Meist erfolgt bei Autoinkrement-Adreßmodes die Erhöhung des Adreß-Registers nach der Benutzung als Adreßregister (Postincrement), bei Autodekrement-Modes davor (Predecrement). Dies erlaubt eine effiziente Realisierung von Datenstrukturen wie Warteschlange (FIFO = First In First Out) und Stack.

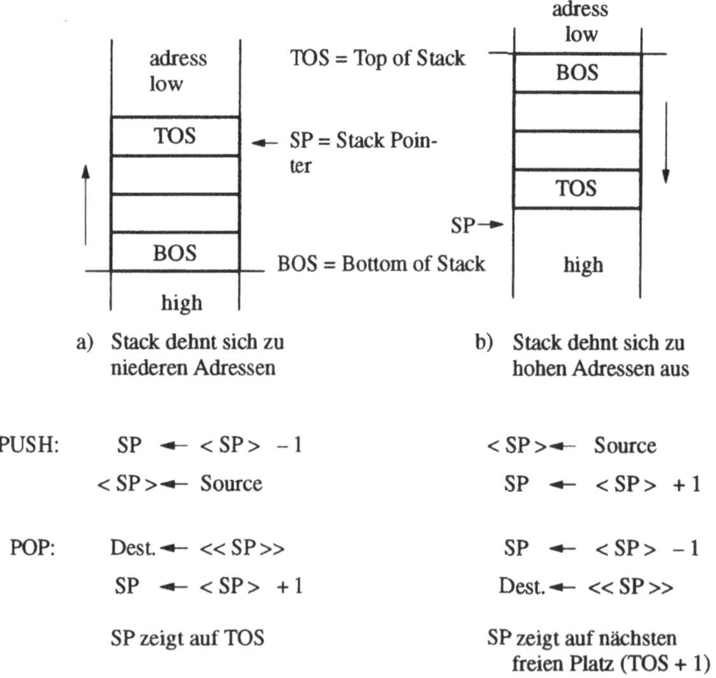

a) Stack dehnt sich zu niederen Adressen

b) Stack dehnt sich zu hohen Adressen aus

PUSH: SP ← <SP> – 1
         <SP> ← Source

         <SP> ← Source
         SP ← <SP> + 1

POP: Dest. ← <<SP>>
         SP ← <SP> + 1

         SP ← <SP> – 1
         Dest. ← <<SP>>

SP zeigt auf TOS

SP zeigt auf nächsten freien Platz (TOS + 1)

Abb. 2.18: Stack–Realisierung mit den Adreß-Modes predecrement/postincrement

Die Datenstruktur "Stack" (Stapel, Keller) erlaubt die Ablage von Information in einem Speicherbereich, wobei der "Stackpointer" (Stapelzeiger) auf den jeweils obersten besetzten Speicherplatz (bzw. den nächsten freien Platz) zeigt. Diese Informationen werden in genau der umgekehrten Reihenfolge wieder vom Stack geholt (LIFO, Last In First Out). Die Operationen PUSH (Ablegen) und POP (Holen) sind in Abb. 2.18 dargestellt, wobei sich der Stack einmal nach unten und einmal nach oben ausdehnt.

Auch Kombinationen der oben genannten Adreßmodes werden unterstützt, so daß zur Berechnung der effektiven Adresse innerhalb eines Maschinenbefehls ganze kleine Adreß-Rechenprogramme ausgeführt werden müssen. Die Zahl und Mächtigkeit der Adreßmodes wurde – ähnlich wie für die Maschinenbefehle – immer größer mit dem Ziel, sich an die Anforderungen der Adreßgenerierung in höheren Programmiersprachen anzupassen.

Die Maschinenbefehle moderner Prozessoren, wie sie bei Prozeßrechnersystemen eingesetzt werden, bestehen damit aus folgenden Komponenten:

- dem Operations-Code, der entweder eine feste Länge hat oder mit variabler Länge durch Anpassung an die Häufigkeit der Benutzung eine kleinere mittlere Länge erlaubt,
- ein oder zwei Adreßangaben, wobei entweder nur ein Register spezifiziert wird (3 bis 5 bit) oder die Kombination aus Adreßmode und Adreß-Register: Zusätzlich kann zu jeder Adresse noch eine Adreß-Konstante benötigt werden.

Prozessoren mit komplexen Instruktionssatz haben heute meist viele unterschiedliche Befehlsformate und sehr unterschiedliche Befehlslängen (z.B. 1 bis 10 Bytes).

Zusammengefaßt sind die wichtigsten Architekturmerkmale eines Prozessors folgende:

- die Datentypen, welche durch Maschinenbefehle direkt bearbeitbar sind, z.B. Integer-Größen unterschiedlicher Wortlänge (1, 2 oder 4 Byte) oder Gleitkommazahlen,
- die Befehlsliste, deren Mächtigkeit umso besser ist, mit je weniger Befehlen ein bestimmter Algorithmus ausgeführt werden kann,
- das Registermodell und
- die Adreßmodes (Zahl und Mächtigkeit).

Ziel der Rechnerarchitekten ist es, eine möglichst regelmäßige (orthogonale) Architektur zu verwirklichen: Alle Befehle sollen für alle Datentypen (soweit sinnvoll) in allen Registern mit allen Adreßmodes beliebig kombinierbar sein, dann

- ist es sehr viel einfacher für den Programmierer, da er keine Einschränkungen über diese Kombinierbarkeit erlernen muß, und
- einfacher für den Compiler, der nicht für jeden Befehl besondere Restriktionen berücksichtigen muß.

Ein wichtiger Trend der Architektur-Entwicklung war es bis Mitte der 80er Jahre, immer komplexere Befehle und Adreßmodes hinzuzufügen, vor allem mit der Begründung, daß damit die Ausführung von Programmen, die aus Hochsprachen übersetzt wurden, optimiert werden kann (CISC = Complex Instruction Set Computer). Es gab sogar Prozessoren, deren Architektur speziell auf eine bestimmte höhere Sprache abgestimmt war.

Diese Entwicklung führte dazu, daß die Ablaufsteuerung der Prozessoren immer aufwendiger wurde. Nachdem aber einige grundlegende Untersuchungen /6/ zeigten, daß gerade diese komplexen Befehle nur äußerst selten wirklich benutzt wurden, entstand der genau umgekehrte Trend zu einfacheren Architekturen, deren Befehle jedoch nach Benutzungshäufigkeit optimiert wurden – es entstanden die ersten RISC-Prozessoren (Reduced Instruction Set Computer). Ziele dieser Entwicklung, welche heute die Basis der leistungsfähigsten Mikroprozessoren ist, sind:

- Reduzierung (Minimierung) der Befehlsliste. Die am häufigsten benutzten Befehle müssen in der kürzesten Zeit auszuführen sein. Dies bedeutet, daß die prozessorinterne Ablaufsteuerung nicht mehr über ein Mikroprogramm erfolgt, sondern über eine optimierte Hardware. Damit können Logikfunktionen (Siliziumfläche) eingespart werden. Der einfachere Befehlsaufbau erlaubt eine effiziente Realisierung von Pipelining (dies bedeutet, daß zu einem Zeitpunkt mehrere Befehle in unterschiedlichen Phasen bearbeitet werden, in jedem Maschinentakt kann im optimalen Fall die Bearbeitung eines neuen Befehls gestartet werden). Dieses Prinzip ist auch bei komplexen Prozessoren einsetzbar, es macht jedoch einen deutlich höheren Aufwand erforderlich.

- Die dadurch gewonnene Siliziumfläche wird durch größere Onchip-Speicher genutzt, welche die Häufigkeit des Datentransfers zwischen Prozessor und Hauptspeicher deutlich reduzieren. Neben umfangreichen Registersätzen gewinnen schnelle Zwischenspeicher (Caches) große Bedeutung.

- Der Datenaustausch zwischen den Prozessor-Registern und dem Hauptspeicher erfolgt nur durch Load- und Store-Befehle (es werden also keine Operationen ausgeführt, deren Operanden im Hauptspeicher stehen). Die Verknüpfungsbefehle sind als Drei-Adreß-Befehle (3 Register-Adressen, $3 \cdot 5$ bit für die Adreßspezifikation) ausgeführt, die Lade- und Speicher-Befehle verfügen über deutlich weniger Adreßmodes (explizite Adreß-Operationen werden ja mit gleicher Geschwindigkeit ausgeführt, Mehrfachberechnungen werden vermieden). Diese Architektur-Eigenschaften, welche im übrigen bereits sehr frühe Prozeßrechner-Architekturen kennzeichneten (z.B. Nova von Data General), erlauben eine weitgehende Überlappung der Lade- und Speicher-Vorgänge mit der Ausführung prozessorinterner Operationen: Compiler können ihre Folge so optimieren, daß interne Verknüpfungen ausgeführt werden, während die nächsten Operanden aus dem Hauptspeicher geholt werden.

Die verbesserte Compilertechnik ist im übrigen eine zentrale Voraussetzung für die optimale Nutzung von RISC-Architekturen: Durch Optimierung der Befehlsreihenfolge (Instruction Scheduling) und der Registernutzung (Minimierung der Hauptspeicher-Zugriffe) kommt die Verarbeitungsleistung dieser Rechner erst voll zur Wirkung.

Es gibt noch weitere Architektur-Eigenschaften, welche den RISC-Prozessoren zugerechnet werden (z.B. das Register-Window-Konzept, mit dem der Eintritt und Austritt in Prozeduren unterstützt wird), sie charakterisieren die Unterschiede zwischen den einzelnen RISC-Prozessortypen.

Als Beispiel für eine konkrete Architektur wird im folgenden der *68010-Prozessor* vorgestellt, der als zweites Mitglied der 68K-Familie 1982 von Motorola eingeführt wurde /7,8/. Wesentliche Gründe für diese Auswahl sind:

- Bereits die Basis-Architektur war eine 32-bit-Architektur, sie wird noch heute ständig weiterentwickelt: Die Kompromißlosigkeit des damaligen Architekturentwurfs führte dazu, daß auch später gewonnene Erkenntnisse nahtlos in diesen Architektur-Rahmen eingefügt werden konnten.
- Inzwischen gibt es ein breites Spektrum von Prozessoren, neben dem 68000 und 68010 das Modell 68008, welches über einen 8-bit-Datenbus mit seiner Umwelt verbunden ist, sowie die 32-bit-Versionen 68020, 68030 und den – deutlich höher integrierten – 68040 mit einer bereits sehr hohen Verarbeitungsleistung. Auch für die Zukunft sind weitere Mitglieder dieser Prozessorfamilie geplant.
- Rechner auf Basis der 68K-Familie können praktisch als "Industrie-Standards" für viele Prozeßrechner-Anwendungen betrachtet werden. Der VME-Bus (vgl. Abschnitt 2.2.4), der heute für viele Prozeßautomatisierungs-Aufgaben eingesetzt wird, wurde ursprünglich für den 68000 entwickelt /9/.
- Der 32-bit-Prozessorkern des 68000 ist heute nicht nur in Form eines Ein-Chip-Prozessors verfügbar, sondern auch als Zelle von kundenspezifischen Schaltungen: Er kann ergänzt werden um Speicher und Peripherieschaltungen sowie um zusätzliche Spezialprozessoren, so daß optimierte Ein-Chip-Computersysteme auf Basis dieser Prozessor-Architektur zu sehr günstigen Kosten realisierbar sind. Unter der Bezeichnung 683xx sind auch unterschiedliche Varianten solcher Ein-Chip-Mikrocomputer erhältlich: Ein Beispiel umfaßt neben dem Prozessor einen 64KByte-Programmspeicher, einen 1KByte-Datenspeicher, einen zusätzlichen RISC-Prozessor für die Zeitverwaltung und zahlreiche Peripheriefunktionen einschließlich eines Analog/Digital-Umsetzers. Die 68000-Architektur ist also auch für Ein-Chip-Systeme nutzbar.

Die Wahl des speziellen Typs "68010" erfolgt deshalb, weil seine Funktionen noch überschaubar sind (die später auf den Markt gekommenen 32-bit-Prozessoren 68020 bis 68040 zeigen eine deutlich höhere Komplexität), andererseits verfügt er – im Gegensatz zum 68000 – bereits über ein Virtualisierungs-Konzept, welches für einige Prozeßrechner-Aufgaben von Bedeutung ist. Mitglieder der 68000-Familie werden auch für Arbeitsplatzrechner eingesetzt, Beispiele sind die Personal Computer von Atari, Amiga und die Workstations von Apple (Macintosh), Next, Apollo/HP und Sun. Ergänzende Literatur zu dieser Prozessor-Architektur findet man beispielsweise in /10/; in /11/ erfolgt eine Darstellung mit anderen Prozessortypen.

Im Anhang sind einige Angaben zum Registermodell, zur Befehlsliste und zum allgemeinen Befehlsformat sowie zu den Adressierungsmodi zusammengestellt

/7,8/. Sie werden im folgenden kurz kommentiert und anhand von Beispielen erläutert.

Das *Registermodell* (Abb. A.1) zeigt 8 32-bit-Daten-Register und 7 32-bit-Adreß-Register. Als achtes Adreß-Register dient der "User Stack Pointer", der unter anderem für die Stack-Befehle genutzt wird. Einen 32-bit-Befehlszähler sowie das Condition-Code-Register vervollständigen das Registermodell, welches der normale Benutzer vorfindet. In diesem Condition-Code-Register sind die Status-Informationen des Rechenwerks nach jedem Befehl zusammengefaßt. Sie dienen als Bedingungen für die Verzweigungsbefehle. Weitere Register sind in Abb. A.2 dargestellt, ihre Bedeutung wird erst im folgenden Abschnitt vorgestellt.

Der 68010 erlaubt es, mit seinen Befehlen folgende *Datentypen* zu bearbeiten: Einzelbit und Bitstrings, BCD-Zeichen, Bytes (Characters), 8-bit-, 16-bit- und 32-bit-Integers. Erst bei späteren Modellen der 68000-Familie wurden hardwaremäßig auch Operationen auf Floating-Point-Zahlen unterstützt, zunächst durch einen eigenen Coprozessor-Baustein, beim 68040 konnte diese Funktion auf dem Prozessor-Chip integriert werden.

Die *Befehlsliste* des 68010 ist im Anhang in Abb. A.3 wiedergegeben; das allgemeine Befehlsformat geht aus Abb. A.4 hervor:

- Ein erstes Befehlswort enthält den Operations-Code und die Adreßmodes/ Adreß-Register für ein oder zwei effektive Adressen, in einigen Befehlen auch eine Register-Adresse. Der kürzeste Befehl besteht damit aus einem 16-bit-Wort.
- Benötigt der Befehl eine Konstante oder die Adreß-Konstante eines ersten Operanden, dann folgen dem ersten Wort ein oder zwei Zusatzworte.
- Wird für eine zweite Operanden-Adresse ebenfalls eine Adreß-Konstante benötigt, so werden nochmals ein oder zwei Worte eingefügt.

Maximal werden also für einen Befehl 5 16-bit-Worte oder 10 Bytes benötigt.

Im folgenden werden einige Beispiele für die Formate typischer Befehle mit ein, eineinhalb und zwei Adressen sowie von Verzweigungsbefehlen erläutert (Abb. 2.19 bis 2.22) . Die Beispiele zeigen, daß die Länge des Operations-Codes vom jeweiligen Befehl abhängt, in den ersten drei Beispielen erkennt man, wie ein Operations-Code in Zusammenhang mit einer Längenangabe (Size) auf Wörter unterschiedlicher Länge (1, 2 oder 4 Bytes) angewandt werden kann.

Die Befehlsliste des 68010 enthält auch einige Befehle, die für die Unterstützung von Funktionen in höheren Programmiersprachen nützlich sind. Zwei Beispiele:

- Der Befehl CHK erlaubt es, Integergrößen (z.B. Index) in einem Befehl gegen eine oder zwei Grenzen zu vergleichen – bei Überschreitung des Bereichs wird die Ausführung des Programms abgebrochen.
- Die Befehle LINK und UNLK erleichtern beim Eintritt und Austritt in/aus Prozeduren die Parameter-Übergabe.

Die Befehlslisten der 68000-Prozessoren sind aufwärts kompatibel: Das bedeutet, daß die größeren Prozessor-Modelle alle Programme ausführen können, welche

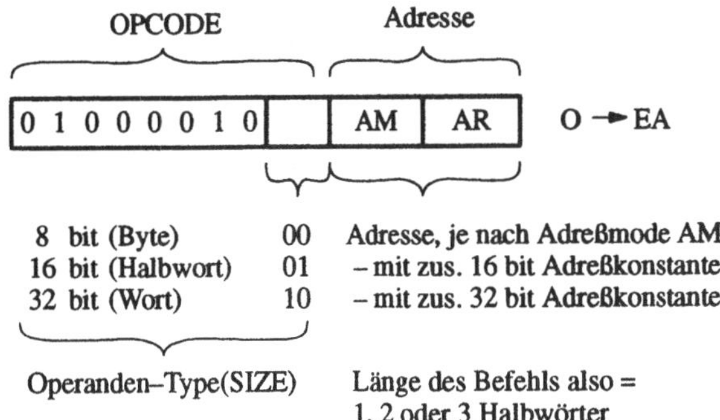

Abb. 2.19: 1-Adreß-Beispiel: Clear Operand

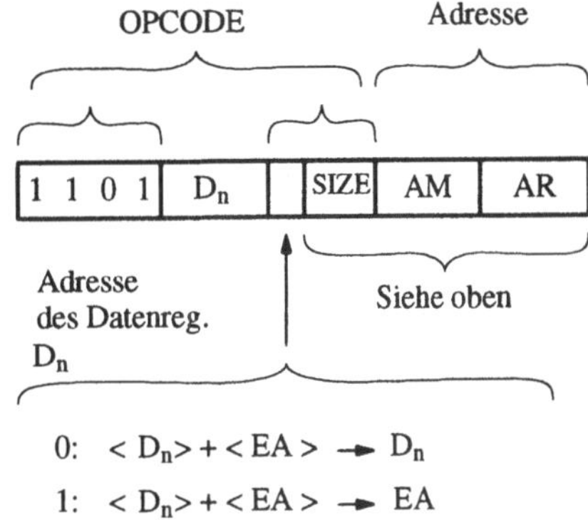

Abb. 2.20: 1 1/2-Adreß-Beispiel: ADD

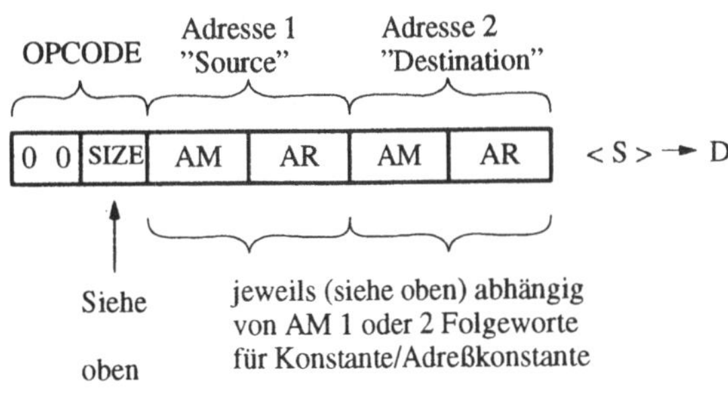

Abb. 2.21: 2-Adreß-Beispiel: MOVE

Verzweigungsbefehl: Branch on Condition

$$\langle PC \rangle + 2 \cdot AK \rightarrow PC \quad \text{wenn "Bedingung = true"}$$

OPCODE — Adresse: `0 1 1 0` | AK

Verzweigungs-Bedingung — Displacement, Differenz-Adr.

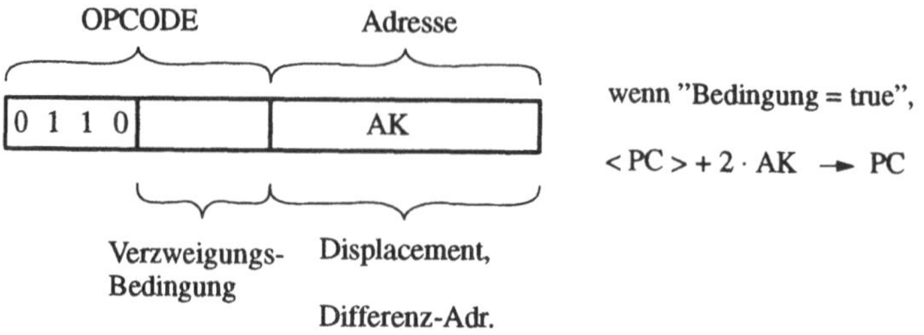

$AK \triangleq$ 8-bit-konstante (MSB-Vorzeichen)

wenn $AK = 0$:   Folgewort enthält 16-bit-AK
wenn $AK = -1$:   2 Folgewörter enthalten 32-bit-AK

Länge des Befehls: 1, 2, oder 3
Halbwörter

Abb. 2.22: Verzweigungsbefehl: Branch on Condition

für die kleineren Modelle erstellt sind, die größeren Modelle verfügen jedoch über zusätzliche leistungsfähige Befehle, sind also nicht abwärts kompatibel.

Wie bereits aus den obigen Befehls-Beispielen hervorgeht, erfolgt die Kennzeichnung des *Adreßmodes* beim 68010 durch

- einen 3-bit-Mode,
- eine 3-bit-Registernummer, welche ein Adreß-Register spezifiziert, und
- eine Adreß-Konstante, welche in einem (16 bit) oder zwei (32 bit) Folgewörtern abgelegt ist. Adreßmode und Adreß-Register sind immer in dem Befehlswort enthalten, das auch den Operations-Code enthält, die Adreß-Konstanten sind in nachfolgenden Wörtern enthalten. Im Anhang sind die Adreßmodes des 68010 in Abb. A.5 zusammengestellt, für die meisten Adreßmodes ist die Generierung der effektiven Adresse offensichtlich; eine Ausnahme bildet die Adressierungsart "Indexed Register indirect with offset": Hier wird ein zweites 16-bit-Halbwort benötigt, um neben einer 8-bit-Adreßkonstante zusätzlich benötigte Information aufzunehmen (Abb. 2.23)

Abb. 2.24 zeigt schematisch, wie auf Grund dieser Information aus der Summe der Inhalte des Adreß-Registers und des Index-Registers sowie der 8-bit-Adreß-Konstante (Displacement) die effektive Adresse bestimmt wird.

Dieses Konzept des Erweiterungswortes zur Spezifikation des Adreßmodes wird bei den 32-bit-Prozessoren der 68000-Familie noch für weitere, immer komplexere Adressierungs-Algorithmen eingesetzt.

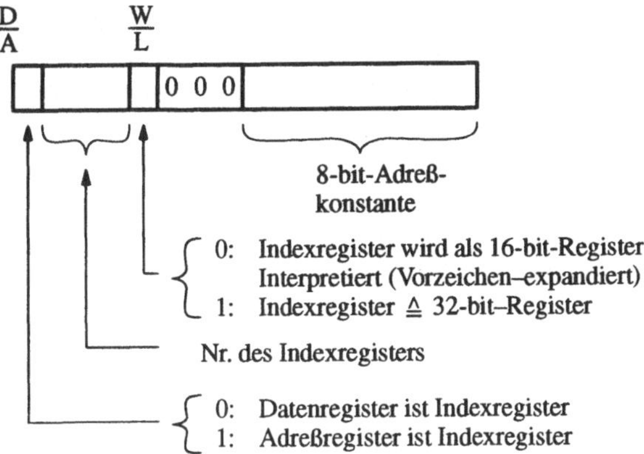

Abb. 2.23: Codierung der Adressierungsart: Indexed Register indirect with offset

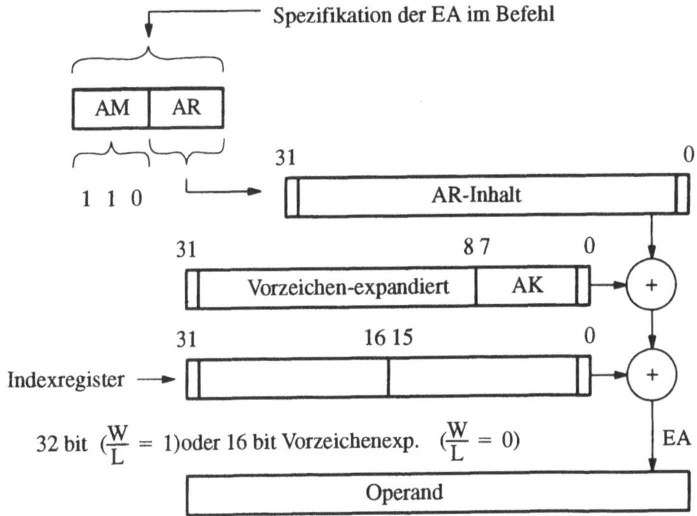

$$32 \text{ bit } \left(\frac{W}{L} = 1\right) \text{oder } 16 \text{ bit Vorzeichenexp. } \left(\frac{W}{L} = 0\right) \qquad EA$$

Abb. 2.24: Berechnung der effektiven Adresse

2.2.3 Multitasking-Unterstützung

Im vorausgegangenen Abschnitt wurden Prozessor-Grundfunktionen vorgestellt, die ausreichend sind, wenn nur ein Rechenprozeß im Prozessor aktiv ist. Gerade für Prozeßrechner-Aufgaben müssen jedoch mehrere Rechenprozesse bzw. Tasks quasi-gleichzeitig in einem Prozessor aktiv sein können (Multiprocessing, Multitasking): In diesen Fall ist es vorteilhaft, zusätzliche Architekturmerkmale zu installieren, die im folgenden vorgestellt werden sollen.

Fehler in einem Rechenprozeß dürfen möglichst nicht dazu führen, daß auch andere Rechenprozesse im selben Prozessor in Mitleidenschaft gezogen werden. Man benötigt dazu eine übergeordnete Instanz, welche die Rechenprozesse überwacht und bei Fehlern eingreift: Diese Aufgabe übernimmt das Betriebssystem, wie es in Abschnitt 3.3 vorgestellt wird.

Dieses Betriebssystem stellt den Rechenprozessen zusätzlich zu den Maschinenbefehlen häufig benötigte Funktionen zur Verfügung (Betriebssystem-Dienste). Dafür dürfen normale Rechenprozesse bestimmte Maschinenbefehle nicht benutzen (z.B. einen Halt-Befehl oder Ein-/Ausgabe-Operationen). Damit die Einhaltung dieser Regeln während der Programmausführung überwacht werden kann, benötigt man zusätzliche Hardware-Unterstützung.

Heutige Prozessoren sind daher mit zwei *Betriebsmodes* ausgestattet (vgl. Abb. 2.25):

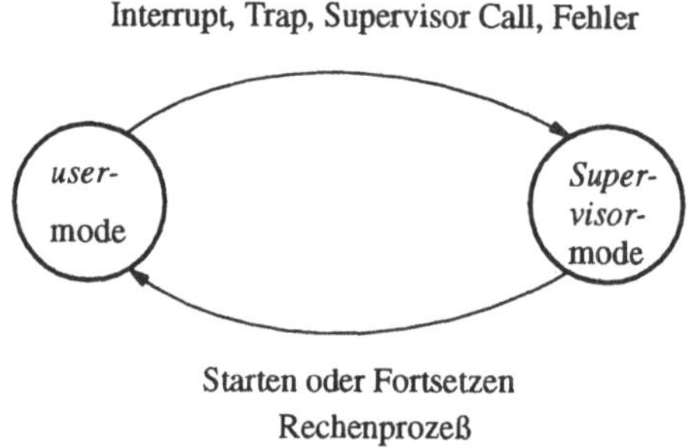

Abb. 2.25: Prozessor-Betriebsmodes

- Im *Supervisor-Mode* führt der Prozessor die Funktionen des Betriebssystems (Supervisor) aus: Hier dürfen alle, auch "gefährliche" Befehle ausgeführt werden, man geht davon aus, daß Betriebssystem-Programme fehlerfrei sind.
- Mit dem Übergang der Programmkontrolle vom Betriebssystem an einen Rechenprozeß gelangt der Prozessor in den *User-Mode*, in dem beliebige Rechenprozesse mit vom Anwender geschriebenen Programmen ausgeführt werden. Hier dürfen nicht mehr alle Maschinenbefehle erlaubt sein, auch bezüglich der zulässigen Speicheradressen gibt es Einschränkungen (ein Rechenprozeß darf beispielsweise nicht in Daten- oder Programmbereiche eines anderen Rechenprozesses schreiben).

Mindestens drei Ursachenklassen führen dazu, daß ein Rechenprozeß im User-Mode unterbrochen wird und die Kontrolle an den Supervisor-Mode zurückgeht:

- Der Rechenprozeß selbst ruft eine Betriebssystemfunktion auf und benutzt dazu einen SVC-Befehl (Supervisor Call).
- Der Rechenprozeß macht einen Fehler, er verwendet z.B. ungültige Befehle, Befehle mit falschem Format oder mit nicht erlaubten Adressen oder sogenannte privilegierte Befehle (das sind Befehle, die nur dem Supervisor-Mode vorbehalten sind). Auch Arithmetik-Fehler (z.B. Zahlenbereichsüberschrei-

tung, Division durch Null oder die Verletzung eines Index-Bereichs) oder das Auftreten von Hardware-Fehlern (z.B. Speicherfehler) führt zum Übergang in den Supervisor-Mode. Die Hardware erkennt den Fehler und übergibt die Kontrolle an das Betriebssystem (Supervisor-Mode), das im allgemeinen den fehlerhaften Rechenprozeß abbrechen wird. Andere Rechenprozesse können jedoch auf demselben Prozessor weiterarbeiten.

- Auch externe Ereignisse (Alarme) erzwingen das Ende der Bearbeitung für den gerade laufenden Rechenprozeß. Es erfolgt ein Übergang in den Supervisor-Mode, in welchem dieses Ereignis bearbeitet wird (Interrupt-Bearbeitung, vgl. Abschnitt 2.3.2).

Mit dem Betriebs-Mode sind meist weitere Hardware-Eigenschaften verbunden. Manche Prozessoren schalten z.B. den kompletten Registersatz um – es gibt eigene Register für beide Betriebs-Modes. Daneben gibt es Status-Register, in denen z.B. der Betriebsmode selbst und weitere Prozessorzustände gesetzt und abgefragt werden können. Für den 68010 zeigt im Anhang Abb. A.2 folgende Register:

- Einen zusätzlichen Stack-Pointer (Systems Stack Pointer SSP); neben dem User-Stack-Pointer (USP), der die Stacks der Benutzerprozesse verwaltet, gibt es also einen System-Stack für die Betriebssystemfunktionen. Die übrigen Register sind beim 68010 nur einmal vorhanden.

- Das Statuswort enthält zusätzlich zum Bedingungs-Register (Condition Register) ein Bit für den Betriebs-Mode, ein Trace-Bit (mit dem erreicht wird, daß nach einem Übergang vom Supervisor-Mode in den User-Mode genau ein Befehl ausgeführt wird, danach kehrt die Programmkontrolle zum Supervisor zurück: Dies erlaubt einen effizienten Programmtest) und eine 3 bit lange Angabe zur Priorität des gerade ausgeführten Programms (vgl. Abschnitt 2.3.2).

Eine damit verbundene Hardware-Eigenschaft ist das Verhalten des Prozessors in Ausnahme-Situationen (Exception Handling): Der gerade laufende Rechenprozeß muß ja im Fall eines Fehlers oder eines externen Ereignisses abgebrochen werden: Da man den Rechenprozeß später genau an dieser Stelle wieder fortsetzen möchte, muß der Zustand des Prozessors zu diesem Zeitpunkt aufbewahrt und vor seiner Fortsetzung später wieder geladen werden.

Eine "Exception" führt also zum sofortigen Abbruch des gerade laufenden Rechenprozesses, die Kontrolle wird an ein Betriebssystem-Programm übergeben, das die Ausnahme-Situation bearbeitet, der Kontext des unterbrochenen Rechenprozesses (Inhalte der Prozessor-Register einschließlich Status und Befehlszähler) wird abgespeichert. Folgende Ursachen gibt es für solche Exceptions:

- Interne Fehler. Hierzu gehören die bereits erwähnten illegalen Op-Codes und Formatfehler, die Nutzung privilegierter Befehle im User-Mode, Adreßfehler, die Trace-Funktion, Arithmetik-Fehler.
- Aufträge an das Betriebssystem (SVC).
- Die Emulation von Befehlen, welche bei einem Prozessormodell nicht hardwaremäßig implementiert sind, deren Realisierung jedoch für spätere Prozessormodelle geplant ist. Bei Verwendung dieser reservierten Operations-Codes,

die ja im bestehenden Prozessor nicht zulässig sind, erfolgt eine Übergabe der Kontrolle an das Betriebssystem, in dem die gewünschte Operation softwaremäßig ausgeführt wird. Anwenderprogramme sind damit "aufwärtskompatibel": Am Programm ändert sich nichts, diese Funktionen werden bei einem Prozessormodell per Software, beim anderen per Hardware ausgeführt.

- Externe Fehler, z.B. die Adressierung unzulässiger oder nicht vorhandener Speicherbereiche, Speicherfehler oder ein Page-Fault (Seitenfehler: Der adressierte Speicherbereich ist gerade nicht vorhanden, kann jedoch vom Betriebssystem beschafft werden).
- Externe Ereignisse (Interupts).

Beim 68010 sind diese Mechanismen wie folgt realisiert: Nach Entdecken der Exception-Bedingung werden zunächst die Zustandsgrößen hardwaremäßig abgespeichert, die nicht in der nachfolgenden Exception-Handling-Routine per Software gerettet werden können. Dazu dient der Supervisor-Stack, auf welchen in Abhängigkeit von der Art der Exception folgende Zustandsinformation abgelegt wird (Exception Stack Frame):

- Bei externen Interrupts, Traps usw. werden vier 16-bit-Halbworte des Stacks belegt (Abb. A.6a). Sie enthalten den Inhalt des Status-Registers, des Befehlszählers und eine Kennzeichnung der Exception-Ursache (Format 0000).
- Bei einem *Bus-Error* und Adreß-Error wird ein deutlich größerer Stack-Frame aufgebaut (Format 1000). Zusätzlich zu den oben genannten Zuständen werden zahlreiche weitere prozessorinterne Daten abgelegt (Abb. A.6b): Sie erlauben einerseits eine genauere Analyse der Exception-Ursache, andererseits gestatten sie es, ein Programm mitten im Befehl (z.B. in einem Speicherzugriff) abzubrechen und nach beliebiger Zeit wieder fortzusetzen: Dies ist die wichtigste Erweiterung des 68010 gegenüber dem 68000 – sie erlaubt die Realisierung virtueller Speichersysteme.

Danach wird der durch die Exception-Ursache definierte 8 bit lange Exception-Vektor benutzt, um nach einer Verschiebung um zwei Binärstellen (Multiplikation mit 4) als Vektor-Adresse auf jeweils 4 Bytes einer Liste zu zeigen, welche die Start-Adresse für die entsprechende Exception-Handling-Routine enthält – diese Start-Adresse wird in den Befehlszähler geladen, die Bearbeitung der speziellen Routine beginnt (beim 68010 wird die Vektor-Adresse zu dem Vektor-Basis-Register (vgl. Abb. A.2) addiert, was eine beliebige Lage des Start-Adreß-Feldes im Adreßraum ermöglicht). Abb. A.7 zeigt die möglichen Ursachen für Exceptions und ihre Zuordnung zu Interrupt–Vektoren.

Die Exception-Handling-Routine beginnt meist mit dem Abspeichern der übrigen Prozessor-Register per Software. War die Exception-Ursache ein Fehler, dann muß der Rechenprozeß beendet werden und der Exception-Stack-Frame wird gelöscht. Bei erfolgreichem Durchlaufen der Exception-Handling-Routine werden die alten Inhalte der Prozessor-Register per Software zurückgeladen, mit dem RTE-Befehl (Return from Exception) wird der ursprüngliche Zustand wieder hergestellt und der früher unterbrochene Rechenprozeß fortgesetzt.

Die letzte hier behandelte Hardware-Einrichtung zur Unterstützung von Multitasking ist die *Speicherverwaltung*, die als "prozessornahe Einheit" betrachtet werden kann. Sie hat die Aufgaben der *Adreßumsetzung*, des *Speicherschutzes* und manchmal auch der Beschaffung von Information über die Zugriffshäufigkeit für die einzelnen Speicherbereiche.

Abb. 2.26 zeigt die prinzipielle Anordnung für die Adreß-Umsetzung: Die vom Rechenprozeß erzeugten *logischen* Adressen werden in physikalische Adressen umgesetzt. Die logische Adresse besteht dabei aus der eigentlichen Adresse und einer Angabe über die Art des Zugriffs: Der Prozessor weiß ja,

- ob er einen Befehl holen will (Code) oder einen Operanden (Daten) und
- ob es sich um den Zugriff eines Benutzer-Programms (User) oder des Betriebssystems (Supervisor) handelt.

Entsprechend gibt es vier *Adreßräume*:

- User-Data
- User-Code
- Supervisor-Data
- Supervisor-Code.

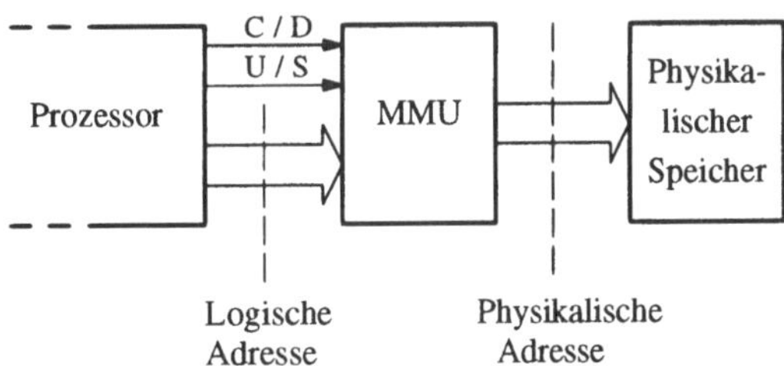

Abb. 2.26: Adreß-Umsetzung in der Speicherverwaltungs-Einheit

Manche Prozessoren haben noch mehr Adreßräume (z.B. für Zugriffe auf Peripheriegeräte), durch zusätzliche Ausgangsleitungen (beim 68010: Function Code FC0, FC1 und FC2) wird der ausgewählte Adreßraum auch extern angezeigt.

Zwei Konzepte dienen zur logischen und physikalischen Strukturierung der Speicher, welche den Aufbau der Adreßumsetzungseinheit bestimmen:

- **Segmentierung**: Logisch zusammengehörende Bereiche werden als *Segmente* bezeichnet, in denen die Adreßräume eines Rechenprozesses abgebildet werden.
- **Seiten-Organisation:** Der physikalische Speicher ist ebenso wie der logische Adreßraum in Bereiche konstanter Größe eingeteilt (z.B. 4 KBytes). Den Seiten im logischen Adreßraum werden durch die Adreßumsetzung Seiten des

physikalischen Speichers (Kacheln) zugeordnet (Seiten/Kachel-Tabelle). Die Seite ist auch die Einheit, die durch Schutzmechanismen vor unberechtigten Zugriffen geschützt werden kann.

Gründe für die *Adreßumsetzung* sind:

- Wenn der logische Adreßraum zu klein ist (16 bit entsprechen 64 K, z.B. PDP-11 oder Intel 8086), dann sollen jedem Rechenprozeß alle 64K-Adressen sowohl für seinen Code als auch für seine Daten zur Verfügung stehen, und auch das Betriebssystem möchte dieselben logischen Adressen nutzen: Die kurzen logischen Adressen werden also zu größeren physikalischen Adressen erweitert. Beim Intel 8086-Prozessor werden 16-bit-Adressen erzeugt, sie können durch Addition mit einem von vier Segment-Registern zu einer physikalischen 20-bit-Adresse ausgeweitet werden (1 MByte physikalischer Adreßraum). Abb. 2.27 zeigt den Mechanismus dieser Adreßumsetzung: Durch Verschieben des Segment-Registers um vier Bit-Positionen (Auffüllen der Bit 0 bis 3 mit "Null") entsteht eine 20 bit breite Basis-Adresse, zu welcher die logischen Adressen (16 bit) addiert werden: Die Segmente für Code, Daten, Stack und für besondere Aufgaben können damit beliebig im physikalischen Adreßraum angeordnet werden, jeder Rechenprozeß kann 64K-Code, 64K-Daten, 64K-Stack und 64K für besondere Aufgaben nutzen, beim Wechsel zu einem anderen Rechenprozeß müssen die Segment-Register neu besetzt werden, und erzeugen damit eine neue Abbildung zwischen logischen und physikalischen Adreßräumen.

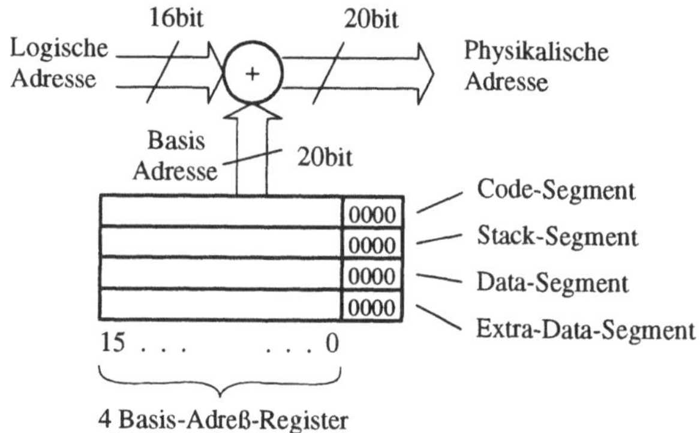

Abb. 2.27: Ausweitung des Adreßraums durch Basis-Adreßregister

- Müssen neue Programme geladen werden, dann sind deren Adressen davon abhängig, wie der Hauptspeicher zufällig gerade mit dem Code und den Daten anderer Rechenprozesse belegt ist. Durch die Adreßumsetzung wird erreicht, daß dieselben logischen Adressen genau die physikalischen Adressen nutzen, die noch zur Verfügung stehen.

- Benutzen mehrere Rechenprozesse dasselbe Programm, so werden zwar identische logische Adressen erzeugt, sie sollen sich jedoch auf jeweils andere physikalische Adressen beziehen.
- Realisierung virtueller Speicher. Ist der physikalisch vorhandene Speicher viel kleiner als die logische Adresse bzw. die virtuelle Adresse, die sich aus der logischen Adresse und der Nummer des Rechenprozesses zusammensetzt, dann möchte man diese Rechenprozesse dennoch ausführen. Der Speicher ist nicht mehr real, sondern nur virtuell vorhanden, es befindet sich immer eine Kopie auf einem Massenspeicher (z.B. Platte).

Basis dieses Speicherkonzepts ist die Seiten-Organisation: Im Seiten-Kachel-Speicher gibt es für jede Seite einen Eintrag. Wenn bei einem Zugriffswunsch dieser Eintrag (Seiten-Deskriptor) bereits auf eine Kachel zeigt (physikalischer Speicher zugeordnet), kann der Speicherzugriff sofort erfolgen. Andernfalls wird ein sogenannter Seitenfehler (Page-Fault) erkannt, was folgende Vorgänge auslöst:

- Mitten im Speicherzugriffs-Zyklus wird die Bearbeitung des Befehls abgebrochen, der gesamte Zustand des Prozessors abgespeichert ("Exception Stack Frame").
- Das Betriebssystem wählt eine freie Kachel aus und lädt vom Massenspeicher das virtuelle Abbild der Seite in die Kachel. Meist muß eine Kachel frei gemacht, "ausgeräumt" werden, dabei wird die Kachel ausgeräumt, die am längsten nicht benutzt wurde (LRU = Least Recently Used).
- Durch den entsprechenden Eintrag in der Seiten-Kachel-Tabelle wird die Zuordnung der Seite mit der Kachel hergestellt, danach kann der mitten im Zugriff unterbrochene Befehl in exakt demselben Zustand fortgesetzt werden.

Nach beispielsweise 50 Millisekunden (Plattenzugriff) kann der Rechenprozeß weiterarbeiten: Durch den Seitenfehler dauerte der Speicherzugriff also ca. 100000 mal länger. Es ist klar, daß Echtzeit-kritische Rechenprozesse diesen Mechanismus nicht benutzen dürfen. Seiten, welche von solchen Rechenprozessen benötigt werden, müssen vielmehr fest im physikalischen Speicher stehen (Locked Pages).

Der *Speicherschutz* vor unberechtigten Zugriffen bezieht sich auf Speicherbereiche, entweder auf Segmente (die durch eine Anfangsadresse und eine Längenangabe beschrieben sind) oder auf Seiten (konstante Länge, z.B. 4 KByte). Im folgenden soll ein einfaches Beispiel für die *Zugriffsrechte* eines seitenorganisierten Speichers vorgestellt werden:

- **Valid:** Dieser Seite ist eine physikalische Kachel zugeordnet.
- **Code:** Aus dieser Seite darf Code geholt werden.
- **Data:** In dieser Seite darf auf Daten zugegriffen werden.
- **Write:** Auf diese Seite darf geschrieben werden.

Diese sind in Form einzelner Bit-Positionen dargestellt, ihre Kombination definiert die Zugriffsrechte für jede Seite. Bei jedem Zugriff wird geprüft, ob der jeweilige Speicherzugriff, dessen Adreßraum ja in der Speicherverwaltung bekannt ist, Zugriffsrechte verletzt: Bus-Zyklen, in denen dies festgestellt wird, werden mit einer Fehlermeldung abgebrochen.

Eine zusätzliche Aufgabe von Speicherverwaltungs-Systemen ist das Sammeln von Zugriffshäufigkeit-Information über jede Seite, insbesondere

- über die Häufigkeit der Zugriffe (erlaubt z.B. die Auswahl einer auszuräumenden Seite bei Seitenfehlern) und
- die Tatsache, daß ein schreibender Zugriff auf eine Seite erfolgt ist (eine solche Seite muß beim Ausräumen auf den Massenspeicher kopiert werden).

Die Mechanismen zur Erfassung dieser Zustandsinformation werden hier nicht behandelt.

In der seitenorganisierten Speicherverwaltungs-Einheit (Memory Management Unit – MMU) werden für jede Seite die Angaben über

- die zugewiesene physikalische Seite

- die Zugriffsrechte und ggf.

- die Information über die Nutzungshäufigkeit

zu einem *Seiten-Deskriptor* zusammengefaßt, der z.B. in einem 16 oder einem 32-bit-Wort Platz findet. Diese Seiten-Deskriptoren bilden die Elemente der Seiten-Kachel-Tabelle.

Beim 68010 sind von den 32 bit logischen Adressen, welche prozessorintern erarbeitet werden, nur 24 Adreßbit (23 Adreßleitungen, 2 Steuerleitungen) physikalisch nach außen geführt – der Adreßraum beträgt also nur $2^{24} = 16$ MByte. Es gibt keine Standard-Architektur für eine 68010-Speicherverwaltungs-Einheit. Im folgenden wird daher eine sehr einfache derartige MMU vorgestellt.

Abb. 2.28a zeigt den Aufbau des Seiten-Deskriptors, der nur aus einer 12-bit-Adresse für die physikalische Seite und 4 bit für die Zugriffsrechte besteht. Abb. 2.28b zeigt eine vereinfachte Darstellung der physikalischen Realisierung:

- Die 23 Adreßleitungen sind aufgeteilt: Die niederwertigen 11 bit adressieren die Halbworte innerhalb einer Seite bzw. Kachel, die höherwertigen 12 bit wählen eine von maximal 4096 Seiten/Kacheln aus.
- In einem getrennten, sehr schnellen Speicher (diese Speicher-Zugriffszeit addiert sich ja zur Adreßlaufzeit und damit ggf. zur Zugriffszeit des Hauptspeichers) sind zwei Seiten-Kachel-Tabellen untergebracht, eine für den Supervisor und eine für den User-Mode. Inhalt dieses Speichers sind die 16-bit-Seiten-Deskriptoren, der Speicher hat also eine Kapazität von 8 K · 16 bit. Im Bild ist nicht dargestellt, wie diese Seiten-Deskriptoren in den Speicher geladen werden können.
- In einer einfachen Logik werden die Zugriffsrechte mit den Informationen verknüpft, welche über die Art des Zyklus Auskunft geben: Die Erkennung von unberechtigten Zugriffen (schließt den Seitenfehler ein) führt zu einem Bus-Fehler, also zum Abbruch des jeweiligen Zyklus, die Art des Fehlers kann ebenfalls ausgelesen werden.

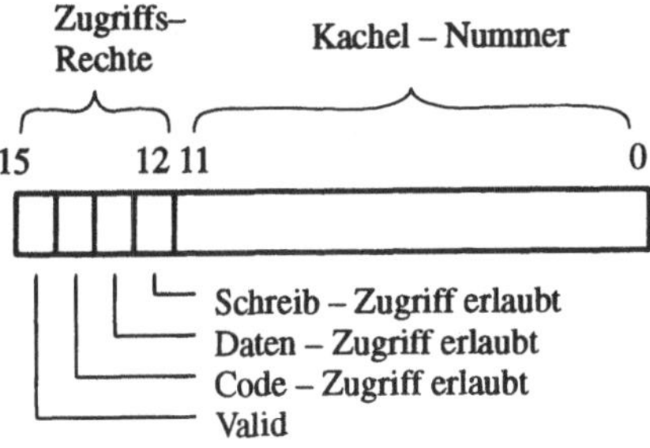

a) Seiten – Deskriptor

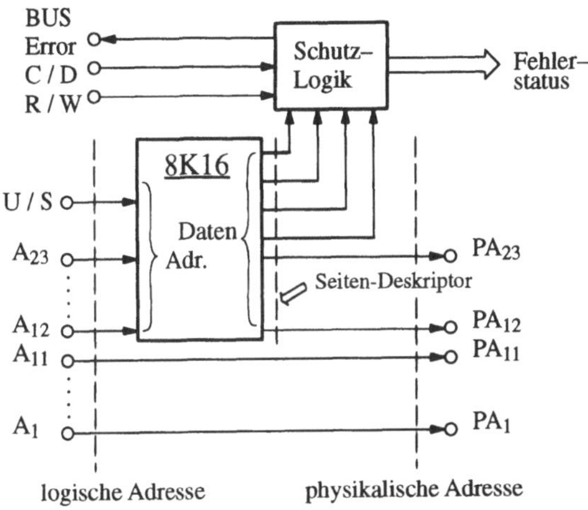

b) Seiten / Kachel–Speicher und Speicherschutz

Abb. 2.28: Einfache 68010-Speicherverwaltung

Ein großes Problem bei dieser einfachen Schaltung ist der Wechsel von einem Rechenprozeß zum anderen: Man müßte hier 4 K 16-bit-Worte neu laden, was auch bei schnellen Prozessoren viel Zeit in Anspruch nehmen würde. Man wird daher den Seiten-Kachel-Speicher vergrößern, z.B. auf 16 · 4 K, so daß 15 Rechenprozesse (User) und das Betriebssystem (Supervisor) nur durch Umbesetzen eines 4-bit-Registers (Prozeß-Identifikation) verwaltet werden könnten.

Noch problematischer wird allerdings eine derartige Lösung, wenn der Adreßraum durch 32-bit-Adressen bestimmt ist: Das ergäbe für jeden Rechenprozeß 2^{20} = 1 Million Seiten-Deskriptor-Eintragungen mit 32 bit Länge.

Die Seiten-Kachel-Tabellen werden daher meist im Hauptspeicher abgelegt und aus Gründen der Speicher-Ökonomie durch mehrstufige Tabellen realisiert. Für den Zugriff auf einen Seitendeskriptor muß also mehrmals auf den Hauptspeicher zugegriffen werden: Es werden damit mehr Zugriffe benötigt, um zu den

Adressen zu gelangen, als zu den Daten. Um dieses Problem der Speicherzugriffs-
zeiten zu entschärfen, werden in den Speicherverwaltungs-Einheiten typisch 16
oder 32 Assoziativspeicherzellen eingebaut, welche die jeweils letzten Seiten-
deskriptoren halten, bei erneutem Zugriff auf einen schon gespeicherten Seiten-
deskriptor entfallen die Zugriffe auf den Hauptspeicher. Dieser Zugriff wird durch
die Lokalität von Code und Daten in weniger als 1% aller Zugriffe erforderlich.

Wie bereits erwähnt, gibt es für den 68010 keine hochintegrierte Speicherverwaltungs-Einheit. Für die 32-bit-Variante 68020 wird ein Coprozessor (68551)
angeboten, in welchem die Speicherumsetzfunktion und sehr weitgehende Spei-
cherschutzmechanismen realisiert sind. Bei den Nachfolge-Prozessoren 68030
und 68040 wurde die Speicherverwaltungs-Einheit mit auf dem Prozessor-Chip
integriert.

2.2.4 Prozessor-Speicher-Schnittstelle

Neben dem Prozessor beinhaltet der Rechnerkern den *Arbeitsspeicher*: In diesem
Abschnitt soll der Anschluß von Hauptspeicher-Subsystemen an den Prozessor
betrachtet werden.

Alle modernen (Mikro-)Prozessoren stellen nur eine Schnittstelle zum Anschluß der Arbeitsspeicher- und Peripherie-Komponenten zur Verfügung (Bus,
Abb. 2.29):

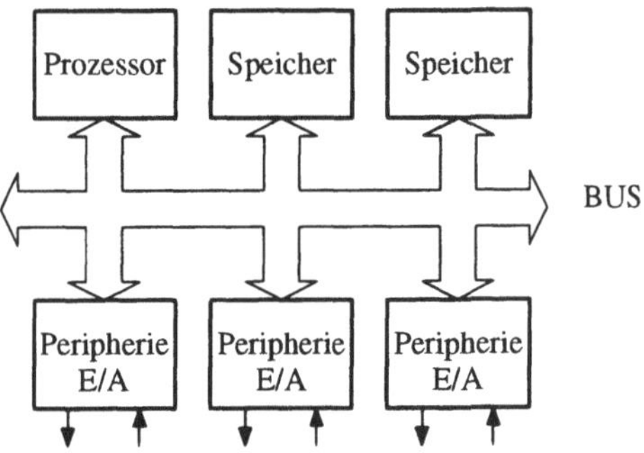

Abb. 2.29: Einheitliche Schnittstelle "BUS"

- Die Arbeitsspeicher sind modular aufgebaut und erlauben einen Ausbau des
  Hauptspeichers, der an die jeweiligen Anforderungen angepaßt werden kann.
  Bei Adreßräumen von 4 GByte (32 Adreßbit) und einer Modulgröße von z.B.
  4 bis 16 MByte des physikalischen Speichers werden in einem System meist
  mehrere solcher Module eingesetzt.
- Auch Peripherie-Komponenten zur Daten-Ein-/Ausgabe müssen in beliebigen
  Kombinationen an das Bus-System als einheitliche Schnittstelle angeschlos-
  sen werden können (vgl. Abschnitt 2.3).

Abb. 2.30 zeigt eine bidirektionale Bus-Leitung, welche den Informationsaustausch in alle Richtungen ermöglicht. Jeweils ein Teilnehmer darf seine Information auf die Bus-Leitung geben, alle anderen können diese Information mithören. Die Bus-Leitung ist durch folgende Komponenten charakterisiert:

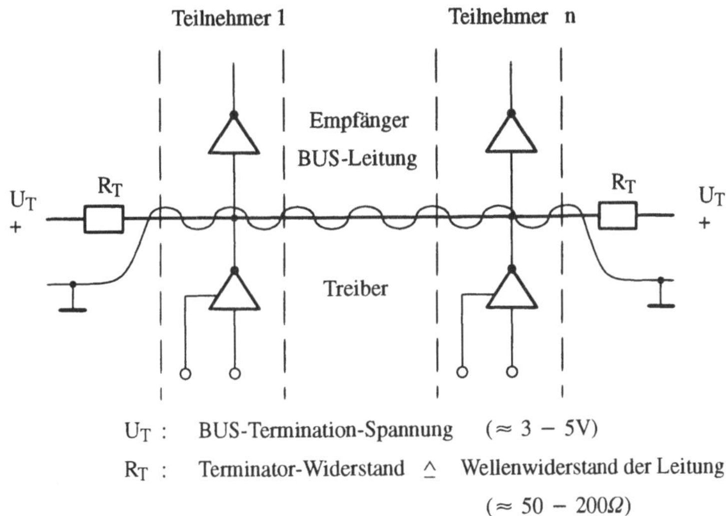

U_T :   BUS-Termination-Spannung   ($\approx 3 - 5V$)

R_T :   Terminator-Widerstand $\triangleq$ Wellenwiderstand der Leitung

($\approx 50 - 200\Omega$)

Abb. 2.30: Bidirektionale BUS-Leitung

- Die eigentliche Bus-Leitung sollte einen möglichst konstanten Wellenwiderstand haben, damit keine Signalreflexionen entstehen. Sie wird entweder über verdrillte Kabelpaare, Flachbandkabel oder Leiterbahnen auf gedruckten Schaltungen (Backplane) realisiert.
- Zum Abschluß der Busleitung dient ein Terminatorwiderstand, als Abschlußspannung sind 3 bis 5 Volt üblich.
- Die Empfänger (Receiver) bei den einzelnen Teilnehmern sollten eine möglichst hohe Eingangsimpedanz haben, um das Signal möglichst wenig zu beeinflussen (große Zahl potentieller Teilnehmer). Meist verfügen die Empfänger über eine Schmitt-Trigger-Eingangscharakteristik; Abb. 2.31 macht deutlich, wie dadurch auch relativ große Störungen auf dem Bus nicht zu Signalverfälschungen nach dem Empfänger führen. Diese Störspitzen sind in parallelen Bus-Systemen sehr häufig, da viele in der Nähe liegende Signalleitungen gleichzeitig schalten können (kapazitive und induktive Beeinflussung).
- Die Treiber (Transmitter) sollten im ausgeschalteten Zustand eine möglichst hohe Impedanz (keine Beeinflussung der Bus-Leitung), im eingeschalteten eine möglichst kleine Impedanz haben, damit die erreichten Spannungspegel eindeutig bleiben.

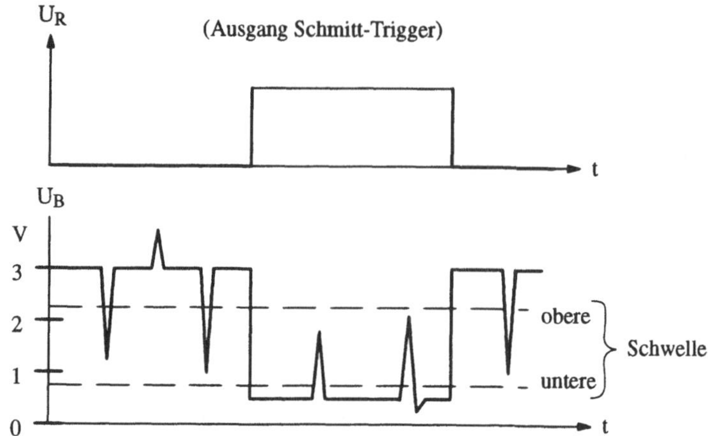

Abb. 2.31: Störunterdrückung beim Empfänger durch Hysterese (Schmitt-Trigger)

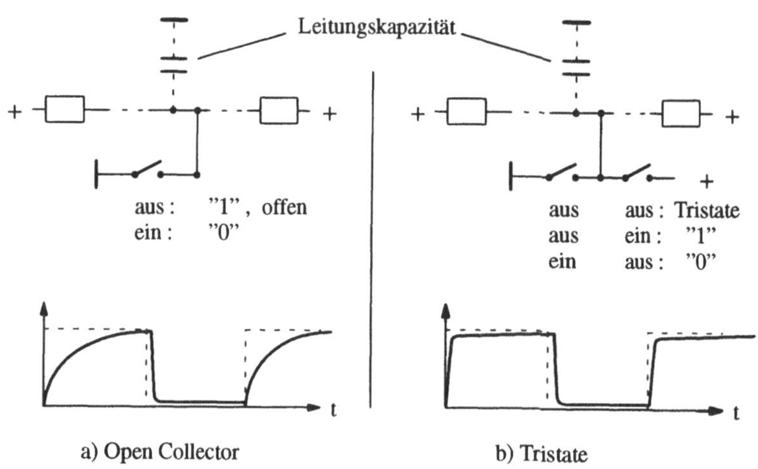

Abb. 2.32: BUS-Treiber-Varianten

Zwei Varianten von Bus-Treibern sind heute gebräuchlich (Abb. 2.32):

- Open-Collector-Bus: Ein Schalter (Transistor, bipolar mit offenem Kollektor) ist in der Lage, die durch die Terminator-Widerstände auf +3 Volt angehobene Bus-Leitung auf Masse zu ziehen. Nachteil dieser Anordnung ist, daß die Schaltzeiten in beiden Signalrichtungen verschieden sind, in einem Fall ist die Zeitkonstante durch die Bus-Terminator-Widerstände definiert, in der anderen Richtung durch die deutlich geringere Impedanz des Schalters. Da die Zuordnung der Bus-Spannungen zu den Logik-Signalen meist invertiert ist (3 Volt entspricht "logische 0", 0 Volt entspricht "logische 1"), können über die Bus-

Leitung bei mehreren aktiven Treibern ODER-Verknüpfungen realisiert werden: Beispielsweise dürfen mehrere Teilnehmer, welche eine Anforderung signalisieren, gleichzeitig ihre Schalter auf "Ein" stellen.

- Die zweite Technik (Tristate) arbeitet mit zwei Schaltern: Sind beide Schalter aus, dann befindet sich der Ausgang im hochohmigen Zustand, ist jeweils nur ein Schalter eingeschaltet, dann sind die Logik-Zustände 0 oder 1 aktiviert. Wären beide Schalter eingeschaltet, ergäbe sich ein Kurzschluß auf dem Bus. Diese Situation tritt im übrigen auch ein, wenn durch einen Fehler zwei Treiber gleichzeitig auf den Bus zugreifen und dem Bus unterschiedliche Signale aufprägen wollen. Der Vorteil dieser Anordnung ist, daß in beiden Schalt-Richtungen kleine Impedanzen für kurze Schaltzeiten sorgen.

Im allgemeinen kann jeder Teilnehmer an der Busleitung empfangen und – wenn er dazu berechtigt ist – auch senden, die Kombination von Transmitter und Receiver wird daher oft in einer einzigen Schaltung ("Transceiver") zusammengefaßt: 4, 8 oder 16 Bus-Leitungen können in einem integrierten Baustein realisiert werden.

Bei parallelen Bus-Systemen werden viele Bus-Leitungen benötigt, um die einzelnen Teilnehmer miteinander zu verbinden. Sie tauschen Information nach festgelegten Vereinbarungen, sogenannten *Bus-Protokollen* aus, für welche im folgenden ein Beispiel dargestellt ist.

In Bus-Systemen gibt es zu jedem Zeitpunkt einen *"Master"*, der den Bus steuert. Er ist in der Lage, in einem Buszyklus durch Anlegen einer bestimmten Adresse einen anderen Teilnehmer ("Slave") auszuwählen und entweder von diesem Daten zu empfangen (Read) oder an diesen Daten zu senden (Write). Meist ist der Prozessor Master, und die Speicher- bzw. Peripherie-Module sind die "Slaves". Die Kontrolle über den Bus kann jedoch auch von anderen Einheiten (z.B. anderen Prozessoren oder Datenkanälen) angefordert werden, über den Mechanismus "Bus-Arbiter" gibt der Prozessor die Kontrolle ab, ein anderer Teilnehmer kann dann die Funktionen des Masters übernehmen.

In typischen Prozessor-Systemen sind folgende Klassen von Bus-Signalen zu identifizieren:

- Infrastruktur-Signale. Hierzu gehören die Spannungsversorgung, die Taktversorgung, ein Rücksetz-Signal, ggf. auch Information über die System-Umgebung (z.B. das Power-fail-Signal).
- Die wichtigste Signal-Klasse ist durch die zum Datentransfer benötigten Leitungen definiert, die Adressen und der Adreßraum zur Auswahl des zweiten Teilnehmers, die Datenleitungen sowie die Steuer- und Rückmelde-Signale, welche den Buszyklus zum Datentransfer steuern.
- Bus-Signale zur Bus-Arbitrierung (Übergabe der Master-Funktion) sowie zur Übertragung von externen Interrupts (Anforderungen, vgl. Abschnitt 2.3.2).

Abb. A.8 zeigt schematisch die Signale, welche den 68010-Prozessor mit seiner Umwelt verbinden; sie sind als Tristate-Bus-Leitungen ausgelegt. Überstrichene

Signalbezeichnungs-Kürzel zeigen an, daß die Spannungspegel zu den logischen Signalen invertiert sind (0 V = log."1", 3 V = log."0"):

- Zur Infrastruktur zählen hier die Spannungsversorgung, der Takt CLK sowie die Reset- und Halt-Leitung.
- Der Datentransfer wird über einen Adreß-Bus (A1 bis A23), den Adreßraum (Prozessor-Status FC0 bis FC2), den Daten-Bus (D0 bis D15), 4 Steuerleitungen (Adreß-Strobe $\overline{AS}$, Lese/Schreib-Signal R/$\overline{W}$, $\overline{UDS}$ und $\overline{LDS}$ zur Auswahl des höherwertigen oder/und niederwertigen Bytes in einem 16-bit-Wort) sowie 2 Rückmelde-Leitungen ($\overline{DTACK}$ zur positiven Rückmeldung, $\overline{BERR}$, um einen fehlerhaften Bus-Zyklus zu melden) gesteuert.
- Zur Meldung externer Interrupts dienen die 3 Interrupt-Control-Leitungen $\overline{IPL0}$ bis $\overline{IPL2}$, die Bus-Arbitrierung erfolgt über die Signale $\overline{BR}$, $\overline{BG}$ und $\overline{BGACK}$.

Die beiden Bilder A.9 und A.10 zeigen den zeitlichen Ablauf eines Lese- bzw. Schreib-Zyklus. Die Vorgänge sind über den Systemtakt CLK gesteuert, sie beschreiben das Bus-Protokoll. Die zahlreichen in der Abbildung gezeigten Nummern (in den Kreisen) charakterisieren Zeiten, die in einem bestimmten Bereich exemplarabhängig schwanken können. Sie sind wichtige Angaben für den Entwickler eines Rechnersystems, die Schaltung um den Prozessor herum muß diese Zeit-Schranken einhalten.

- Abb. A.9 zeigt einen Lese-Zyklus: Nach Anlegen von Adresse und Prozessor-Status sowie der Zyklus-Richtung (Lesen) zeigt der Adreß-Strobe $\overline{AS}$ den Beginn des Zyklus an, gleichzeitig fordern die Steuersignale $\overline{LDS}$ und $\overline{UDS}$ den ausgewählten Teilnehmer auf, seine Daten auf den Daten-Bus anzulegen. Gelingt dies vor der fallenden Flanke von S6 (Takt), kann vor der fallenden Flanke von S4 das Rückmelde-Signal Data Transfer Acknowledge $\overline{DTACK}$ aktiviert werden, und der Zyklus kommt mit S7 zum Abschluß. Benötigt der ausgewählte Slave für den Datenzugriff länger, dann werden nach S4 (Takt) so viele Wartezustände eingefügt, bis das Signal $\overline{DTACK}$ aktiviert wurde. Der Bus-Zyklus kann so verlängert werden, bis der Teilnehmer die Daten am Daten-Bus angelegt hat.
- Beim Schreib-Zyklus (Abb. A.10) ist der Zeitablauf ähnlich, das R/$\overline{W}$-Signal hat umgekehrte Polarität, der Prozessor legt seine Daten am Daten-Bus an, und die Steuersignale für die Datenübertragung $\overline{LDS}$ und $\overline{UDS}$ kommen einen Takt später. Auch hier kann der adressierte Slave die Zeit verlängern (Wartezustände), bis er die Daten übernommen hat.

Alle modernen Prozessoren müssen über die Fähigkeit verfügen, einen sogenannten ungeteilten Speicherzyklus auszuführen: Es müssen zunächst Daten aus dem Speicher gelesen, im Prozessor modifiziert und dann in den Speicher zurückgespeichert werden können, ohne daß ein anderer Teilnehmer auf diese Zelle zugreifen könnte. Dies ist eine für die Synchronisierung von Rechenprozessen erforderliche Funktion. Beim 68010 wird sie innerhalb eines Zugriffs (Adreß-Strobe

= aktiv) durch einen Lese-Zugriff und einen nachfolgenden Schreib-Zugriff realisiert.

Im folgenden wird eine konkrete Schaltung für den Anschluß eines Speicher-Moduls an den 68010-Prozessor vorgestellt. Die Ankopplung erfolgt hier über einen Bus, der über Bus-Treiber und -Empfänger mit dem Prozessor 68010 verbunden ist. Damit wird erreicht, daß eine größere Zahl von Moduln an den Prozessor angeschlossen werden kann: Die direkt aus dem Prozessor kommenden Signale erlauben den Anschluß von nur wenigen (2 bis 5) externen Komponenten, so daß ohne diese Signalverstärkung nur eine geringe Ausbaufähigkeit gegeben wäre.

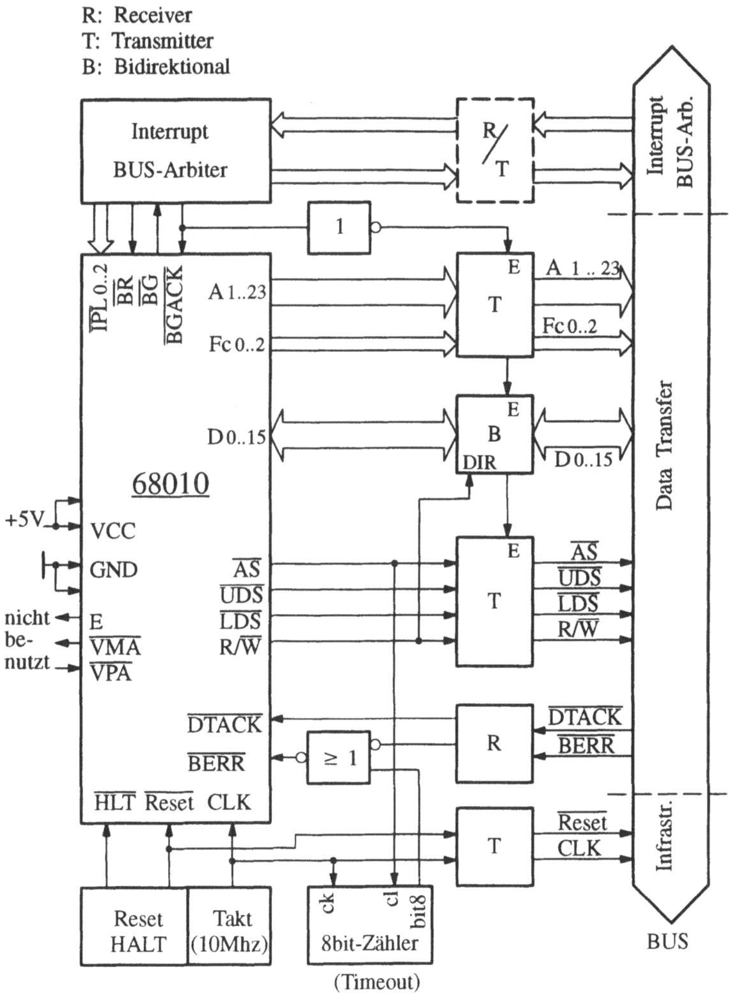

Abb. 2.33: Prozessor-BUS-Schaltung

Abb. 2.33 zeigt die Anbindung des Prozessors an diesen Bus. Die für den Datentransfer benötigten Bus-Signale sind im wesentlichen über Treiber (T), Receiver (R) und bidirektionale (B) Transceiver mit dem externen Bus verkoppelt. Ein Taktgenerator und eine Anlauf-Schaltung (Reset/Halt) bilden die Infrastruktur für den Prozessor, die Schaltungen für Interrupt und den Bus-Arbiter sind im Detail nicht beschrieben. Das Bus-Error-Signal $\overline{BERR}$ wird durch den Time-out-Zähler dann aktiviert, wenn nicht nach spätestens 128 Takt-Zyklen die Rückmeldung $\overline{DTACK}$ erfolgte: Dieser Time-out-Fehler ist ein Anzeichen dafür, daß der Prozessor eine im System nicht vorhandene Adresse ausgegeben hat, so daß kein Teilnehmer das $\overline{DTACK}$-Signal aktivieren kann.

Abb. 2.34 zeigt die Speicherschaltung, für welche nur die Data-Transfer-Signale benötigt werden. Über einen Vergleicher werden die im Bus-Zyklus ausgegebenen Adreßbit A17 bis A23 mit einer in diesem Speichermodul eingestellten Modul-Adresse verglichen. Bei Gleichheit und Aktivierung des Adreß-Strobe AS ist diese Speicher-Komponente ausgewählt ("Zugriff aktiv"). Zwei Speicher-Bausteine mit 64 K x 8 bit bilden das 16-bit-Wort, mit Hilfe der beiden Byte-Strobe-Signale $\overline{UDS}$ (Upper Data Strobe) und $\overline{LDS}$ (Lower Data Strobe) werden die beiden Speicher-Bausteine entweder einzeln (Byte-Zugriff) oder zusammen (Halbwort-Zugriff) aktiviert. Das Lese/Schreib-Signal wählt die Übertragungsrichtung aus. In dieser Schaltung ist davon ausgegangen, daß die Zugriffszeit des Speichers deutlich kürzer ist als die durch den Prozessorzyklus vorgegebene Minimalzeit, so daß das Rückmelde-Signal $\overline{DTACK}$ sofort mit Beginn des Zyklus aktiviert werden kann. Die Adreßbit A1 bis A16 wählen eines von 64 K 16-bit-Halbwörtern aus.

Diese Schaltung erlaubt nicht die Erkennung von Speicher-Fehlern: Üblicherweise werden die beiden Bytes des Halbwortes durch je ein Paritäts-Bit ergänzt, beim Auslesen kann auch die Korrektheit jedes Speicher-Byte geprüft werden: Falls Fehler entdeckt würden, müßte statt des Rückmelde-Signals $\overline{DTACK}$ das Signal Bus-Error $\overline{BERR}$ aktiviert werden, dem Prozessor würde damit mitgeteilt, daß der Lese-Zyklus auf diese Speicherzelle nicht korrekt ausgeführt werden konnte.

Der Bus, der hier die Verbindung zwischen Prozessor und Speicher herstellt, ist durch die 68010-Schnittstelle gegeben. Er wird in Abschnitt 2.3 auch zum Anschluß von Peripherie-Komponenten genutzt werden. Dieser Bus hat sehr große Ähnlichkeit mit dem VME-Bus, welcher heute als international am weitesten verbreiteter Standard-Bus bezeichnet werden kann: In Anhang B ist die Signalliste wiedergegeben, man erkennt die Ähnlichkeit der Bus-Signale. Dieser Bus-Standard /9/ wurde in den letzten Jahren mehrfach erweitert, seine Übertragungs-Bandbreite, konnte von ursprünglich 20 MByte pro Sekunde auf bis zu 80 MByte pro Sekunde erweitert werden.

Unter Leistungs-Aspekten ist die hier dargestellte Speicher-Ankopplung nicht optimal. In modernen Rechnersystemen wird eine Optimierung dieser Speicher-Anbindung erforderlich. Einerseits wird die Taktrate der Prozessoren immer höher (z.B. 50 statt 10 MHz), wodurch die zum Speicherzugriff verfügbare Zeit sich

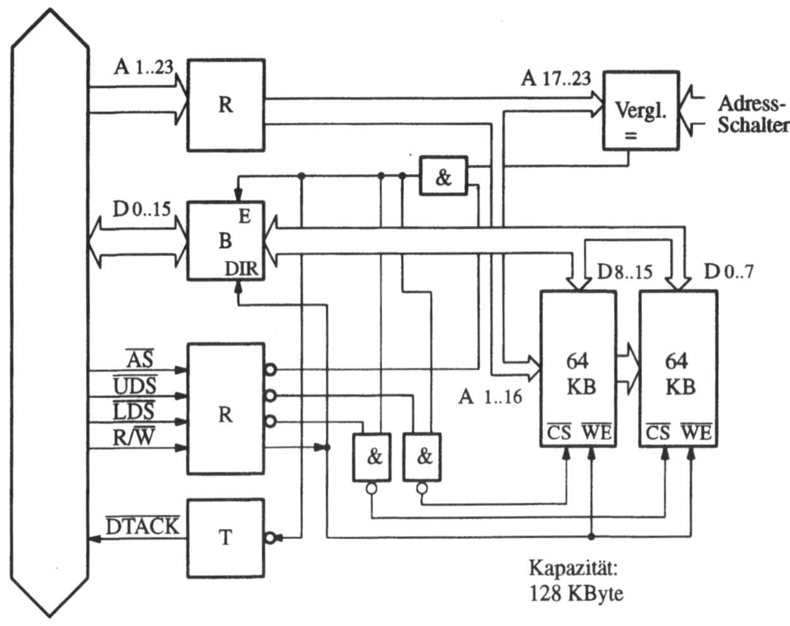

Abb. 2.34: Speicher-BUS-Schaltung

deutlich verkürzt. Außerdem werden immer weniger Maschinentakte benötigt, um einen Minimal-Zyklus durchzuführen (heute zwischen 1 und 3 Zyklen). Speicherzugriffe über eine Schnittstelle der hier vorgestellten Art würden damit zu einer großen Zahl von Warte-Zyklen führen, die Prozessorleistung könnte nur zum Teil ausgenutzt werden.

Hier helfen Architekturmaßnahmen, wie sie in Abb. 2.35 dargestellt sind:

- Einerseits besteht die Notwendigkeit, eine von der Peripherie-Ankopplung getrennte, optimierte Speicher-Anbindung zu realisieren. Dieser optimierte Speicher-Bus verbindet damit die Speicher-Moduln mit dem Prozessor-Modul.
- Optional kann auf dem Prozessor-Modul ein schneller, transparenter Zwischenspeicher untergebracht werden (Cache), der nur dann auf den Hauptspeicher zugreift, wenn sich die angeforderten Daten/Befehle noch nicht im Cache befinden. Bei geschickter Cache-Auslegung kann man die effektive Zugriffszeit zum Hauptspeicher fast um eine Größenordnung reduzieren /5, 11/.

2.2.5 Trends der Rechnerkern-Entwicklung

Gemäß dem Moore'schen Gesetz steigt die in Bauelementen der Mikroelektronik erreichbare Integrationsdichte noch immer exponentiell mit der Zeit an: Immer mehr Funktionen können auf einen Baustein integriert werden. Für die Rechnerkern-Entwicklung wird dies wie folgt genutzt:

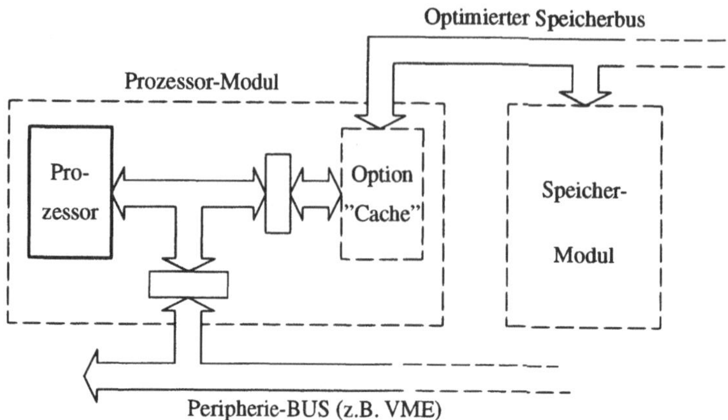

Abb. 2.35: Optimierte Speicher-Ankopplung

- Funktionen, die bisher auf getrennten Bausteinen realisiert wurden, können mit auf dem Prozessor-Baustein untergebracht werden. Ein Beispiel hierfür ist in Abb. 2.36 für die Familie der 68000-Prozessoren angedeutet: Der erste 32-bit-Prozessor war der 68020, der nach kurzer Zeit durch zusätzliche Integration der Memory Management Unit und eines kleinen Befehls-Cache (1 KByte) zum 68030 ausgebaut wurde. Mit dem 68040 wanderte schließlich auch die Floating-Point-Unit FPU sowie 4K-Daten-Cache und 4K-Instruktions-Cache auf denselben Baustein. In Zukunft ist damit zu rechnen, daß immer größere Caches auf dem Prozessor-Chip mit Platz finden.

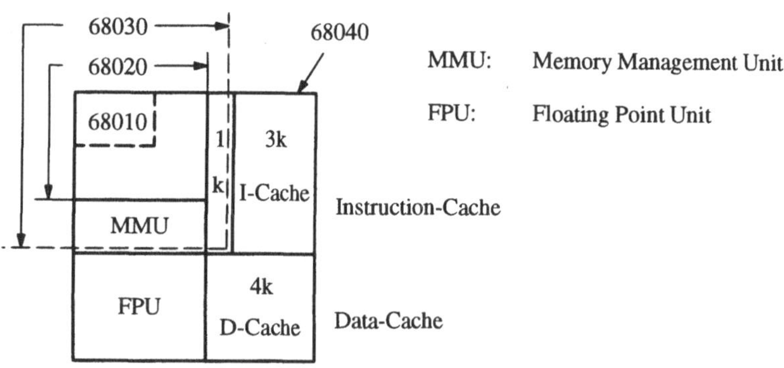

Abb. 2.36: Zunehmende Integrationsdichte

- Die Prozessoren werden immer komplexer, in ihnen sind Architektur-Konzepte wie Pipelining und die Integration mehrerer gleichzeitig arbeitender Werke (superskalare Architektur) enthalten.

- Neben dem Trend zu steigender Leistung gibt es die Entwicklung zu sehr leistungsfähigen Ein-Chip-Mikrocomputern, welche neben dem Prozessor auch große Speicher (z.B. 64 K EPROM, 1 K RAM) und eine umfangreiche Peripherie-Konfiguration enthalten (z.B. serielle und parallele Schnittstellen, A/D-Konverter, Zähler, Zeitgeber und Zeitmeßeinrichtungen). Ein Beispiel hierfür ist die Familie der 683xx-Prozessoren.

Drei Entwicklungstendenzen unterstützen den Trend zu immer höheren Verarbeitungsleistungen der Prozessoren (Abb. 2.37).

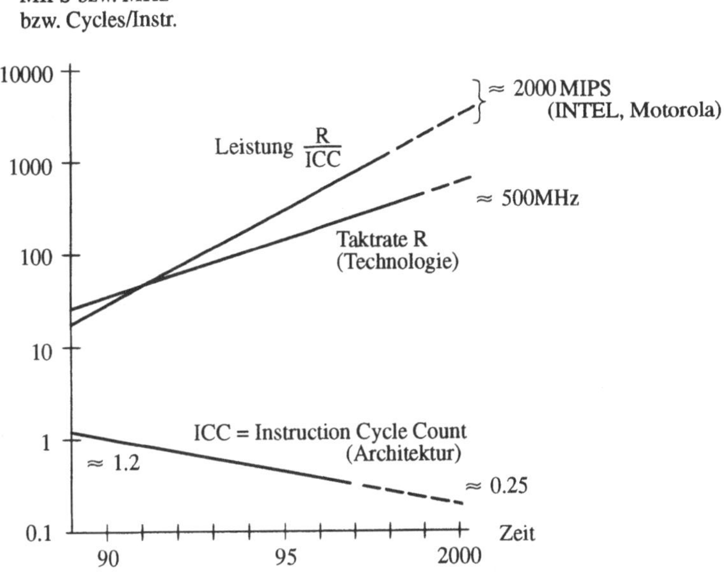

Abb. 2.37: Leistungssteigerung durch Technologie und Architektur

- Einerseits entwickelt sich die technologiebedingte Taktrate exponentiell mit der Zeit. Sie führt direkt zu entsprechend ansteigenden Prozessorleistungen.
- Die erreichbare Integrationsdichte kann – wie bereits oben angedeutet – auch zur Verbesserung der Rechnerarchitektur eingesetzt werden. Charakteristisch hierfür ist der sogenannte ICC (Instruction Cycle Count), der angibt, wieviele Maschinentakte zur Ausführung eines Befehls benötigt werden. Beim 68010 war diese Zahl etwa 10 Takte pro Befehl, moderne RISC-Prozessoren erreichen die Zahl 1 bis 2, und durch weitergehende Architektur-Entwicklung (superskalare Anordnung) gelingt es, in einem Zyklus mehr als einen Maschinenbefehl auszuführen. Ende der 90er Jahre werden hier Werte bis zu 0,25 Takte pro Befehl erwartet.
- Schließlich müssen auch die Zugriffszeiten zu den Speicher-Komponenten mit diesen Prozessorgeschwindigkeiten Schritt halten, wozu mehrstufige Speicherhierarchien eingesetzt werden: Sehr schnelle Cache-Speicher werden di-

rekt auf dem Chip mit integriert, sie erlauben Zugriffe zu Befehlen und Daten ohne Verzögerung. Extern ist eine zweite Ebene von Cache-Speichern angeordnet, welche deutlich größere Speicherkapazitäten, aber auch größere Zugriffszeiten hat. Schließlich gibt es die Hauptspeicher mit Zykluszeiten im 100ns-Bereich.

Abb. 2.37 zeigt, wie durch diese Entwicklungen zum Ende der 90er Jahre Leistungen von mehr als 1000 MIPS erreicht werden /5, 12/.

Sind diese Verarbeitungsgeschwindigkeiten noch nicht ausreichend, dann müssen die Rechnerkerne mit mehreren Prozessoren ausgestattet werden. Folgende Varianten stehen dabei zur Auswahl:

- Die einzelnen Prozessoren werden von vornherein für bestimmte Aufgaben benutzt. Dabei kann es sich um die Verwaltung von Ein-/Ausgabe-Funktionen handeln, um die Datenverwaltung, die Mensch-Maschine-Kommunikation oder um die Verwaltung besonders kritischer Echtzeit-Rechenprozesse.
- Asymmetrische Multiprozessor-Systeme, welche mit einem gemeinsamen Speicher (Shared Memory) arbeiten, nutzen einen Prozessor zur Verwaltung, die Rechenprozesse werden unter den übrigen Prozessoren aufgeteilt.
- Bei symmetrischen Multiprozessor-Systemen mit Shared Memory gibt es eine gemeinsame Liste von rechenbereiten Rechenprozessen; wird ein Prozessor fertig, dann holt er sich den nächsten auszuführenden Rechenprozeß und bearbeitet ihn.
- Schließlich gibt es verteilte Multirechnersysteme, welche nicht über einen gemeinsamen Speicher verfügen. Beispiele dafür sind Systeme auf Transputer-Basis, wie sie heute bereits für spezielle Aufgaben in der Prozeßautomatisierung eingesetzt werden. Diese Architektur-Variante, welche im Prinzip das höchste Leistungspotential bietet, ist für universelle Aufgabenstellungen noch nicht beherrscht und Gegenstand aktueller Forschungsarbeiten.

2.3 Ein-/Ausgabe-Systeme

2.3.1 Programmgesteuerte Ein-/Ausgabe

Bei der programmgesteuerten Ein-/Ausgabe erfolgt der Informations-Transport im allgemeinen durch einzelne Befehle in Einheiten von einem Wort. Der Zeitpunkt der Ein-/Ausgabe wird damit durch den Prozessor bestimmt.

Bei klassischen Prozessoren gibt es eigene Ein-/Ausgabe-Befehle, die durch folgende Komponenten charakterisiert sind:

- den Operations-Code, der festlegt, ob es sich um eine Ein- oder Ausgabe handelt,
- die im Gerät auszuführende Funktion (z.B. Datenwort Lesen/Schreiben, Steuer-Ausgabe, Status-Abfrage),

- die Nummer (Adresse) des externen Gerätes.

Die Prozessoren der Intel-Linie 80x86 verfügen beispielsweise über derartige Ein-/Ausgabe-Befehle.

Eine Alternative dazu ist es, einen Ausschnitt aus dem Adreßraum des Prozessors (z.B. 4 KByte von 16 MByte) nicht als Speicher-Adressen zu interpretieren, sondern als Register der angeschlossenen Peripheriegeräte. Diesen Ansatz nennt man "Memory Mapped Input/Output". Ein Beispiel hierfür ist im folgenden dargestellt:

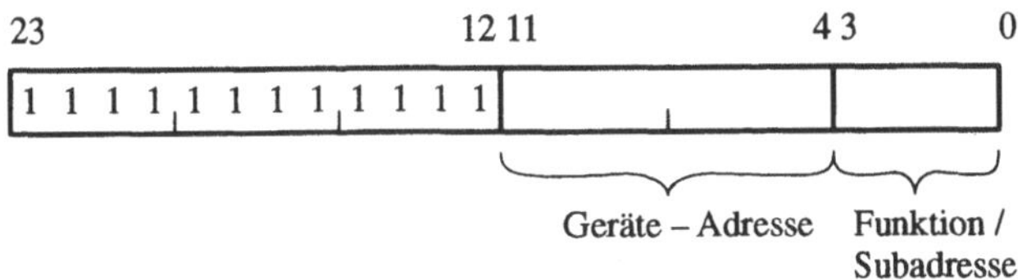

Als Ausschnitt aus dem 16MByte-Adreßraum wurde der oberste 4K-Block gewählt, jeweils 16 Byte (8 · 16 bit) sind pro Gerät reserviert. Zur Auswahl eines Peripheriegerätes gibt es 8 bit.

Diese Methode der Ein-/Ausgabe kann natürlich bei jedem Rechner angewandt werden, auch bei Prozessoren, die über eigene E/A-Befehle verfügen. Der Vorteil dieses Verfahrens ist, daß nicht spezielle Befehle erforderlich sind, vielmehr können alle Befehle auf diese Adressen Anwendung finden, jeder Lese-Zugriff (z.B. auch in einem Additions-Befehl) führt zum Einlesen externer Information, jeder Schreib-Zyklus zur Ausgabe von Information an die Peripherie.

Nicht nur die Adressen sind hier zu beachten: Mit der Peripherie sollen nur Daten (keine Befehle) ausgetauscht werden, im allgemeinen sollten sie nur vom Betriebssystem (Supervisor) ausgeführt werden.

Abb. 2.38 zeigt die Prinzip-Schaltung einer 16-bit-Ein-/Ausgabe-Baugruppe, welche an den in Abb. 2.33 definierten Bus angeschlossen werden kann. Die Zeitabläufe sind dabei identisch mit denen der Speicherbaugruppe:

- Aufgrund der Adreß-Decodierung, der Decodierung des Adreßraumes (FC1, FC2) sowie des Adreß-Strobe AS wird erkannt, daß jetzt auf diese Baugruppe zugegriffen werden soll. Unter anderem wird damit die Rückmeldung $\overline{\text{DTACK}}$ erzeugt.
- Bei Schreib-Zyklen werden – in Abhängigkeit von der $\overline{\text{UDS}}/\overline{\text{LDS}}$-Kombination – ein oder zwei Taktsignale erzeugt, welche den Inhalt des Daten-Bus in ein oder zwei 8-bit-Register übernimmt. Diese Information bleibt bis zum nächsten Schreib-Zyklus auf diese Adresse (Ausgabe-Befehl) erhalten.
- Bei Lese-Zugriffen werden ebenfalls zwei Signale erzeugt, welche die Information von ein oder zwei 8 bit breiten Treibern auf den Daten-Bus legen. Mit dem Lese-Zugriff wird also der momentane Zustand der 16 Eingabe-Bit erfaßt.

Würde man die 16 binären Ausgabe-Leitungen 1:1 mit den 16 binären Eingabe-Leitungen verbinden, so würde man genau ein einziges 16-bit-Speicherwort beschreiben und lesen können.

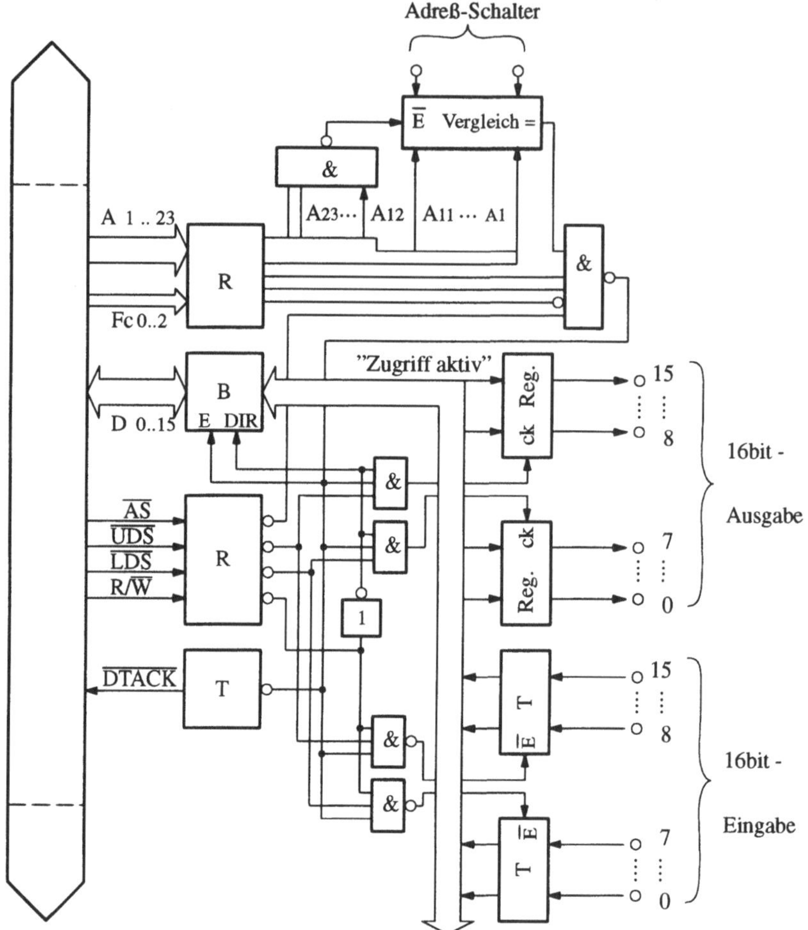

Abb. 2.38: 16-bit-Ein-/Ausgabe

Einsatz-Beispiele für die Eingabe von binärer Information sind etwa:

- Zustände von Kontakten,
- Information von digitalen Meßgeräten, z.B. Digital-Voltmetern,
- Ergebnisse von Digital-Waagen usw.

Als Anwendungs-Beispiele für die Binär-Ausgabe kann genannt werden:

- das Ansteuern von externen Lampen, Relais oder Schützen,
- die Übergabe von Binär-Wörtern an digital gesteuerte externe Geräte,
- die Erzeugung von Pulsfolgen durch sukzessive Ausgabe-Zyklen.

Diese Schaltung kann als Basiselement der unter 2.4 dargestellten Prozeßperipherie-Komponenten verstanden werden.

Für diese Funktionen gibt es auch hochintegrierte Bausteine, welche zu den Bus-Protokollen der jeweiligen Prozessoren passen. Beim 68010 sind dies beispielsweise die Parallel-Schnittstellen 68120 bzw. 68230.

2.3.2 Programmunterbrechungs-Systeme

Voraussetzung für die korrekte Funktion der programmgesteuerten Eingabe ist, daß die Daten zum Zeitpunkt des Lese-Zugriffs zur Verfügung stehen. Für die programmgesteuerte Ausgabe müssen die geschriebenen Daten sofort, also innerhalb des Schreib-Zykluses übernommen werden können. Es handelt sich um sogenannte *"kurze"* Befehle, d.h. die Zeitgrößenordnung für die Ein-/Ausgabe entspricht den Prozessor-Zykluszeiten.

In gewissem Umfang kann natürlich der Lese- bzw. Schreib-Zugriff durch das Einfügen von Warte-Zuständen verlängert werden: Ein Beispiel hierfür ist der Anschluß eines Analog-Digital-Wandlers mit Wandlungszeiten von ca. 5 bis 10 µs: Für diese Zeit müßte, wenn zu Beginn des Lese-Zyklus die Wandlung gestartet wurde und die Wandlungs-Ergebnisse am Ende übernommen werden sollen, der Prozessor aufgehalten werden (beim 68010: verzögertes Anlegen des Rückmelde-Signals $\overline{\text{DTACK}}$). Da in dieser Zeit der Prozessor nicht weiterarbeiten kann, kann dieses Verfahren nicht für noch langsamere Peripheriegeräte genutzt werden.

Ein typisches Beispiel für ein solches langsames Peripheriegerät ist ein integrierender Analog-Digital-Umsetzer, der mit seiner Wandlungszeit von z.B. 20 ms ca. 100000 mal mehr Zeit benötigt als ein Lese-Zugriff (*"langer"* Befehl). An diesem Beispiel soll die Organisation "langsamer" Peripheriegeräte deutlich gemacht werden. Charakteristisch ist ein eigenes Steuerwerk, das über eigene Kommandos (Ausgabe-Befehle) gesteuert und dessen Status durch Status-Abfragen (Eingabe) in den Rechner eingelesen wird. Die Operationen im Steuerwerk laufen parallel zu den rechnerinternen Rechenprozessen.

Damit gibt es folgende Ein-/Ausgabe-Befehle:

- Datenausgabe (z.B. an Digital-Analog-Umsetzer)
- Dateneingabe (z.B. zum Einlesen digitalisierter Analogwerte)
- Kommando-Ausgabe (z.B. Start und Charakterisierung der Gerätefunktion)
- Status-Abfrage, um den Zustand des Steuerwerks zu erfahren.

Für den langsamen A/D-Umsetzer gibt es z.B. ein 16 bit breites Command/Status-Wort (C/S), das unter einer zweiten Adresse geladen und abgefragt werden kann (Abb. 2.39).

In diesem Beispiel wird die Gerätefunktion spezifiziert durch die Angabe eines Verstärkungsfaktors, der Nummer des Analogkanals sowie dem Signal "Start Wandlung", durch welches das Steuerwerk des Wandlers gestartet wird, danach ist der Wandler in Arbeit. Zur Abfrage des Status können einige der Steuer-Informationen zur Kontrolle wieder abgefragt werden (Kanalnummer, Verstärkungsfaktor), daneben zeigt ein Status-Bit an, solange der Wandler in Arbeit ist, mit dem Wandlungsende wird ein weiteres Status-Bit "DONE" gesetzt. Zusätzlich gibt es

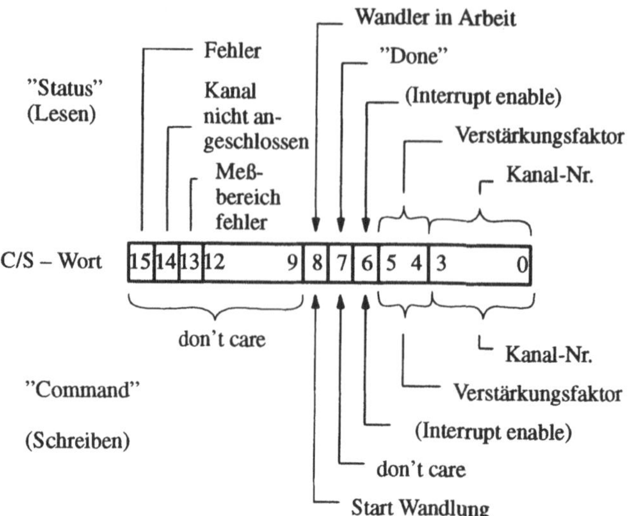

Abb. 2.39: Command/Status-Wort für A/D-Wandler

Anzeigen über Fehler, im vorliegenden Fall kann etwa ein Meßbereich überschritten oder ein Kanal nicht angeschlossen sein. Die ODER-Verknüpfung über diese Fehler wird in das Vorzeichen-Bit des Status-Worts kopiert, so daß es im Rechner einfach abgefragt werden kann.

Abb. 2.40a zeigt die internen Zustände des Steuerwerks und die Ursachen für Zustandsübergänge:

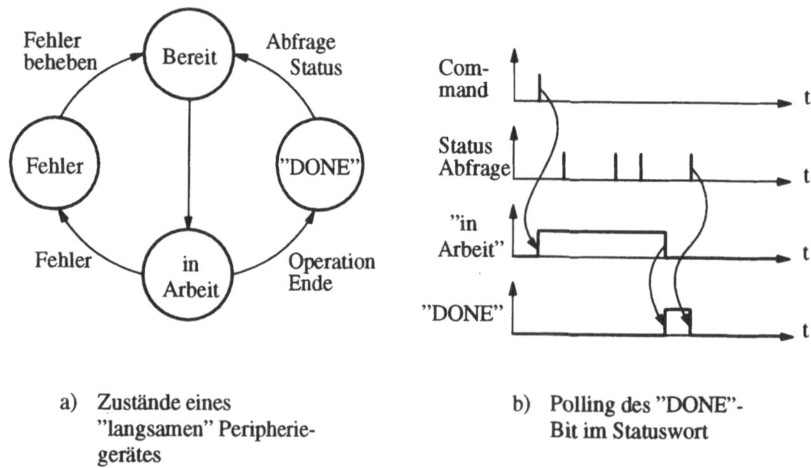

a) Zustände eines "langsamen" Peripherie- gerätes

b) Polling des "DONE"- Bit im Statuswort

Abb. 2.40: Ablauf-Organisation eines "langsamen" Peripheriegerätes

- Zunächst befindet sich das Steuerwerk im Zustand *"bereit"*.
- Durch die Ausgabe des Command-Worts mit dem Bit "Start Wandlung" kommt das Steuerwerk in den Zustand *"in Arbeit"*.
- Bei ordnungsgemäßem Ablauf gelangt das Steuerwerk nach der Wandlung in den Zustand *"DONE"*,
- mit der Abfrage des Status-Worts, in welchem das "DONE"-Bit gesetzt ist, gelangt das Steuerwerk wieder in den Zustand "Bereit".

Im Fall eines Fehlers gelangt das Steuerwerk in den *Fehler*-Zustand, den es mit der Fehler-Behebung wieder verlassen kann (z.B. Umschaltung des Verstärkungsfaktors).

Abb. 2.40b zeigt schematisch die mögliche Programm-Organisation für die Verwaltung eines solchen Steuerwerks:

- Zunächst wird das Start-Kommando ausgegeben, das Steuerwerk kommt in den Zustand "in Arbeit".
- Regelmäßig (z.B jede Millisekunde) wird das Status-Wort abgefragt, bis das Status-Bit "DONE" gesetzt ist. Damit kommt das Steuerwerk wieder in den Zustand "bereit".

Das Problem besteht darin, während der Ausführung ganz anderer Rechenprozesse gelegentlich einmal das Status-Wort dieses Steuerwerks abzufragen. Geschieht dies zu häufig (z.B. in jedem zweiten Befehl), dann ist die Belastung des Systems mit diesen Abfragen zu groß, geschieht dies zu selten (z.B. im Abstand von 50 ms), dann kann das Betriebsmittel "A/D-Wandler" nicht optimal genutzt werden. Die Programm-Organisation für die anderen Rechenprozesse gestaltet sich also schwierig.

Sehr viel günstiger ist es, wenn die Abfrage des "DONE"-Bit nicht per Software, sondern durch die Hardware erfolgt. Genau dies geschieht durch das *Interrupt-System* des Prozessors - nach Ausführung jedes Befehls werden auf einer oder mehreren Hardware-Leitungen "Interrupt-Anforderungs-Signale" (Interrupt Request, IR) abgefragt: Aus Sicht des Programmablaufs führt die Entdeckung eines Interrupt-Request zu einer Ausnahmebehandlung (Exception). Wie bereits in Absatz 2.2.3 dargestellt, bedeutet dies, daß der gerade laufende Rechenprozeß unterbrochen wird, der unbedingt notwendige Teil des Prozeß-Kontexts gerettet wird und daß dann die Start-Adresse des Programms zur Bedienung des Interrupts in den Befehlszähler PC geladen wird. Abb. 2.41 zeigt den schematischen Ablauf in einem sehr einfachen Unterbrechungs-System (eine Interrupt-Request-Leitung). Nach jedem Befehl (Holen, Analysieren und Ausführung des Befehls) wird die Interrupt-Leitung abgefragt, ist sie nicht aktiv, wird der nächste Befehl ausgeführt. Andernfalls wird der hardwaremäßig realisierte Exception-Vorgang ausgeführt. Eine besondere Rolle spielt die *Unterbrechungssperre* USP, nur wenn diese Sperre nicht gesetzt ist, kann die Programmunterbrechung wirken. Im Exception-Vorgang wird diese Sperre gesetzt, so daß nach der Ausführung des ersten Befehls der Unterbrechungs-Routine nicht eine weitere Programmunterbrechung stattfindet.

Diese Unterbrechungssperre wird am Ende des Unterbrechungsprogramms per Programm zurückgesetzt.

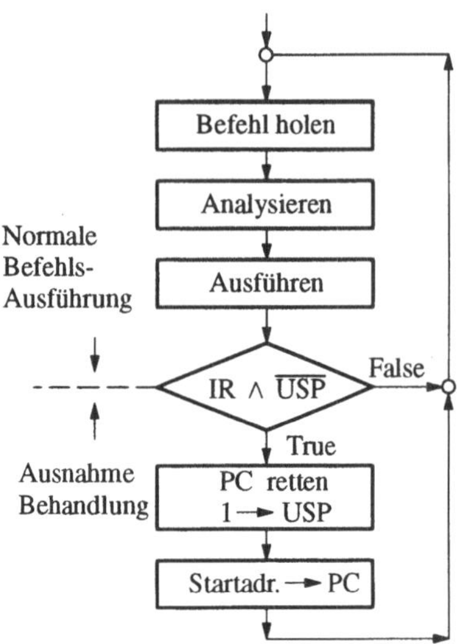

Abb. 2.41: Einfaches Interrupt-System

Interrupt-Request-Leitungen sind in Bus-Systemen als Open-Collector-Signale ausgeführt (*"wired or"*): Mehrere Geräte mit Unterbrechungs-Ursachen können diese Leitung aktivieren. Die Darstellung des Command/Status-Worts (Abb. 2.39) enthielt bereits das *Interrupt-enable*-Bit (Bit 6), dessen UND-Verknüpfung mit dem "DONE"-Bit die Interrupt-Request-Leitung aktiviert. Interrupt-Ursachen sind also gerätespezifisch ein- und ausschaltbar.

Die jetzt mögliche prinzipielle Programm-Organisation wird am Beispiel eines Auftrags deutlich gemacht, den ein Rechenprozeß 1 an das Supervisor-Programm richtet: 16 Meßwerte sollen von einem Analog/Digital-Umsetzer übernommen werden, wobei als Parameter die Adresse der Ergebnis-Tabelle übergeben wird. Abb. 2.42 zeigt diesen Vorgang unter der Annahme, daß die übrige Zeit durch einen weiteren Rechenprozeß 2 genutzt werden kann:

- Durch den genannten Auftrag geht die Kontrolle an den Supervisor, dort wird der Kontext des Rechenprozesses 1 gerettet, der Auftrag übernommen und der A/D-Wandler zum ersten Mal gestartet. Danach wird der Kontext des rechenbereiten Rechenprozesses 2 geladen (Code 1).
- Nach 20 ms (Rückmeldung des A/D-Wandlers wird der Rechenprozeß 2 durch die Programmunterbrechung unterbrochen, der Kontext des Rechenprozesses wird abgespeichert, das Status-Wort des A/D-Wandlers untersucht, der Meßwert abgespeichert. Es wird dann geprüft, ob noch eine weitere A/D-Wandlung gestartet werden muß, in diesem Fall wird wieder der Kontext von Rechenprozeß 2 geladen, dieser Rechenprozeß wird erneut für 20 ms fortgesetzt (Code 2).

Teile des Supervisor-Codes:

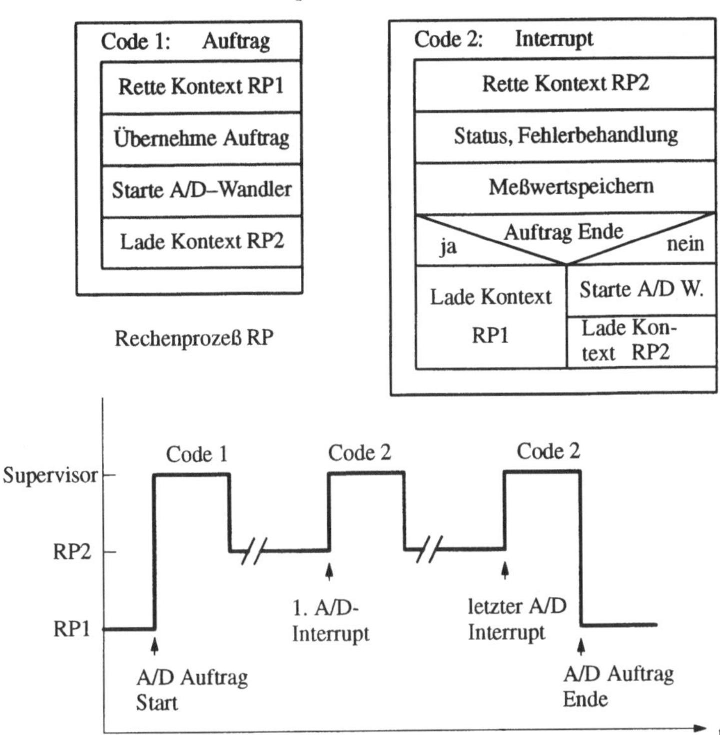

Abb. 2.42: Programmablauf und Zeitverhalten "Unterbrechungsprogramm"

- Nach weiteren 20 ms wird wiederum das Programm für die Rückmeldung des A/D-Wandlers durchlaufen, der Auftrag sei jetzt zu Ende; damit kann der Kontext des Rechenprozesses 1 zurückgeladen werden und die Kontrolle an diesen Rechenprozeß übergeben werden: Der Auftrag ist damit ausgeführt.

Abb. 2.43 zeigt den zeitlichen Ablauf, der sich aus dieser Programm-Organisation ergibt. Geht man davon aus, daß für die jeweilige Ausführung des Supervisor-Programms ca. 100 μs benötigt werden und daß der Supervisor zu Beginn der Operation und 16 mal am Ende der A/D-Wandlung aufgerufen wird, dann ergibt sich eine relative Zeit-Belastung durch die Ausführung des Betriebssystem-Auftrags von

$$\text{Relative Belastung} = \frac{17 \cdot 0,1}{16 \cdot 20 + 17 \cdot 0,1} \approx 0.5\%$$

Müssen mehrere Peripheriegeräte durch solche Interrupt-Vorgänge unterstützt werden, dann muß nach dem Betreten der Interrupt-Routine analysiert werden,

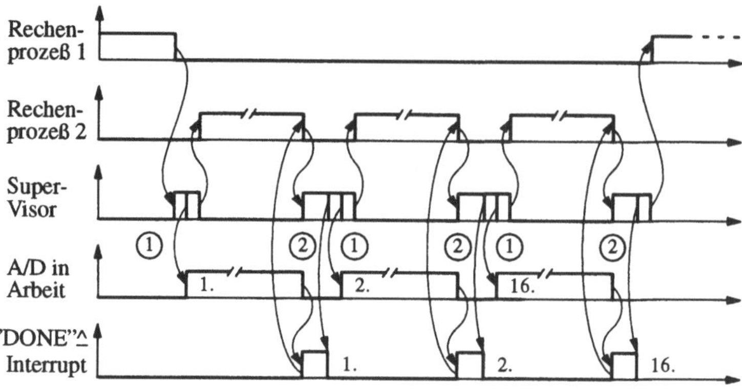

① :   Command startet A/D-Wandler

② :   Status-Abfrage löscht "DONE"-Status

Abb. 2.43: Zeitlicher Ablauf zum Beispiel 2.42

welches oder welche Geräte ihre Rückmeldung angezeigt haben. Bei nur einer Interrupt-Request-Leitung gibt es dazu folgende Möglichkeiten:

- Die Status-Wörter der einzelnen Peripheriegeräte werden sequentiell abgefragt, durch Abfrage des "DONE"-Bit kann zu den jeweiligen Bedien-Programmen verzweigt werden. Bei vielen Interrupt-Ursachen kann dies allerdings viel Zeit in Anspruch nehmen.

- Die meisten Prozessoren verfügen heute über einen besseren, Hardware-unterstützten Mechanismus zur Interrupt-Analyse: Das Peripheriegerät liefert auf Anfrage der Prozessor-Hardware eine Nummer, einen sogenannten Interrupt-Vektor, der auf die bereits in Absatz 2.2.3 erläuterte Liste von Start-Adressen zeigt, aus welcher direkt die Start-Adresse des Programms zur Bedienung des entsprechenden Gerätes herausgenommen und in den Befehlszähler geladen wird.

Abb. 2.44 zeigt, wie die Interrupt-Anforderungen verschiedener Geräte auf der Interrupt-Request-Leitung zusammengeschaltet sind und wie bei der Rückmeldung der Hardware (Interrupt-Acknowledge $\overline{\text{IACK}}$) ein Signal von einem Gerät zum nächsten weitergegeben wird, falls dieses Gerät keine eigene Unterbrechung anzumelden hatte: Auf diese Weise ("daisy chain") wird beim Vorliegen mehrerer gleichzeitiger Anforderungen immer das Gerät ausgewählt, das in der Reihenfolge dem Prozessor am nächsten liegt (geographische Priorität).

Wenn ein Ereignis eine Unterbrechungs-Bearbeitung ausgelöst hat, dann ist das Unterbrechungs-System mit Hilfe der Unterbrechungssperre ausgeschaltet. Wenn in dieser Zeit eine weitere, noch zeitkritischere Anforderung eintritt, kann diese erst dann bearbeitet werden, wenn das erste Unterbrechungsprogramm abgeschlossen ist – die Reaktionszeit könnte sich dadurch unzulässig verlängern.

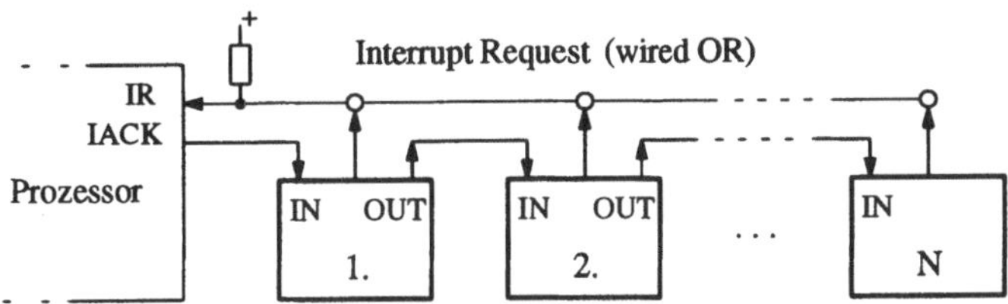

Geräte mit Interrupt-Anforderungen

Abb. 2.44: "Daisy-chain" zur Auswahl eines Geräts mit Interrupt-Anforderungen

Dieses Problem kann dadurch gelöst werden, daß Interrupts nicht mehr nur auf einer Interrupt-Request-Leitung, sondern auf mehreren angefordert werden. Jeder Leitung ist eine *Interrupt-Ebene* zugeordnet, unterbrochen werden nur solche Interrupt-Programme, die auf einer Ebene laufen, deren Nummer (Priorität) kleiner ist als die der anfordernden Interrupt-Leitung. Wichtigen Ereignissen mit kurzen zulässigen Reaktionszeiten werden also Interrupt-Ebenen mit hoher Priorität zugeordnet.

Das Konzept der "Unterbrechungssperre" wird damit ersetzt durch eine *Priorität*, mit welcher der Prozessor gerade arbeitet. Interrupts mit einer höheren Priorität als die gerade bestehende Prozessor-Priorität dürfen den laufenden Rechenprozeß unterbrechen, solche mit identischer oder kleinerer Priorität nicht. Ist also die niedrigste Prozessor-Priorität eingestellt, dann dürfen alle Interrupts den laufenden Rechenprozeß unterbrechen, ein Programm, das auf höchster Prozessor-Priorität arbeitet, ist überhaupt nicht unterbrechbar ("Unterbrechungssperre").

Bei dem 68010 gibt es 8 Prozessor-Prioritäts-Ebenen, die durch einen 3-bit-Code im Prozessor-Status-Wort festgelegt sind (Abb. A.2). Die Interrupt-Anforderung mit der zu jedem Zeitpunkt höchsten Priorität wird in einem 3-bit-Code codiert, der an die Interrupt-Leitungen IPL0 bis IPL2 des Prozessors angelegt wird. Ist diese Interrupt-Priorität größer als die Prozessor-Priorität, dann erfolgt eine Programm-Unterbrechung. Im einzelnen gilt (Abb. 2.45):

- Bis zu 7 Interrupt-Request-Leitungen können außerhalb des Prozessors realisiert werden. Über einen Prioritäts-Encoder wird zum Ende eines jeden Befehls die 3-bit-Nummer der höchsten Priorität ermittelt (0: keine Anforderung, 7: Anforderung höchster Priorität), welche über die Interrupt-Signale $\overline{IPL0}$ bis $\overline{IPL2}$ an den Prozessor übergeben werden.

- Ist der Interrupt durch den Prozessor akzeptiert (Prozessor-Priorität kleiner als Interrupt-Priorität), dann läuft die Interrupt-Sequenz ab. Der notwendige Kontext des unterbrochenen Rechenprogramms (Befehlszähler PC und Status-Wort) wird per Hardware auf den Supervisor-Stack übertragen. Gleichzeitig wird das Status-Wort modifiziert (Trace-Bit = 0, Supervisor = 1, die Prozessor-Priorität wird durch die Interrupt-Priorität ersetzt).

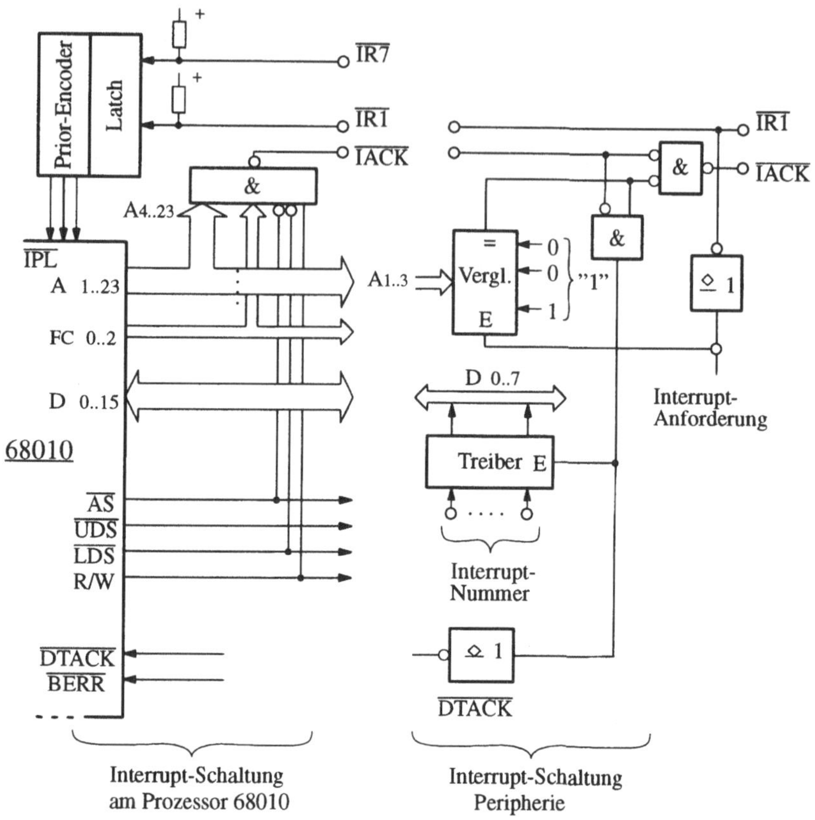

Abb. 2.45: Interrupt-Schaltung 68010

- Der Prozessor erzeugt den Interrupt-Acknowledge-Zyklus (FC0..2 = 111), mit dem das anfordernde Peripheriegerät aufgefordert wird, über den Daten-Bus D0 bis D7 seine 8-bit-Vektor-Nummer zu liefern. Die zugehörige Prioritätsebene wird durch die Adreßbit A1 .. A3 angezeigt. Die Auswahl einer Quelle für die Interrupt-Vektor-Nummer bei mehreren gleichzeitig anfordernden Geräten kann dabei wieder über einen Daisy-Chain-Mechanismus wie in Abb. 2.44 erfolgen (Beispiel VME-Bus).
- Aus der 8-bit-Vektor-Nummer wird durch Multiplikation mit 4 und Addition zum Vektor-Basis-Register (vgl. Anhang A.2) die Adresse ermittelt, in welcher der Interrupt-Vektor steht – die Start-Adresse der Interrupt-Service-Routine: Mit zwei Zyklen wird diese Start-Adresse in den Befehlszähler geladen.
- Die Bearbeitung der Interrupt-Service-Routine beginnt an dieser Startadresse.

Um mit Hilfe des Interrupt-Systems möglichst viele Interrupts pro Zeiteinheit zu erreichen (hohe Interrupt-Rate), müssen die Gesamtzeiten für die Interrupt-Bearbeitung möglichst kurz sein. Sie bestehen aus folgenden Komponenten (Zahlenbeispiele für 68010 mit 10 MHz Taktrate):

- Interrupt-Eintritt. Befehlszähler und Status-Wort des unterbrochenen Programms werden auf dem Stack gespeichert, der Interrupt-Vektor und schließlich die Start-Adresse werden geholt. Dazu werden ca. 6 bis 8 Zugriffe bzw. ca. 2,5 µs benötigt.
- Der sonstige Kontext (Prozessor-Register) muß gerettet werden, ggf. werden nicht alle Register für die Durchführung der Interrupt-Service-Routine benötigt.
- Die eigentliche Interrupt-Bearbeitung benötigt die Zeit t_v.
- Nach der Interrupt-Bearbeitung wird der ursprüngliche Kontext wieder geladen,
- die Interrupt-Routine wird durch einen Befehl verlassen (RTE), der das ursprüngliche Prozessor-Status-Wort sowie den Befehlszähler wieder in den Prozessor lädt.

Die Zeitverhältnisse stellen sich also wie folgt dar:

$$T = t_o + t_v \qquad t_o \quad = \text{Overhead} - \text{Zeit}$$
$$t_v \quad = \text{Verarbeitungszeit}$$

$$t_o = t_E + t_{KR} + t_{KZ} + t_R$$

$$\begin{aligned}
\text{mit} \quad t_E &\approx 2,5\,\mu s & &\text{Eintritt in Interrupt} - \text{Routine}\\
t_{KR} &\approx 2,5...10\ \mu s & &\text{Kontex retten}\\
t_{KZ} &\approx 2,5...10\ \mu s & &\text{Kontex zurückladen}\\
t_R &\approx 2,5\,\mu s & &\text{Rückkehr von Intern} - \text{Routine}
\end{aligned}$$

$$\text{Damit:} \quad t_o = 10...25\mu s \qquad (68010)$$

$$\text{Interrupt-Rate } R = \frac{1}{T} = \frac{t}{t_o + t_v} = \frac{1}{t_v}\,\frac{1}{1 + \dfrac{t_o}{t_v}}$$

$$R_{max} = \frac{1}{t_o} \approx 40000...100000\ \frac{\text{Interrupts}}{s}$$

Wenn also die Verarbeitungszeit extrem kurz ist ($t_v = 0$), dann können ca. 40000 bis 100000 Interrupts pro Sekunde bearbeitet werden.

Bei der Entwicklung der Prozeßrechner-Architekturen gab es verschiedene Ansätze, die für das Retten und Zurückspeichern des Kontexts benötigten Zeiten noch weiter zu reduzieren. Ein Ansatz hierfür ist, für jede Unterbrechungs-Ebene einen eigenen Register-Satz vorzusehen, mit jeder Prozessor-Priorität wird also ein eigener Register-Satz benutzt (z.B. Dietz-Mincal, IBM/7). Eine andere Alternative besteht darin, die Register nicht im Prozessor, sondern in einem Feld des Hauptspeichers unterzubringen: Im Prozessor ist der Kontext dann auf einen Work-Space-Pointer begrenzt, welcher auf das erste dieser Register zeigt. Beim Kontext-Wechsel muß nur dieser Work-Space-Pointer umbesetzt werden. Natürlich hat dieser Mechanismus, der etwa bei den Siemens-Prozeßrechnern 320 und den Texas-Prozessoren 9900 verwendet wurde, den Nachteil, daß mit jedem Register-Zugriff Zugriffe zum Hauptspeicher ausgelöst werden.

Typische Ursachen für die Auslösung solcher Programm-Unterbrechungen sind im folgenden zusammengestellt:

- Die Fertigmeldung von Geräten, wie dies am Beispiel des Analog/Digital-Wandlers dargestellt wurde. Interrupts treten dann auf, wenn das Eingabe-Gerät einen neuen Wert zum Einlesen bereitstellt oder das Ausgabe-Gerät einen weiteren Ausgabe-Wert übernehmen kann.
- Zeitgeber sind eine weitere wichtige Unterbrechungs-Ursache, sie sind dazu da, dem Rechner sozusagen ein "Zeitgefühl" zu geben.
- Alarme vom technischen Prozeß sind Interrupts, die von außen kommen: Alarmsituationen wie etwa das Überschreiten eines maximal zulässigen Drucks oder einer Temperatur führen zur Behandlung durch den Rechner, der dafür Alarmbehandlungs-Routinen vorsieht, die mit der Programmunterbrechung gestartet werden.
- Fehler in der technischen Infrastruktur des Rechners müssen den Prozessor ebenfalls, und zwar mit höchster Priorität unterbrechen, da sonst ggf. Zerstörungen des Geräts in Kauf genommen werden müssen.

Beispiele für solche Infrastruktur-Fehler sind:

- **Power-fail-Interrupt:** In allen Netzteilen zur Erzeugung der Versorgungsspannungen für die Rechner sind Energiespeicher vorhanden (meist Kondensatoren), welche über die Perioden der Wechselspannungen hinwegglätten und auch den Ausfall einer halben Periode tolerieren. Die noch ungeregelte Spannung nimmt dann ab und schränkt die Regel-Reserve des nachfolgenden Spannungsreglers ein. Abb. 2.46 macht dies deutlich: Wird eine bestimmte Grenze unterschritten, so daß nur mehr für wenige Millisekunden Zeitreserve verbleibt, wird der sogenannte Power-fail-Interrupt ausgelöst, der zum Start einer Routine führt, welche das Rechnersystem in einen definierten, ungefährlichen Zustand bringt. Beim Wiederanlauf (Überschreiten einer bestimmten Schwelle) wird das durch den Power-fail-Interrupt unterbrochene Programm fortgesetzt.
- **Temperatur-Überwachung:** Durch die Überwachung der Temperatur werden verschiedene gefährliche Fehlerursachen (z.B. Lüfterausfall, zu hohe externe Temperatur, andere fehlerhafte Zustände) erkannt und dem Prozessor durch Interrupt angezeigt.

Ausgefeilte Interrupt-Systeme mit bis zu 256 Prioritäts-Ebenen waren in der Vergangenheit das wichtigste Architekturmerkmal von Prozeßrechnern – die Grundvoraussetzung dafür, daß der Rechner auf externe Ereignisse reagieren kann. Heute ist diese Einrichtung bei allen Datenverarbeitungs-Anlagen Standard.

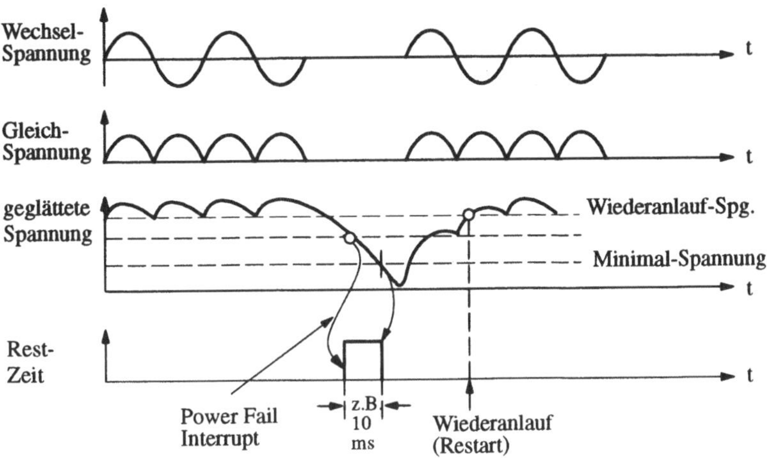

Abb. 2.46: Power Fail und Wiederanlauf

2.3.3   Direkter Speicher-Zugriff

Das System der Programmunterbrechung erlaubt es, unter Programmkontrolle mehrere Peripheriegeräte und Rechenprozesse quasi simultan zu verwalten. Die Datenübertragungs-Operation wird nach wie vor vom Prozessor vorgenommen: Zur Übertragung jedes Wortes müssen einige Befehle sowie der Kontext-Wechsel ausgeführt werden, so daß der Prozessor erheblich belastet wird. Eine 100%ige Prozessorauslastung ergibt sich bei einer Summen-Datenrate von ca. 50000 Übertragungen pro Sekunde – und dies ist für viele Peripheriegeräte eine unzureichende Übertragungsleistung.

Mit Hilfe des direkten Speicherzugriffs wird die Möglichkeit geschaffen, Daten direkt zwischen dem Peripheriegerät und dem Arbeitsspeicher auszutauschen, ohne daß der Prozessor belastet wird. Dies ist besonders dann möglich, wenn Felder von Daten erfaßt oder ausgegeben werden müssen. Bezeichnungen für solche Einrichtungen sind: Speicher-Zugriffskanal, Direct-Memory-Access-Kanal (DMA), Cycle-Steal-Kanal oder "Data Break". Besonders aussagefähig ist der Begriff "Cycle Stealing", da er die Methode beschreibt: Im laufenden Informationsaustausch zwischen Prozessor und Arbeitsspeicher wird ein Speicherzyklus gewissermaßen "gestohlen". In dieser Zeit erfolgt die Datenübertragung zwischen Peripherieeinheit und Arbeitsspeicher. Beispiele für schnelle Peripheriegeräte, welche diese Art der Ein-/Ausgabe unbedingt benötigen, sind:

- sehr schnelle Analog-Digital-Wandler (z.B. 100000 bis 1 Mio Übertragungen pro Sekunde),
- Massenspeicher, z.B. Festplattenspeicher,

- schnelle lokale Netze, für welche bei einer Übertragungsleistung von 10 Mbit/s
  z.B. 1,25 MByte/s übertragen werden müssen.

Abb. 2.47 zeigt die prinzipielle Einbindung des DMA-Prinzips in Bus-strukturier-
te Prozeßrechner:

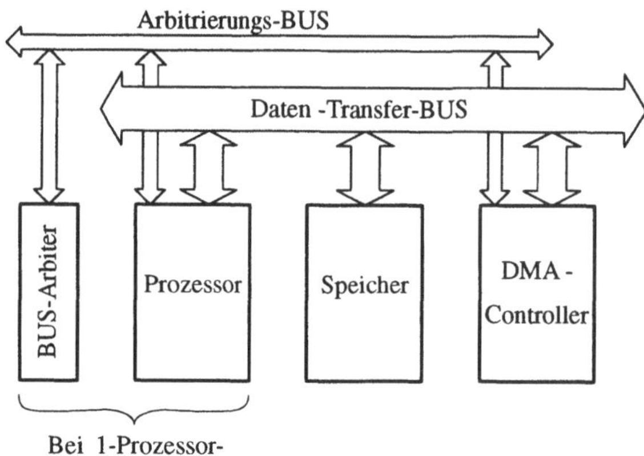

Abb. 2.47: Direkter Datentransfer zwischen Peripherie und Speicher

- Das Gerät, welches durch den DMA-Controller verwaltet wird, möchte ein
  Wort direkt in den Speicher übertragen.
- Dazu meldet es einen Übertragungswunsch am *Bus-Arbiter* an: Dieser Bus-Ar-
  biter ist bei Ein-Prozessor-Systemen Teil des Prozessors selbst, bei Multipro-
  zessor-Systemen ist er dem Bus zugeordnet.
- Der Bus-Arbiter wartet, bis der Prozessor den gerade laufenden Bus-Zyklus
  abgeschlossen hat, verhindert, daß der Prozessor einen neuen Bus-Zyklus star-
  tet und gibt die Kontrolle an den anfordernden DMA-Controller.
- Der DMA-Controller hat jetzt die vollständige Kontrolle über den Daten-
  Transfer-Bus: Er verhält sich für den nachfolgenden Daten-Transfer wie der
  Prozessor, d.h., er legt die Speicher-Adresse und die Steuerleitungen an und erwartet die Status-Rückmeldungen vom Speicher.

Dieser ganze Vorgang dauert im allgemeinen nur einen einzigen Speicherzugriff
lang, danach geht die Kontrolle an den Prozessor zurück.

Abb. 2.48 zeigt die Funktionsweise des in den 68010 integrierten Bus-Arbiter
(Schiedsrichter darüber, wer als nächster den Bus benutzen darf). Die DMA-Ein-
heit legt das Signal "Bus Request" $\overline{\text{BR}}$ an, der Bus-Arbiter im Prozessor reagiert
durch Aktivierung des "Bus Grant" ($\overline{\text{BG}}$). Danach kann die anfordernde DMA-
Einheit ihr Bus-Request-Signal wieder deaktivieren. Falls gerade ein Prozessor-
Zyklus abläuft, muß die DMA-Einheit warten, bis die Signale "Adreß-Strobe"
und "Data Transfer Acknowledge" das Ende dieses Zyklus melden: Dann wird das
Signal "Bus Grant Acknowledge" ($\overline{\text{BGACK}}$) angelegt – solange die DMA-Ein-

heit dieses Signal aktiviert, ist der Prozessor von seinem Bus abgekoppelt, die DMA-Einheit darf beliebige Zugriffe auf den Bus ausführen. Danach erhält der Prozessor wieder Zugriff zu dem Bus.

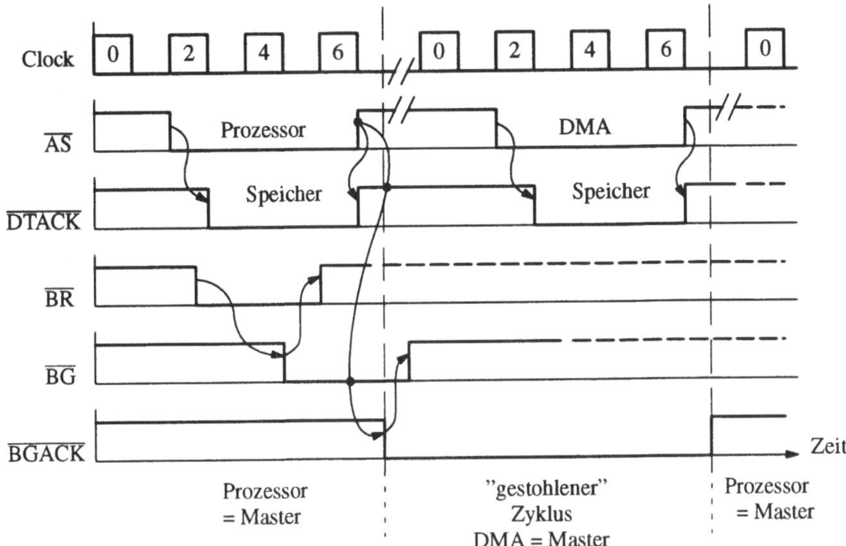

Abb. 2.48: BUS-Arbitrierung beim 68010

Abb. 2.49 zeigt die Struktur eines DMA-Kanals und seine wesentlichen Komponenten: Neben einer Ablaufsteuerung gibt es ein Kanal-Adreß-Register (CAR), welches nach jedem Datentransfer inkrementiert wird und damit die Elemente einer aufsteigenden Tabelle im Speicher adressiert. Ein Wort-Zähl-Register (WCR) wird mit der maximalen Länge der Tabelle besetzt und bei jedem Transfer dekrementiert. Ist das Ende der Tabelle erreicht (WCR = 0), dann wird die Ablaufsteuerung davon informiert. Bei jedem Übertragungswunsch wird das Peripheriegerät eine DMA-Anforderung auslösen, bei Anliegen der DMA-Rückmeldung wird entweder der am Daten-Bus anliegende Wert übernommen (Schreiben) oder ein Datum auf den Daten-Bus angelegt (Lesen).

Drei Phasen charakterisieren den Betrieb eines DMA-Kanals:

- In der *Initialisierungsphase* arbeitet der DMA-Kanal unter Programmkontrolle und verhält sich wie ein Slave am Bus: Es werden Adressen decodiert, welche der Vorbesetzung des CAR und WCR sowie des von der Ablaufsteuerung auszuführenden Kommandos dienen. Zusätzlich zu den Registern des DMA-Kanals müssen auch Kontroll-Register im Peripheriegerät vorbesetzt werden, welche die Betriebsart dieses Geräts festlegen.

- Im *DMA-Betrieb* wird immer, wenn das Peripheriegerät eine Datenübertragung benötigt, die DMA-Anforderung aktiviert. Die Ablaufsteuerung nimmt diese auf und erzeugt daraus einen Bus-Arbiter-Zyklus (Abb. 2.48). Danach

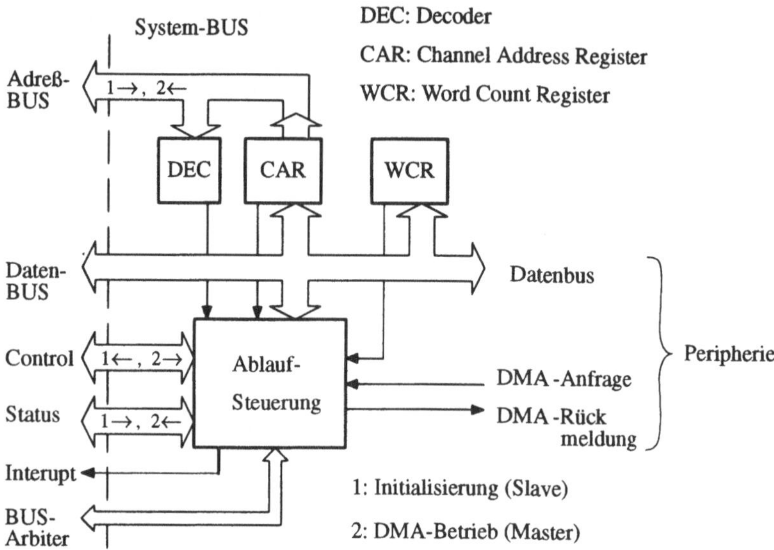

Abb. 2.49: Struktur "DMA-Kanal"

wird der DMA-Kanal für einen Zyklus "Master" am Bus, d.h., er legt die
Adresse der Speicherzelle und die Steuerleitungen zur Bus-Kontrolle an und
wartet auf die Rückmeldung vom Speicher. Die Ablaufsteuerung meldet dies
durch eine DMA-Rückmeldung an das Peripheriegerät. Dieser ganze Vorgang
dauert nur sehr kurze Zeit, beim 68010 mit 10 MHz Taktrate z.B. 0,4 µs: Dieser
Zyklus von 0,4 µs Dauer wird also dem Prozessor so oft "gestohlen", wie Daten
von der Peripherie benötigt werden.

- Am *Ende der Kanal-Operation* (z.B. WCR = 0) erzeugt die Ablaufsteuerung
  einen Interrupt, weitere DMA-Anforderungen können erst dann bearbeitet
  werden, wenn wieder eine Kanal-Initialisierung erfolgt ist.

Abb. 2.50a zeigt den typischen Cycle-Steal-Betrieb:

- Durch DMA-Anforderungen (hier mit einer Rate von 200000 Worten pro Sekunde) werden dem Peripheriegerät Zyklen zugeordnet, die es jeweils zur
  Übertragung eines Datums nutzt.
- Dem Übertragungskanal zwischen Prozessor und Speicher wird dabei dieser
  Zyklus gestohlen, alle übrigen Zyklen stehen jedoch dem Prozessor zur Verfügung.
- Im vorliegenden Beispiel wird der Speicher für 8% der Zeit für den DMA-Kanal genutzt. Die Leistung des Prozessors kann damit höchstens um 8% zurück-
  gehen.

Abb. 2.50b zeigt eine noch effizientere Art des DMA-Betriebs: Im Peripheriegerät
werden bei Lese-Operationen z.B. jeweils 5 Worte zwischengespeichert, bevor ei-

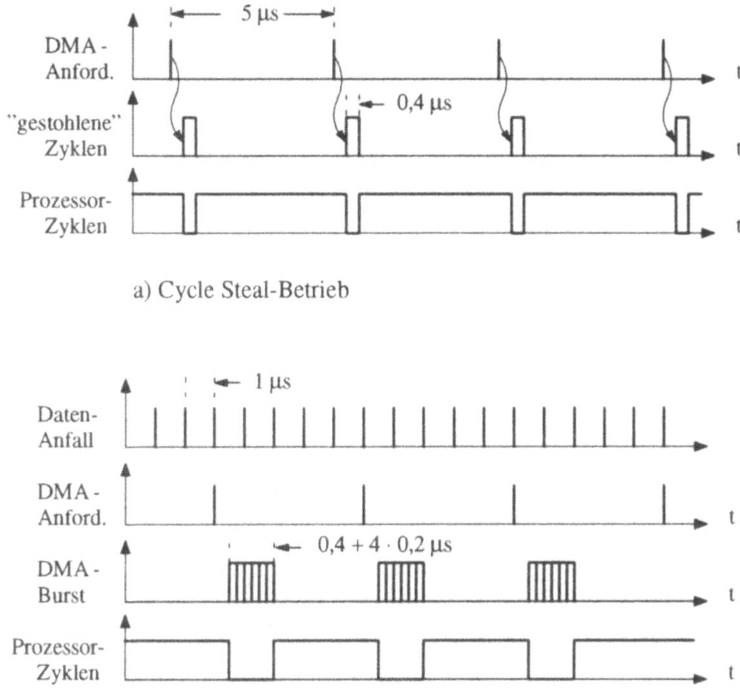

Abb. 2.50: DMA-Betriebs-Formen

ne DMA-Anforderung erfolgt. Die 5 Übertragungen können dann im Burst ausgeführt werden: Bei dynamischen RAM-Bausteinen hat dies den Vorteil, daß die Folge-Zyklen nur noch etwa halb so lange dauern, so daß die Belastung durch den DMA-Kanal sich fast halbiert. Im vorliegenden Beispiel werden 24% der Übertragungs-Bandbreite benötigt, um eine Übertragungsleistung von 1 Mio Worte pro Sekunde zu realisieren.

Bereits oben wurde deutlich gemacht, daß die Ablaufsteuerung des DMA-Kanals keine Zyklen mehr anfordert, wenn das Ende einer Tabelle erreicht ist: Es muß dann ein Unterbrechungs-Programm ausgelöst werden, welches den Kanal erneut initialisiert. Dies benötigt jedoch mindestens 20 bis 50 µs, so daß in dieser Zeit keine Daten übertragen werden können. Diese Zeitlücke – die beispielsweise verhindern würde, daß Werte vom Analog/Digital-Umsetzer kontinuierlich in den Rechner übertragen werden können – kann durch Verfahren der "Tabellenverkettung" (Data Chaining) überbrückt werden. Dazu gibt es folgende Varianten:

- Der DMA-Kanal verfügt über Register, welche während des DMA-Betriebs mit dem jeweils nächsten Wert für die Kanal-Adresse und den Word Count vorbesetzt werden; beim Erreichen des Tabellen-Endes werden diese Register-Inhalte in die Zähler CAR und WCR geladen.

- In einer Speicher-Tabelle befinden sich Folgen von Wort-Paaren, in denen jeweils ein CAR- und ein WCR-Wert gespeichert sind. Am Ende jeder Tabelle holt sich der DMA-Kanal selbständig aus dieser Tabelle das nächste CAR/WCR-Paar heraus.
- Im DMA-Kanal gibt es mehrere Register-Sätze, die jeweils am Tabellen-Ende umgeschaltet werden.

Manche DMA-Kanäle verfügen auch über "Command Chaining": Im Hauptspeicher ist sozusagen ein DMA-Programm abgelegt, dessen "Befehl" ein Auftrag an den DMA-Kanal ist. In diesem Befehl sind z.B. die Register-Inhalte CAR und WCR, die Kanal-Funktion, der Kanal-Zustand und möglicherweise eine Ende-Bedingung spezifiziert. DMA-Kanäle können heute recht komplexe Funktionen ausführen, zum Teil sind es eigenständige Eingabe/Ausgabe-Prozessoren, deren Befehlssatz auf DMA-Operationen optimiert ist.

DMA-Kanäle gibt es in Form hochintegrierter Bausteine, welche dieselben Übertragungsprotokolle ausführen wie die Prozessoren. Im allgemeinen sind in einem Baustein bis zu 4 DMA-Kanäle untergebracht. Häufig übernehmen diese Bausteine noch zusätzliche Funktionen:

- Zum Beispiel das Zusammenfassen von einzelnen Zeichen (Bytes) in 32-bit-Worte beim Einlesen, das Zerlegen von Worten in Einzel-Byte bei der Ausgabe. Oft haben diese Bausteine einen zweiten, 8 bit breiten Peripherie-Bus, an den Pheripherie-Controller z.B. für serielle Schnittstellen oder den 8-bit-SCSI-BUS (vgl. Abschnitt 2.3.4) angeschlossen werden können.
- Um den statistischen Ausgleich zwischen den Anforderungen in der Peripherie und den Zugriffen zum Hauptspeicher vorzunehmen, gibt es auf dem DMA-Chip Pufferspeicher (First In First Out, FIFO).

Solche Bausteine finden entweder auf dezentral angeordneten Peripherie-Controllern Platz (z.B. auf Steckkarten, welche als Komponente etwa in den VME-Bus eingeschoben werden), oder sie sind als Co-Prozessoren direkt mit dem Prozessor verbunden (Abb. 2.51). Bei einer DMA-Anforderung wickelt der DMA-Kanal das Bus-Arbitrierungs-Protokoll mit dem Prozessor ab, danach kann er eigenständig als Master den Bus bedienen. Dabei gibt es zwei Betriebs-Varianten:

- Wie in Abb. 2.51 angedeutet, gibt es individuelle DMA-Anforderungsleitungen zwischen dem Peripherie-Controller und dem DMA-Kanal. Hier legt der DMA-Kanal während des Bus-Zyklus die Speicheradresse sowie die Steuersignale an, während der Daten-Bus direkt vom Peripherie-Controller gelesen bzw. beschrieben wird. Der Speicher meldet das Ende des Speicherzyklus an den DMA-Kanal. Ein Transfer erfolgt also in einem Zyklus.
- Alternativ kann der Betrieb auch ohne individuelle Verbindungen zwischen dem DMA-Kanal und dem Peripherie-Controller erfolgen, allerdings werden dann zwei Zyklen benötigt. In einem ersten Zyklus (Beispiel Schreiben) wird ein Datum aus der Speicher-Tabelle geholt und im DMA-Kanal zwischen-

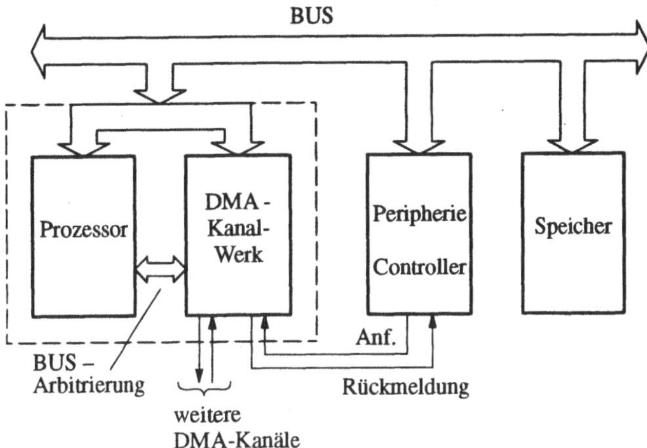

Abb. 2.51: Zentral angeordneter DMA-Kanal

gespeichert; im zweiten Zyklus wird der Peripherie-Controller als Slave ausge-wählt, das zwischengespeicherte Datum an diesen übertragen.

Bei einigen hochintegrierten Mikroprozessoren ist die DMA-Funktionalität be-reits auf demselben Chip integriert. Beispiele hierfür sind der Intel-Prozessor 80186 (entspricht 8086 +DMA-Kanäle), der AMD-Prozessor 286ZX/LX /13/, der neben dem 286-Prozessor und zahlreichen weiteren Funktionen 8 DMA-Ka-näle umfaßt, oder Mitglieder der Motorola 683xx-Familie, die ebenfalls über mehrere integrierte DMA-Kanäle verfügen.

2.3.4 Prozeßrechner-Bus-Systeme

Wie bereits in Abschnitt 2.2.4 erläutert, ist ein Bus eine Multipoint-Schnittstelle, über welche mehrere Teilnehmer nach genau definierten Regeln Information aus-tauschen können. Diese Regeln geben vor:

- mechanische Randbedingungen (physikalische Abmessungen, Stecker und ih-re Belegung),
- Spezifikation der elektrischen Signale (Spannung/Strom, Impedanzen, kapazi-tive Last, Flankensteilheiten usw.),
- die zeitliche Sequenz, mit der Bussignale aufeinander folgen, das sogenannte Bus-Protokoll.

Die bisher vorgestellten Busse sind *Parallel-Busse*: Über mehrere physikalische Leitungen werden Adressen, Daten und Steuerinformation parallel bzw. teilparal-lel übertragen. Daneben gibt es *serielle Busse*: Alle Daten einschließlich Adressen und Steuerinformationen werden seriell über eine einzige Leitung übertragen.

Bus-Systeme können entweder herstellerspezifisch definiert und innerhalb ei-nes Produktspektrums genutzt werden /14/; *Standard-Busse* erlauben es, Komponenten unterschiedlicher Hersteller in einem System beliebig zu mischen, sozusagen für jede Funktion das preiswerteste oder leistungsfähigste Modul auszuwählen. Die Spezifikationen für solche Standard-Busse sind im allgemeinen frei verfügbar, zahlreiche Hersteller nutzen sie und liefern dafür Komponenten.

Die Busse, welche in Prozeßrechner-Systemen Anwendung finden, können in folgender Weise klassifiziert werden:

a) Systembusse

Diese Systembusse koppeln Systemkomponenten wie Prozessoren, Speicher, Peripherie-Steuerungen usw. Bei manchen dieser Busse ist auch die Realisierung von Multiprozessorsystemen möglich. Beispiele auf Basis von Personal Computern (PCs) sind:

- Die Industrie-Standard-Architektur ISA, der sogenannte AT-Bus, wie er in den klassischen IBM-PCs verwendet wird.
- Extended Industry Standard Architecture EISA, durch welche der ISA-Bus auf eine 32-bit-Wortbreite ausgedehnt wurde.
- Micro Channel Architecture MCA, welche von IBM für die PS/2-Rechner definiert wurde, und
- NUBUS, der ursprünglich vom MIT (Massachusetts Institute of Technology) definiert wurde und der heute insbesondere von Apple (Macintosh) genutzt wird.

PC-basierende Prozeßrechner erlauben die Zusammenstellung beliebiger Konfigurationen auf der Basis dieser Busse.

Aus der Mini-Rechner-Welt kommen dagegen folgende, im allgemeinen etwas leistungsfähigere Parallelbus-Systeme:

- VME-Bus (Anhang B), der heute am weitesten verbreitete Standard, dessen Übertragungsleistung durch später definierte Bus-Protokolle (64-bit-Transfers) erheblich gesteigert werden konnte /9/.
- FUTURE-Bus+: Diese Bus-Definition wurde für zukünftige Hochgeschwindigkeits-Anwendungen definiert und findet langsam Eingang in die Industrie.
- Multibus-I: Dieser Bus ist durch die Intel 80X86-Architektur definiert, er verfügt über eine Datenbreite von 16 bit. Die Bus-Variante AMS (Siemens) nutzt dasselbe Bus-Protokoll, verwendet aber eine andere physikalische Ausprägung (Europa-Karte mit DIN-Stecker).
- MPST-Bus: Dieser Bus wurde in Deutschland definiert und als Multiprozessor-Bus insbesondere von Anwendern im Bereich der Werkzeugmaschinen-Steuerung verwendet.
- Multibus-II: Dieser Bus ist durch die 32-bit-Intel-Architektur (80386) definiert, er verfügt über verschiedene Teil-Busse für unterschiedliche Aufgaben (z.B. Speicherkopplung, Peripheriekopplung usw.).
- SCI – Scalable Coherent Interface, ein sogenannter Paket-Bus, welcher aus nur 16 Übertragungsleitungen besteht und eine Übertragungsbandbreite von 1 GByte/s ermöglicht. Paket-Bus bedeutet, daß jeweils größere Informations-

einheiten, z.B. 64 Byte zwischen den Bus-Teilnehmern ausgetauscht werden. Typisch ist der Transfer zwischen Hauptspeicher-Komponenten und den auf Prozessor-Komponenten untergebrachten Cache-Speichern.

Daneben gibt es firmenspezifische Bus-Systeme, für welche auch andere Hersteller Komponenten am Markt anbieten. Die Firma Digital Equipment (DEC) war hier besonders erfolgreich:

- Der Unibus wurde als erster universell einsetzbarer Bus für den Prozeßrechner PDP-11 definiert.
- Als Low-cost-Version des Unibus kam später der sogenannte Q-Bus, auf welchem Adressen und Daten in Multiplexbetrieb übermittelt werden.
- Der Turbo-Channel, ein 100MByte/s-Bus, ist ebenfalls für die Nutzung durch andere Anbieter freigegeben.

b) Peripherie-Busse

Hier handelt es sich um Bus-Systeme, welche den Anschluß von Standard-Peripheriegeräten (Platten, Drucker usw.) an Rechnersysteme ermöglichen.

- Am gebräuchlichsten ist der SCSI-Bus (Small Computer Systems Interface), der in verschiedenen Leistungsklassen (SCSI-2: bis 40 MByte/s) spezifiziert ist.
- IPI-Bus, insbesondere zum Anschluß leistungsfähiger Magnetspeicher.

c) Prozeßbusse

Diese Bus-Systeme sind besonders ausgelegt zum Anschluß von Prozeßperipherie-Komponenten (vgl. Abschnitt 2.4). Als *Parallel-Busse* zum Anschluß von Prozeßperipherie werden natürlich auch die unter a) beschriebenen Systembusse genutzt, daneben gibt es spezialisierte Standard-Busse:

- Der *IEC-Bus* zur Kopplung von Meßgeräten, Labor-Computern und Ausgabegeräten (Drucker, Plotter) wurde ursprünglich von Hewlett Packard definiert und schließlich standardisiert (IEEE 488). Der aus 8 Daten- und 8 Steuer-Leitungen bestehende Bus erlaubt Übertragungsleistungen von ca. 1 MByte/s.
- *CAMAC* (Computer Aided Measurement And Control), dieser Standard wurde ursprünglich für Aufgaben der Experimental-Physik definiert /15/, über 60 Firmen liefern dafür Komponenten. Da der Realisierungs-Aufwand jedoch sehr hoch ist, verliert CAMAC an Bedeutung.

Neben den Parallel-Bussen sind die folgenden seriellen Prozeßbus-Systeme zu erwähnen:

- CAMAC Serial Highway, der eine Übertragungsstrecke zwischen intelligenten Unterstationen mit einer Leistung von 5 Mbit/s bereitstellt.
- Der PDV-Bus, der als universeller, standardisierter Prozeßbus mit einer Übertragungsleistung von ca. 1 Mbit/s definiert ist /16/.

- Der MAP-Bus (Manufactury Automation Protocol), der verschiedene physikalische Realisierungsvarianten hat und insbesondere für Aufgaben der diskreten Fertigung an Bedeutung gewinnt.

Daneben spielen auch die klassischen lokalen Netze (LAN) für Aufgaben der Prozeßperipherie-Kopplung eine gewisse Rolle. Beispiele hierfür sind Ethernet, das Tokenpassing- und das Tokenring-Protokoll. Zunehmend spielen als Übertragungsmedium Glasfasern eine Rolle, zukünftige LAN-Standards basieren ganz auf diesem Medium (FDDI = Fiber Distributed Data Interface).

d) Feldbusse

Feldbusse werden auf der untersten Hierarchie von Prozeßautomatisierungs-Systemen eingesetzt und dienen dazu, kleine Anschlußeinheiten für wenige Prozeß-Signale mit Prozeßrechnern zu verbinden (vgl. Abschnitt 2.6). Beispiele hierfür sind:

- BITBUS (Intel): Dieser Bus hat zahlreiche Anwender gefunden, da die Implementierung seiner Bus-Protokolle sehr kostengünstig auf einem Chip zur Verfügung steht.
- FIP-Bus ist der Normungs-Vorschlag, den Frankreich für Feldbus-Aufgaben entwickelt hat.
- Der PROFIBUS ist ein aus Deutschland stammender Vorschlag, zahlreiche Firmen haben sich entschlossen, Komponenten für diesen Bus zu entwickeln, der sowohl für den Anschluß von sehr einfachen Teilnehmern als auch von intelligenten Unterstationen (z.B. von speicherprogrammierbaren Steuerungen) geeignet ist /17/.
- Aus der Multiplex-Verkabelung im Automobil hat sich der CAN-Bus entwickkelt (Control Area Network), der bereits in einigen Automobilen eingesetzt wird. Controller für diesen Bus werden sowohl von Intel als auch von Motorola angeboten.
- Schließlich befinden sich sehr einfache Bus-Systeme in Entwicklung, welche den Anschluß einzelner Binär-Eingänge und -Ausgänge ermöglichen. Ein Beispiel hierfür ist das Aktor-Sensor-Interface ASI, für welches der Anschluß zur Prozeßperipherie mit einem einzigen Chip realisiert werden soll.

Feldbusse werden sehr weitgehende Auswirkungen auf die zukünftige Prozeßinstrumentierung haben, es ist zu erwarten, daß Feldbus-Anschlüsse auch in Sensoren und Aktoren hinein wandern, so daß diese Komponenten direkt mit einem digitalen Bussystem kommunizieren können (vgl. Abschnitt 2.4.7).

2.4 Prozeßperipherie

2.4.1 Übersicht

Technische Prozesse werden durch digitale und analoge Zustandsgrößen beschrieben und beeinflußt: Entsprechend müssen digitale und analoge Prozeßsignale erfaßt bzw. ausgegeben werden. Damit gibt es vier Arten von Prozeßperipherie-Anschlüssen, welche in den folgenden Abschnitten beschrieben werden:

- Digitalausgabe (2.4.2)

- Digitaleingabe (2.4.3)

- Analogausgabe (2.4.4)

- Analogeingabe (2.4.5)

Daneben sind *Echtzeituhren* (Realtime-Clock) wichtig, um den Bezug zwischen den physikalischen Zeiten im technischen Prozeß und den Zeitabläufen der Rechenprozesse herzustellen (2.4.6).

Als Basis für den Anschluß der Prozeßperipherie dient eine Schaltung, wie sie in Abb. 2.38 dargestellt wurde, sie erlaubt eine wortweise Eingabe und Ausgabe von Binär-Signalen. Ergänzt wird diese Schaltung für viele Aufgaben noch um die Realisierung eines zusätzlichen Command/Status-Worts sowie einer Interrupt-Schaltung, wie sie auf der rechten Seite von Abb. 2.45 beispielhaft dargestellt war. Spezielle integrierte Bausteine (Parallel-Schnittstellen) realisieren diese Funktionen in einem Chip. Für besondere Aufgaben gibt es natürlich auch Sonderformen dieser Interface-Schaltungen, z.B. die Ergänzung um DMA-Kanäle. Einige davon werden in den folgenden Abschnitten beschrieben.

Ein wesentliches Element der Prozeßpheripherie-Baugruppen ist die Anpassung an die externen physikalischen Signale. Bei Eingabe-Schaltungen muß meist eine Pegel-Anpassung erfolgen, z.B. über Widerstands-Netzwerke oder Vorverstärker. Auf der Ausgabeseite geht es darum, mit den vorhandenen Digital- oder Analog-Signalen Strom- oder Spannungs-Quellen ausreichender Leistung zu steuern (z.B. Servo-Verstärker für Antriebe) oder zu schalten (z.B. Relais oder Schütze).

Eine wichtige Rolle bei der Prozeß-Signal-Ankopplung kommt der galvanischen Trennung zwischen dem Rechner mit seiner Prozeßperipherie und dem technischen Prozeß mit seinen Signal-Quellen und -Senken zu:

- In vielen Anwendungen ist das durch den technischen Prozeß gegebene Bezugspotential nicht identisch mit dem der Rechner-Masse.

- Durch Erdschleifen addieren sich zu den zu messenden Signalen Störpotentiale, welche die Meß-Signal-Bereiche erheblich überschreiten können.

- Überlastungen durch externe Fehl-Beschaltung von Prozeß-Signal-Ein- und -Ausgängen kann zur Zerstörung von dahinter liegenden Rechnerschaltkreisen führen, bei einer galvanischen Entkopplung bleibt ein Schaden auf die Schaltung vor der galvanischen Trennung beschränkt.

- Antennen-Effekte auf die Signalleitungen, welche direkt mit dem Rechner verbunden sind, können zu sporadischen Störungen führen, gerade auch bei kleineren Automatisierungsanlagen (speicherprogrammierbare Steuerungen) wird dieser Einfluß durch die galvanische Entkopplung ausgeschaltet.

Die unterschiedlichen Techniken für die galvanische Entkopplung der verschiedenen Prozeß-Signal-Typen sind in den folgenden Abschnitten dargestellt.

2.4.2   Digitalausgabe

Die klassische Digitalausgabe-Gruppe wird wortweise angesteuert, d.h. eine Gruppe von n Digitalausgängen bei n Bit Wortlänge wird durch einen Ausgabebefehl gesteuert. Die 16 Ausgabe-Leitungen des in Abb. 2.38 dargestellten Beispiels repräsentieren den Zustand von 16 Flipflops, die durch den jeweils letzten Ausgabebefehl bestimmt sind. Die Digital-Signale stehen in Form von logischen Pegeln (z.B. TTL-Pegel, 0 Volt oder 3 Volt) zur Verfügung.

Ergänzend gibt es für einige Formen der Digitalausgabe auch ein Command/Status-Wort, über welches

- Steuersignale erzeugt werden können, welche etwa die Meldung nach außen geben, daß jetzt ein neues Digitalausgabe-Wort zur Verfügung steht,
- und Rückmeldungen von außen erfaßt, die neue Ausgabedaten anfordern oder Fehlerzustände übermitteln. Damit verbunden kann auch das Auslösen eines Interrupts sein, durch welches ein Unterbrechungs-Programm aufgefordert wird, das nächste Wort auszugeben.

Die physikalische Signal-Anpassung erfolgt über verschiedene Formen von Verstärker-Schaltungen:

- Im einfachsten Fall wird direkt der logische Pegel (TTL-Pegel) nach außen gegeben, die Signalaufbereitung wird dem Anwender überlassen.
- Sehr gebräuchlich sind die sogenannten "Electronic COntacts" (ECO), welche meist durch einen Bipolar-Transistor mit offenem Kollektor realisiert werden: Dieser Transistor ist entweder ein- oder ausgeschaltet, geschaltet werden meist extern erzeugte Spannungen bzw. Ströme. Die Kenngrößen des Augangs-Transistors charakterisieren auch die physikalischen Eigenschaften des Digitalausgangs.
- Opto-Koppler: Auch hier handelt es sich um einen elektronischen Kontakt, der jedoch durch einen optischen Koppler realisiert ist: In einem Baustein ist eine Leuchtdiode zusammen mit einem Foto-Transistor integriert, der über das emitierte Licht ein- bzw. ausgeschaltet wird. Häufig werden hier Darlington-Schaltungen eingesetzt, so daß auch größere Ströme potentialfrei geschaltet werden können.
- Auf der Basis dieser Opto-Koppler gibt es elektronische Relais und Schütze, welche es erlauben, Wechselstromkreise höherer Leistung zu schalten.

- Auch klassische elektromechanische Relais finden auf Digitalausgabe-Schaltungen Anwendung.

Häufig ist auf der Digitalausgabe-Karte nur der Teil der Schaltung fest untergebracht, der die logischen Signalpegel bereitstellt. Individuelle, an die Anwendung angepaßte Prozeß-Signal-Verstärker werden in Form von Aufsteck-Kärtchen ("Piggyback") kundenspezifisch konfiguriert.

Für Sonderaufgaben kann die Digital-Ausgabegruppe auch auf die Dienste eines DMA-Kanals zurückgreifen. Ein Beispiel dafür ist die Anwendung des Prozeßrechners als *Wort-Generator*, der eine schnelle Folge von Binär-Worten (= Signalfolgen an jedem Einzelbit des Worts) erzeugen kann. Die Tabelle dieser Wörter wird im Arbeitsspeicher programmgesteuert aufgebaut, der DMA-Kanal wird initialisiert, mit einem externen oder internen Taktgenerator wird die Übertragung der Einzelworte auf das Ausgabe-Wort angefordert. Anwendung finden solche Anordnungen vor allem in der Meß- und Prüftechnik.

2.4.3   Digitaleingabe

Auch die Eingabe von digitaler Information erfolgt im allgemeinen wortweise unter Programmkontrolle: Ein Beispiel dafür ist die 16-bit-Eingabe in Abb. 2.38, hier können Eingangssignale mit TTL-Pegeln übernommen werden.

Auch hier kann optional ein Command/Status-Wort vorhanden sein. Mit dem Steuerwort können zum Beispiel Rückmeldungen nach außen gegeben werden, welche anzeigen, daß jetzt ein nächstes Wort übernommen werden kann. Über das Status-Wort kann abgefragt werden, ob neue Digital-Daten zum Einlesen zur Verfügung stehen. Auch hier kann diese Anforderung mit einem Interrupt erfolgen, durch den die entsprechende Erfassungsroutine gestartet wird.

Die physikalische Signal-Anpassung erfolgt hier meist über ein Widerstands-Netzwerk, für die galvanische Entkopplung werden wieder Opto-Koppler verwendet. Analoge Vorverarbeitungsfunktionen für diese Digital-Signale werden meist genutzt, um das Kontakt-Prellen bei der Schalter-Abfrage zu eliminieren: Abb. 2.52a zeigt einen einfachen RC-Tiefpaß mit nachgeschaltetem Schmitt-Trigger, der diese Aufgabe erfüllt. Mit einem Wechselkontakt kann auch die in 2.52b dargestellte RS-Flipflop-Schaltung verwendet werden.

Häufig sollen über Digitaleingabe-Schaltungen nicht die momentanen Signalpegel abgefragt werden, sondern die Information, ob an einem Signaleingang ein Signalwechsel (Flanke) erfolgt ist oder nicht. Solche flankenempfindlichen Digitaleingänge melden Ereignisse, in Abb. 2.53 ist die Schaltung einer solchen Eingabe-Baugruppe dargestellt:

- Eine positive Flanke an jedem Eingang sorgt dafür, daß das zugehörige Flipflop gesetzt wird.
- Wahlweise kann die ODER-Verknüpfung über alle gesetzten Flipflops als Interrupt-Ursache genutzt werden: Eine Programm-Unterbrechung wird also ausgelöst, wenn eines oder mehrere der Flipflops gesetzt sind.

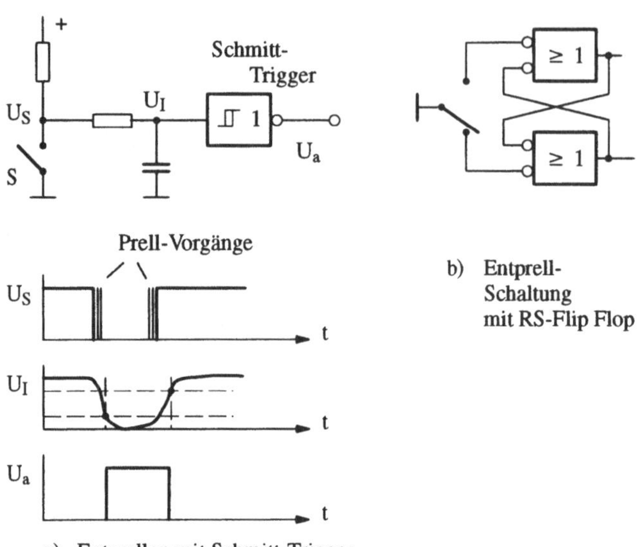

a) Entprellen mit Schmitt-Trigger

b) Entprell-
Schaltung
mit RS-Flip Flop

Abb. 2.52: Kontakt-Eingänge

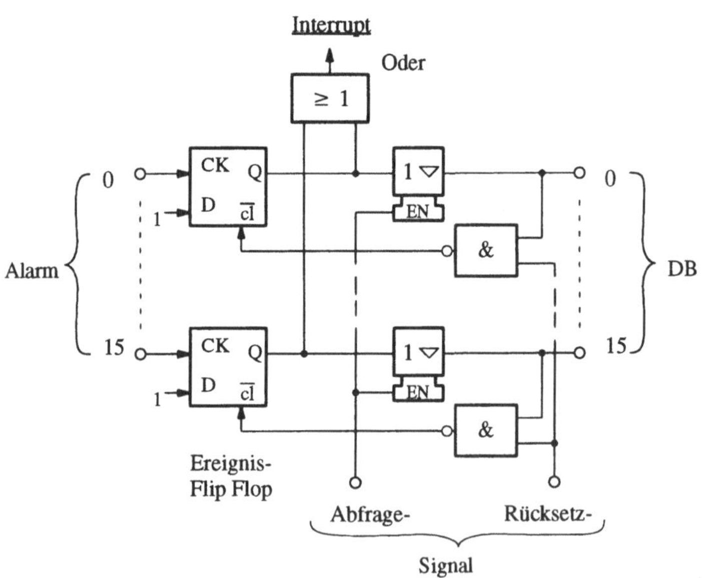

Abb. 2.53: Alarm-Eingabe-Gruppe

- Durch die Abfrage der Digitaleingabe wird der Zustand der bis dahin mit Eins besetzten Flipflop in den Rechner übertragen. Dort gibt es also ein Muster der zuletzt eingetroffenen Ereignisse.

- Ein nachfolgender Ausgabebefehl muß dafür sorgen, daß die Flipflops, welche durch Ereignisse gesetzt waren, wieder zurückgesetzt werden: Erst dadurch werden sie für die Aufnahme eines nächsten Ereignisses "scharf".

Solche flankenempfindlichen Digitaleingabe-Baugruppen werden auch *Alarmeingänge* genannt, da Ereignisse zur Auslösung von Alarmen (Interrupts) führen können.

Eine wichtige Form von Digitaleingängen ist diejenige, bei welcher nur die Anzahl der Flankenwechsel interessiert (Zähler-Eingänge). Beispiele für deren Anwendung sind Impulse zur Energie-Mengenmessung, Puls- oder Winkelgeber, frequenzanaloge Instrumentierung (Abbildung von Meßgrößen in Frequenzen). Folgende Varianten zur Zählwert-Erfassung gibt es:

- Ein Interrupt-Programm läuft zyklisch, z.B. jede Millisekunde ab, in ihm werden Flankenwechsel an Digitaleingaben durch die logische Verknüpfung einer Folge von abgefragten Wörtern ermittelt. Für jeden Flankenwechsel wird auf eine entsprechende Zählerstelle "1" aufaddiert. Als Flanke gilt dabei z.B. nur, wenn an einer Bit-Position zweimal eine Null und danach zweimal eine Eins erkannt wird: Die maximal erfaßbare Pulsfrequenz bei einem Abtastzyklus von einer Millisekunde liegt damit bei etwa 200 Hz. Diese Aufgabe wird häufig in ein mikroprozessorgesteuertes Subsystem verlagert.
- Ökonomischer ist die Verwendung von Alarmeingabe-Gruppen, wobei jedes Ereignis eine Unterbrechungsroutine aufruft, in welcher wiederum Software-Zähler inkrementiert werden.
- Es gibt hochintegrierte Zähler-Bausteine, in welchen z.B. 4 oder 8 16-bit-Zähler integriert sind: Über die Digitaleingabe-Schaltung können zu jedem Zeitpunkt die aktuellen Zählerstände abgefragt werden. Damit können auch hohe Zählraten erfaßt werden: Oftmals wird auch beim Überlauf des Hardware-Zählers ein Überlaufzähler in Software realisiert, der damit den Hardware-Zähler um höherwertige Bit erweitert.

Auch bei der Digitaleingabe macht es für einige Aufgaben Sinn, zusätzlich DMA-Kanäle einzusetzen. Ein Beispiel hierfür ist die Funktion des "Logikanalysator", bei welchem in möglichst kurzer Zeitfolge Zustände externer Signale in den Speicher übernommen werden sollen (Meß- und Prüftechnik). Sowohl der Wort-Übernahmetakt als auch das Triggern (Start der Datenerfassung) kann extern oder intern erfolgen.

2.4.4 Analogausgabe

Prozeßperipheriemodule zur Analogausgabe (Analog Output) übernehmen beispielsweise folgende Aufgaben:

- Steuerung von Servo-Motoren,
- Ausgabe von analogen Stellgrößen,
- Sollwert-Ausgabe für analoge Regler,
- Ansteuerung von klassischen Schreibern und Anzeige-Instrumenten.

Die Analog-Ausgabe erfolgt durch die Ausgabe eines Wortes von 8 bis 16 bit Länge entsprechend der in Abb. 2.38 dargestellten Basisschaltung. Der nachfolgende Digital/Analog-Wandler (D/A-Konverter) erzeugt daraus den Analog-Ausgang, wobei die Zuordnung der Bit-Positionen bereits in Abb. 2.11 dargestellt war.

In einer Analogausgabe-Gruppe sind heute meist mehrere Analog-Ausgänge zusammengefaßt, wobei jedem Ausgang eine Ausgabe-Adresse zugeordnet ist. Optional kann auch ein Command/Status-Wort vorgesehen sein, über welches nach außen mitgeteilt werden kann, daß ein neuer Analogwert ansteht und über welches von außen ein neuer Analogwert angefordert werden kann (Status-Bit, Interrupt). Auch Fehlermeldungen können in einem Status-Wort erfaßt werden (z.B. die Tatsache, daß eine Anschluß-Leitung unterbrochen ist).

Abb. 2.54 gibt das Grundprinzip des D/A-Wandlers an. Über n digital gesteuerte Schalter werden auf einem Summationspunkt S mit nachgeschaltetem Summationsverstärker Ströme an- oder abgeschaltet, welche mit der Stellenwertigkeit der Schalter im Verhältnis 1:2 abnehmen. Die Ströme werden durch eine Referenzspannung und entsprechend gestufte Widerstandswerte erreicht. Der kleinste Widerstand muß am genauesten sein, damit die erzeugte Analogspannung der geforderten Genauigkeit entspricht.

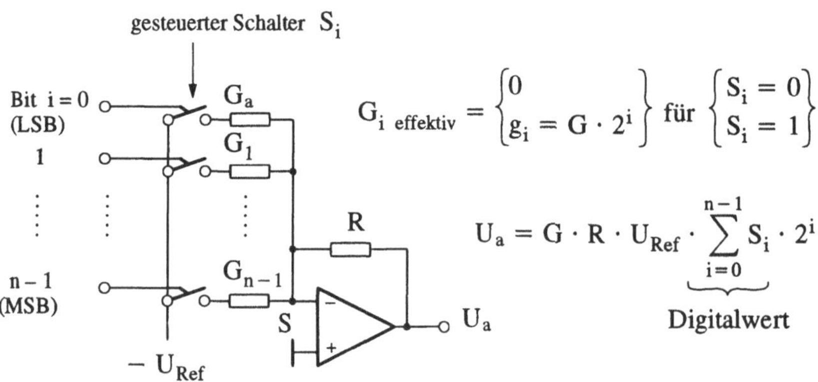

Abb. 2.54: Digital-Analog-Wandler

Digital/Analog-Wandler werden durch folgende Daten charakterisiert:

- Auflösung: Mit n bit (n = 8 bis 16) können 2^n Digitalwerte dargestellt werden und entsprechend viele unterschiedliche Analog-Ausgangsspannungen. Mit einem 16-bit-Wandler kann also das Analog-Signal in Stufen von 1:65536 dargestellt werden. Der durch die Diskretisierung entstehende Fehler entspricht $\pm 0,5 \cdot 2^{-n}$, er wird oft als "± LSB" bezeichnet.

- Genauigkeit: Zusätzlich zum Diskretisierungsfehler entstehen Fehler durch Ungenauigkeit der Referenzspannung oder der Widerstandswerte. Bei guten Wandlern liegt der Absolutbetrag dieses Zusatzfehlers unter dem Diskretisierungsfehler. Zusätzliche Angaben gelten der Temperatur- und der Langzeitstabilität.

- Monotonität: Die Aussage "monoton" bedeutet, daß die Analogspannung am Ausgang monoton mit zunehmendem Digitalwert wächst. Dies ist z.B. dann nicht der Fall, wenn der größte Leitwert des Widerstandsnetzes in Abb. 2.54 kleiner ist als die Summe der Leitwerte aller anderen Widerstände.

Die Wandlungszeiten sind meist sehr kurz ($\approx$ 1 µs), Wandler für Video-Anwendungen erreichen Wandlungszeiten im Bereich von 10 ns. Es gibt D/A-Wandler mit Strom- und mit Spannungsausgängen. Spannungsausgänge können dabei unipolar (z.B. 0 bis 10 Volt) oder bipolar (−5 bis +5 Volt) ausgelegt sein. Im industriellen Bereich besonders gebräuchlich sind Stromausgänge, wobei sich der gesamte Wertebereich entweder von 0 bis 20 mA oder von 4 bis 20 mA erstreckt. Dabei wird eine maximale Bürde (Lastwiderstand) angegeben, an welcher der durch den Digitalwert vorgegebene eingeprägte Strom noch erreichbar ist (z.B. 750 Ohm: Die maximale Spannung beträgt dann 15 Volt).

Die Ausgangsimpedanz der Strom- bzw. Spannungsquelle ist ein weiterer wichtiger Beschreibungsparameter der Analogausgänge. Bei einem Spannungsausgang sollte diese möglichst gering sein, beim Stromausgang möglichst groß.

Für spezielle Anwendungen kann die Analogausgabe auch um einen DMA-Kanal ergänzt werden: Eine solche Anordnung kann als Funktions-Generator genutzt werden, eine im Hauptspeicher abgelegte Folge von Digitalworten repräsentiert die Stützwerte der Analog-Funktion.

Auch bei Analogausgängen ist häufig eine galvanische Entkopplung zwischen dem Rechner und dem Analog-Signal erforderlich. Dabei stehen folgende Alternativen zur Auswahl:

- Die Entkopplung erfolgt auf der Digitalseite. Mit Hilfe von Opto-Kopplern werden n Digital-Signale optisch entkoppelt, die Stromversorgung des D/A-Wandlers erfolgt über galvanisch getrennte Stromversorgungen (z.B. Gleichspannungswandler, DC/DC-Wandler). Der D/A-Wandler kann damit auf das Potential des gesteuerten Kreises gelegt werden.
- Die Entkopplung wird auf der Analogseite durchgeführt. Klassische Trennverstärker arbeiten dabei nach dem Chopper-Prinzip, sie sind in Hybrid-Technik in sehr kompakter Form verfügbar. Hochlineare analoge Opto-Koppler nutzen Kompensationstechniken, mit denen Genauigkeiten und Linearitäten besser 0,1% erreicht werden.

Digital/Analog-Wandler sind heute als hochintegrierte Bausteine zu sehr günstigen Kosten verfügbar: Die Digitalisierung in der Audio- und Video-Technik hat dafür gesorgt, daß im Audio-Bereich hochgenaue Wandler (z.B. 16 bit), im Video-Bereich sehr schnelle Wandler als Commodity-Komponenten angeboten werden.

2.4.5   Analogeingabe

Besonders in kontinuierlichen Prozessen liegen die meisten Meßwerte in analoger Form vor (z.B. von Thermoelementen, Dehnungsmeßstreifen, Kraftmeßdosen, Spannungs- oder Strommeßstellen). Diese Analog-Signale werden durch ein Analogeingabe-System erfaßt und dem Rechner in digitaler Form zur Verfügung gestellt. Über einen Kanalumschalter (Analog-Multiplexer) besteht die Möglichkeit, einen von mehreren Analogeingängen auszuwählen. Abb. 2.55 zeigt die Blockstruktur eines einfachen Analogeingabe-Systems, wie es heute als Hybrid-Baustein oder auch als integrierter Schaltkreis am Markt verfügbar ist. Die Steuerung der Analog-Digital-Umsetzung läuft dabei wie folgt ab:

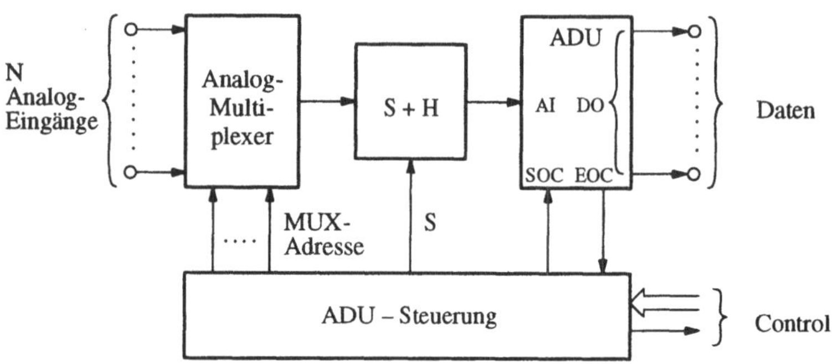

a) Komponenten des Eingabesystems

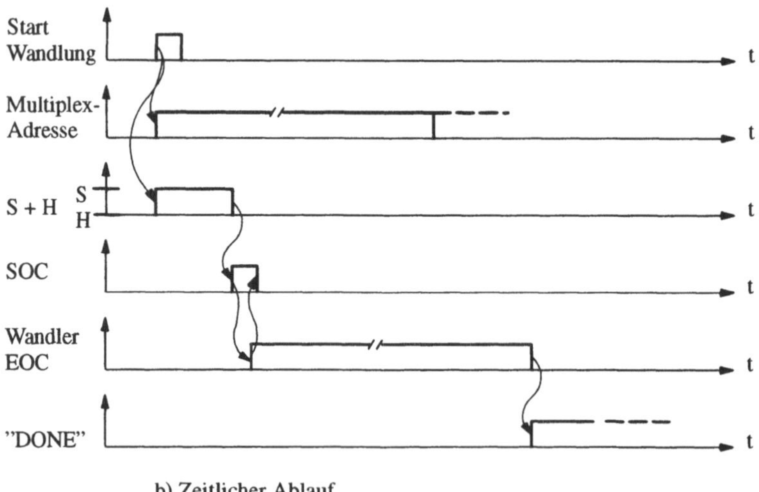

b) Zeitlicher Ablauf

Abb. 2.55: Analog-Eingabe-System

- Zunächst wird – bei mehreren Eingangskanälen – der Analog-Multiplexer auf einen Kanal durchgestellt.
- Nach einer Einschwingzeit (Akquisitionszeit) wird – außer bei integrierenden Wandlern – der nachfolgende Sample- und Hold-Verstärker auf "Hold" geschaltet, damit für die Wandlung ein stabiles Analog-Signal zur Verfügung steht.
- Der Analog-Digital-Wandler wird gestartet (SOC, Start Of Conversion).
- Hat der A/D-Wandler die Umsetzung beendet, meldet er dies an die Steuerung zurück (EOC, End Of Conversion).
- Durch die Steuerung wird der digitalisierte Meßwert an den Rechner übergeben.

Je nach Dauer der Analog/Digital-Umsetzung und der Wandlungsrate /19/ werden sehr unterschiedliche Interface-Techniken zum Anschluß dieses Analogeingabe-Systems an den Rechner verwendet:

a) Langsame A/D-Wandler

Hier ist die zur Wandlung benötigte Zeit deutlich größer als die Zykluszeit des Rechners, z.B. 1 bis 50 ms. Typische Wandlungs-Verfahren sind dabei:

- Zählwandler: Ein D/A-Wandler, dessen Eingänge mit den Ausgängen eines Zählers verbunden sind, erzeugt eine treppenförmige Analogausgangs-Spannung, welche mit dem zu messenden Analog-Signal verglichen wird. Bei Überschreiten des Eingangssignals wird der Zähler gestoppt und enthält dann den gewandelten Digitalwert. Die Wandlungszeit ist hier direkt proportional zum Meßwert, ein 12-bit-System mit einer Taktrate von 1 MHz benötigt maximal 4, im Mittel 2 ms Wandlungszeit (Abb. 2.56).

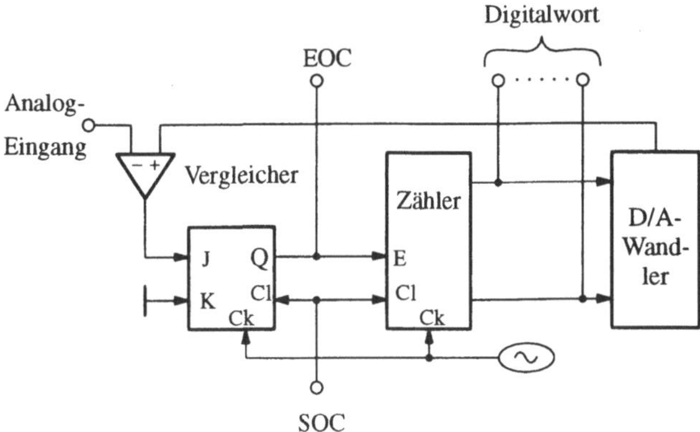

Abb. 2.56: Zähl-Wandler

- Spannungs/Frequenz-Wandler mit nachgeschaltetem Zähler. Voltage/Frequency-Converter (VFC) werden verwendet, um eine der Spannung proportionale Frequenz zu erzeugen, deren Impulse für eine bestimmte Zeit (z.B.

T=20 ms) in einem Zähler gezählt werden. Der Zählwert entspricht dann der mittleren Spannung $\overline{u}$ in der Meßzeit:

$$\overline{u} = \frac{1}{T} \int\limits_{t_0}^{t_0+T} u\ dt$$

Liegt die Meßzeit bei 20 ms oder vielfachen davon, dann können durch Netzeinwirkungen ausgelöste Störungen ausgemittelt werden (Integrierender Wandler, Abb. 2.57).

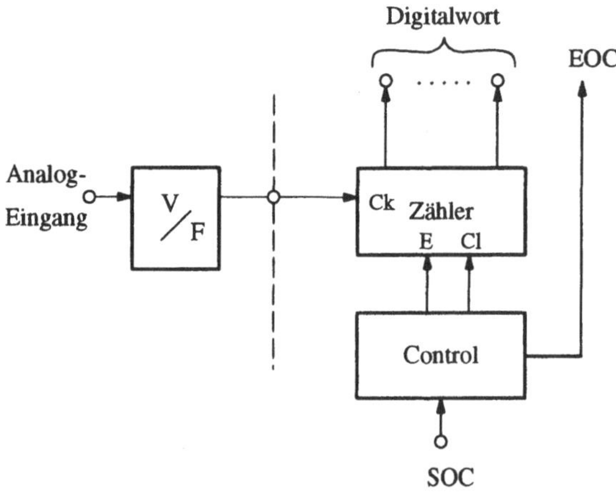

Abb. 2.57: Spannungs-/Frequenz-Wandler

- Dual Slope-Wandler. An einem analogen Integrator wird während einer definierten Meßzeit (z.B. wieder 20 ms) das Integral über die anliegende Spannung gebildet. In einer zweiten Phase wird das Integral mit Hilfe einer negativen Referenzspannung wieder bis zum Erreichen des Ausgangswertes zurückgeführt, die dafür benötigte Zeit ist direkt ein Maß für die gemessene Spannung (bzw. Spannungsintegral). Da sich hier zahlreiche Ungenauigkeiten kompensieren, ist dieses Verfahren mit einfachen Mitteln sehr genau realisierbar, die Meßzeit ist konstant, während die Wandlungszeit werteabhängig ist. Auch dieses integrierende Prinzip eignet sich zum Ausfiltern von Netzstörungen (Abb. 2.58).

Solche Wandler sind – wie in Abschnitt 2.3.2 dargestellt – als langsame Geräte zu behandeln, ein Command/Status-Wort in der dort dargestellten Weise dient zur Verwaltung dieses Geräts. Durch Ausgabe eines Steuerwortes mit einer Kanal-Adresse wird der Wandler gestartet, mit seiner Fertigmeldung löst er eine Programmunterbrechung aus, so daß der Rechner die gewandelten Ergebnisse übernehmen kann. Das Status-Wort dient der Übermittlung von Zustands- und Fehlerinformation.

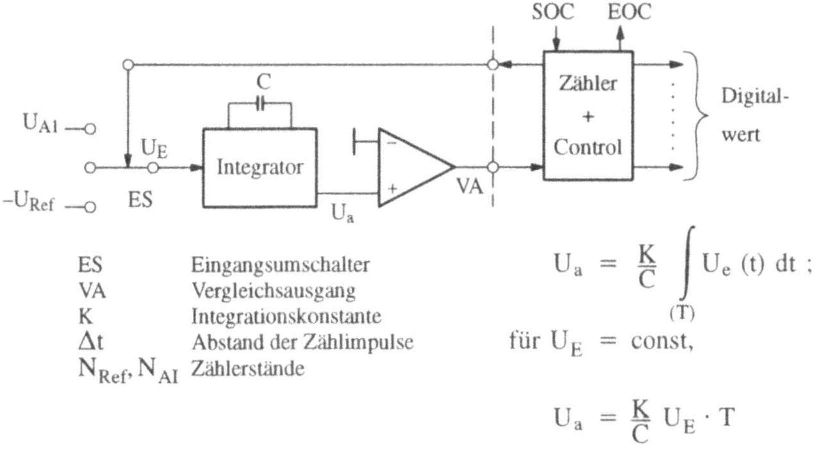

ES	Eingangsumschalter
VA	Vergleichsausgang
K	Integrationskonstante
Δt	Abstand der Zählimpulse
N_{Ref}, N_{AI}	Zählerstände

$$U_a = \frac{K}{C} \int_{(T)} U_e(t)\, dt\ ;$$

für U_E = const,

$$U_a = \frac{K}{C} U_E \cdot T$$

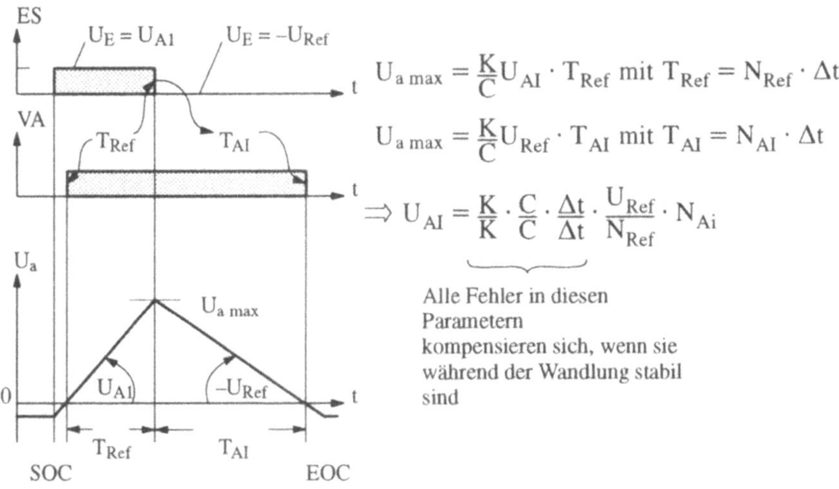

$$U_{a\,max} = \frac{K}{C} U_{AI} \cdot T_{Ref} \ \text{mit}\ T_{Ref} = N_{Ref} \cdot \Delta t$$

$$U_{a\,max} = \frac{K}{C} U_{Ref} \cdot T_{AI} \ \text{mit}\ T_{AI} = N_{AI} \cdot \Delta t$$

$$\Rightarrow U_{AI} = \underbrace{\frac{K}{K} \cdot \frac{C}{C} \cdot \frac{\Delta t}{\Delta t} \cdot \frac{U_{Ref}}{N_{Ref}}} \cdot N_{Ai}$$

Alle Fehler in diesen Parametern kompensieren sich, wenn sie während der Wandlung stabil sind

Abb. 2.58: Prinzip und Fehlerkompensation beim Dual-Slope-Verfahren

b) Mittelschnelle A/D-Wandler

Hier kann die Wandlungszeit den etwa 10- bis 100fachen Betrag der Rechner-Zykluszeit haben. Typische Vertreter dieser Klasse von Wandlern sind die Wäge-Codierer (Sukzessive Approximation), wie sie in Abb. 2.59 schematisch dargestellt sind. Mit jedem Wandlungs-Schritt wird ein Bit des Digitalwertes ermittelt, es handelt sich um eine Art "analog/digitale Division", bei welcher in jedem Rechenschritt eine (digitale) Stelle und ein (analoger) Rest ermittelt werden. Taktzeiten in der Größenordnung von 0,1 bis 1 µs und Auflösungen von ca. 8 bis 16 bit führen zu Wandlungszeiten im Bereich von 1 bis 10 µs.

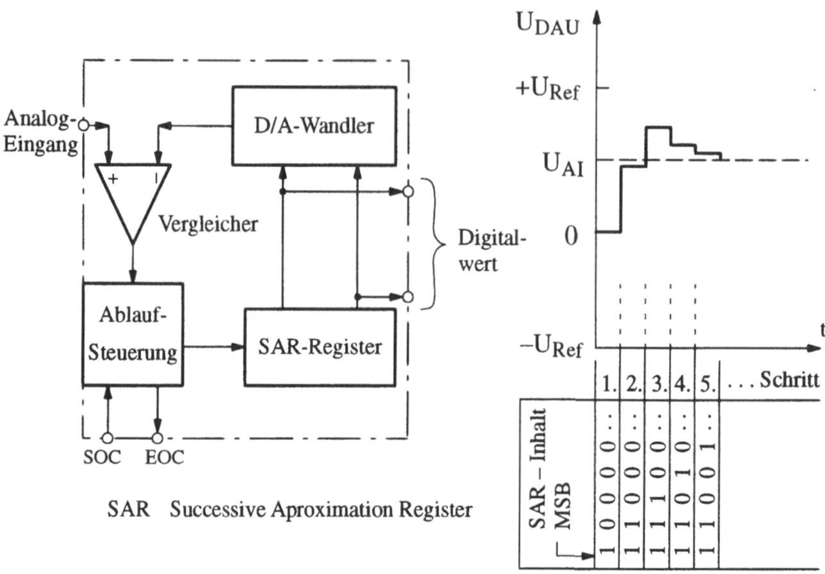

SAR   Successive Aproximation Register

Abb. 2.59: Prinzip des Wäge-Codierers (Sukzessive Approximation)

Bei diesen Zeitverhältnissen lohnt es sich nicht, die Wandlung zu starten und später auf eine Interrupt-Rückmeldung zu warten, da der durch die Interrupt-Bearbeitung hervorgerufene Overhead zu groß wäre. Hier bietet sich vielmehr die folgende Organisation an:

- Die Geräteadresse des Analogeingabe-Systems ist so organisiert, daß die niederwertigen Bit die Nummer des Analogkanals enthalten.
- Ein Einlese-Zyklus mit einer solchen Adresse führt dazu, daß die niederwertigen Bit an den Multiplexer übergeben werden, um den richtigen Analogkanal auszuwählen, der A/D-Wandler wird nach einer Einschwingzeit gestartet.
- Der Rechner-Zyklus wird durch das Auslösen von Warte-Zuständen solange verzögert, bis der Analog-Digital-Wandler das digitale Ergebnis erarbeitet hat.
- Die digitalisierten Daten werden an den Datenbus gelegt, die Rückmeldung an den Rechner schließt den Zyklus ab.

Dieser Lesezyklus, in welchem der Rechner hardwaremäßig blockiert ist, dauert also ca. 5 bis 10 µs. Auch bei dieser Interface-Technik kann es sinnvoll sein, ein Command/Status-Wort zu verwenden, etwa um Verstärkungsfaktoren einzustellen oder um Fehler (Bereichsüberschreitungen, nicht angeschlossene Leitungen) zurückzumelden.

Ähnliche Interface-Techniken werden zum Anschluß von A/D-Subsystemen eingesetzt, welche die digitalisierten Meßergebnisse zu jedem Zeitpunkt anbieten:

- Mit Tracking-A/D-Wandlern wird ein außen anliegendes Analog-Signal laufend verfolgt, wie in Abb. 2.60 dargestellt. Diese Technik benötigt für jeden Analogkanal einen eigenen Wandler, Ergebnisse stehen jederzeit zur Abfrage zur Verfügung (es gibt kein "Start Of Conversion"-Kommando).

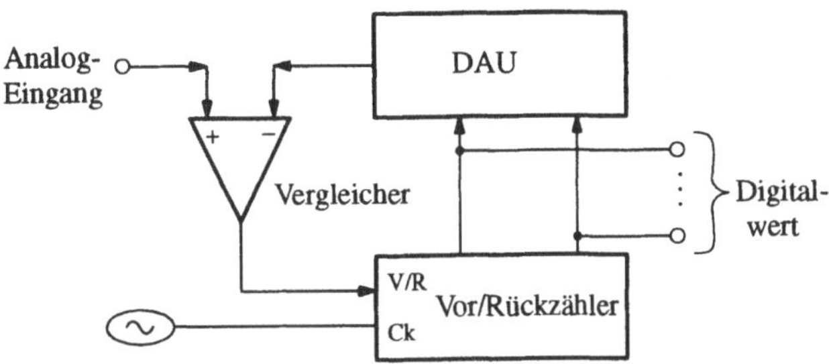

Abb. 2.60: Tracking-A/D-Wandler

- Manche Wandler-Systeme wandeln die Analog-Signale zyklisch und speichern die Digitalwerte in einem Dual-Port-RAM-Speicher ab, auf den der Rechner jederzeit zugreifen kann.

c) Hohe Wandlungsrate/schnelle Wandler

Sollen Meßwerte mit hoher Abtastrate und/oder zu extern festgelegten Abtastzeitpunkten (externer Takt) erfaßt werden, dann bietet sich der Einsatz von DMA-Kanälen an. Die Wandler werden durch einen internen oder externen Taktgenerator zyklisch angestoßen, nach Ende der Wandlung werden die Wandlungs-Ergebnisse in die Tabellen geschrieben, die durch den DMA-Kanal definiert sind. Diese Interface-Technik erlaubt die parallele Nutzung von mittelschnellen oder schnellen A/D-Wandlern und des Prozessors: Selbst bei Wandlungsraten von z.B. 250000 Samples/s und einer Zykluszeit von 400 ns führt dies nur zu einer Belastung des Speichers von 10%. Die bereits beschriebenen Techniken zur Verkettung von Tabellen spielen hier eine wichtige Rolle.

Sollen die Daten von mehreren Analog-Kanälen im DMA-Betrieb erfaßt werden, dann könnte die Erfassung der digitalisierten Daten in eine gemeinsame Tabelle erfolgen, das Auswerte-Programm muß die Zuordnung zu den Einzelkanälen vornehmen. Andernfalls muß für jeden Analogeingabe-Kanal ein eigener DMA-Kanal vorgesehen werden. Dies ist besonders dann interessant, wenn die Analog-Kanäle mit unterschiedlichen Abtast-Raten betrieben werden sollen.

Besonders schnelle Wandler sind die Parallel-Wandler oder Flash-Converter (Abb. 2.61). Solche Wandler sind mit 8 oder sogar 10 bit Genauigkeit verfügbar, auf diesen Bausteinen sind 255 bzw. 1023 Vergleicher untergebracht. Die Wand-

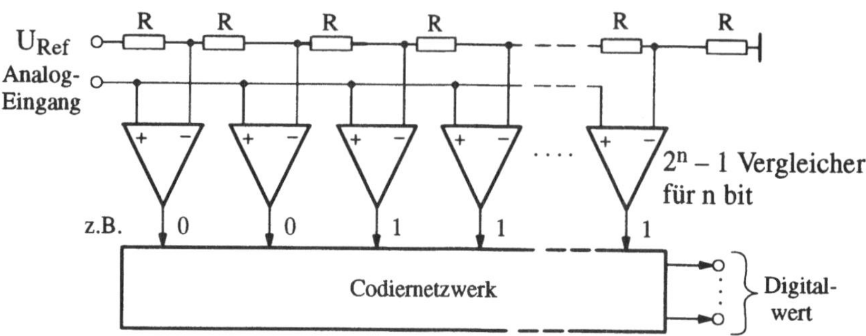

Abb. 2.61: Parallel-Wandler

lungszeit liegt zwischen 5 und 100 ns, Anwendungen gibt es vor allem im Bereich der Bildverarbeitung.

Sollen diese schnellen Wandler mit voller Geschwindigkeit betrieben werden, dann müssen für die Übergabe in den Speicher des Rechners besondere Interface-Techniken eingesetzt werden. So müssen mehrere digitalisierte Werte (von z.B. 8 bit) zu einem 32- oder 64-bit-Wort zusammengefaßt werden, und mehrere dieser Worte werden zwischengespeichert, so daß der Transfer zum Speicher im Burst-Mode erfolgen kann: Die technischen Eigenschaften der heutigen RAM-Bausteine erlauben dann eine deutlich höhere Übertragungsleistung. Sogenannte "Frame-Grabber", also Datenerfasssungs-Subsysteme zur Erfassung von Video-Bildsequenzen, erlauben Transfer-Leistungen von einigen 10 Mio Samples/s: Moderne Rechnersysteme ermöglichen es, mit einer Speicherbelastung von ca. 30% etwa 30 Mio Samples/s zu übertragen.

Eine wichtige Anwendung dieser Techniken sind auch die heutigen digitalen Oszillographen, welche unter Steuerung des Mikro-Prozeßrechners Abtastraten bis zu 200 Mio Samples/s beherrschen.

Eine ganz andere Interface-Technik wird eingesetzt, wenn im Rechner die *Klassifikation* von mit hoher Geschwindigkeit erfaßten Analogwerten erfolgen soll. In diesem Fall wird – wie in Abb. 2.62 dargestellt – der digitalisierte Analogwert als *Adresse* verwendet, die auf ein bestimmtes Element einer Tabelle zeigt. In dieser Tabelle wird die Häufigkeit dieses Meßwertes ermittelt, indem aus dieser Zelle Daten ausgelesen, inkrementiert und zurückgespeichert werden. Auf diese Weise bildet sich ein Histogramm, aus dem die Häufigkeitsverteilung der Amplitudenwerte ermittelt werden kann.

Analog/Digital-Wandler werden ähnlich spezifiziert wie Digital/Analog-Wandler. Auflösung und Genauigkeit haben dieselbe Bedeutung, Monotonität bedeutet hier, daß bei einem kontinuierlich veränderten Analogwert am Eingang jeder Digitalwert erreicht wird (no missing Codes). Für den Wandler muß der Spannungsbereich angegeben werden, der dem Vollausschlag des Digitalwerts entspricht. Auch hier gibt es unipolare und bipolare Versionen.

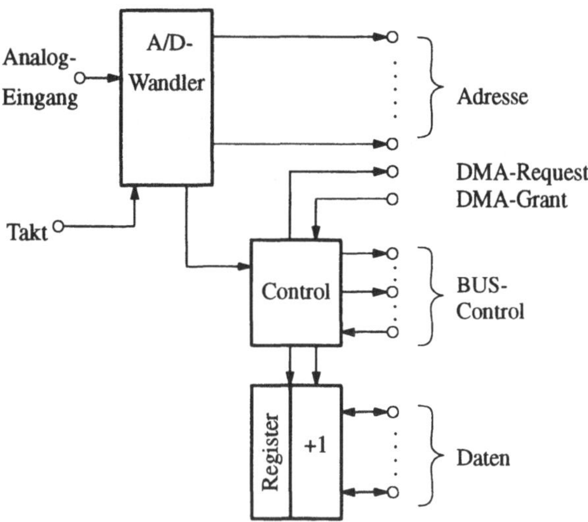

Abb. 2.62: DMA-Zugriff zur Ermittlung von Meßwert- Häufigkeitsverteilungen

Der *Sample- und Hold-Verstärker* stellt ein wichtiges Element für das Analog-eingabe-System dar. Dieser Verstärker hat die Aufgabe, den Analogwert für die Dauer der Wandlung festzuhalten. Da bei den meisten Verfahren für die A/D-Umsetzung innerhalb der Wandlungszeit der genaue Zeitpunkt der Wandlung nicht bestimmt ist, entsteht ein Zeit-Fehler, der recht groß werden kann, wenn die Signale schnell sind (Abb. 2.63). Aufgrund dieser zeitlichen Unsicherheit entsteht ein Amplituden-Fehler.

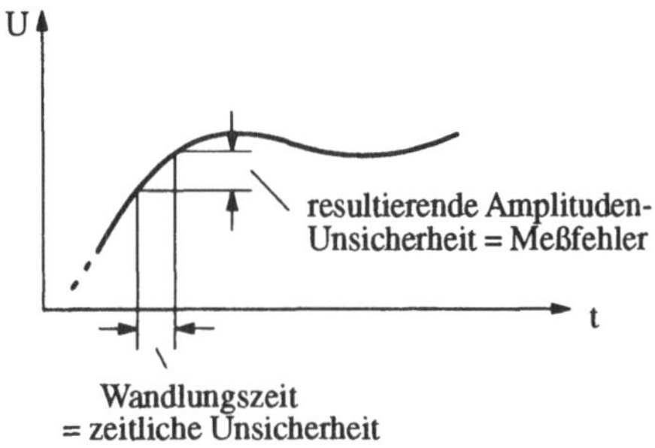

Abb. 2.63: Zeit- und Amplitudenunsicherheit bei der A/D-Wandlung

Abb. 2.64 zeigt die Grundschaltung des Sample- und Hold-Verstärkers. Über einen Eingangs-Verstärker wird für das Eingangs-Signal eine Impedanz-Wandlung durchgeführt. Ein nachfolgender Schalter (meist als Halbleiterschalter ausgeführt) kann digital angesteuert werden, sein Zustand definiert die Betriebsart des Sample- und Hold-Verstärkers:

- **Sample-Phase**: Hier wird der Schalter eingeschaltet, der Kondensator aufgeladen und über den geringen Innenwiderstand des Eingangs-Verstärkers rasch auf den Wert des Eingangs-Signals gebracht. Die Zeit, welche vom Übergang von "Hold" auf "Sample" maximal gebraucht wird, um den Kondensator mit der angegebenen Genauigkeit (z.B. 0,01%) auf den Wert der Eingangsspannung zu bringen (0,1 bis 50 µs), wird als *Akquisitionszeit* bezeichnet.

- **Hold-Phase**: Wird der Schalter geöffnet, dann bleibt die Spannung des Kondensators mit einer sehr geringen Abfall-Rate (drop-rate z.B. 1 mV/ms) stehen, da durch die hohe Impedanz des Ausgangs-Verstärkers eine RC-Kombination mit hoher Zeitkonstante entsteht. Die Öffnungszeit (aperture time) ist die verbleibende Zeitunsicherheit, die durch die Schaltzeit für den Übergang von Sample auf Hold entsteht (ca. 10 bis 50 ns).

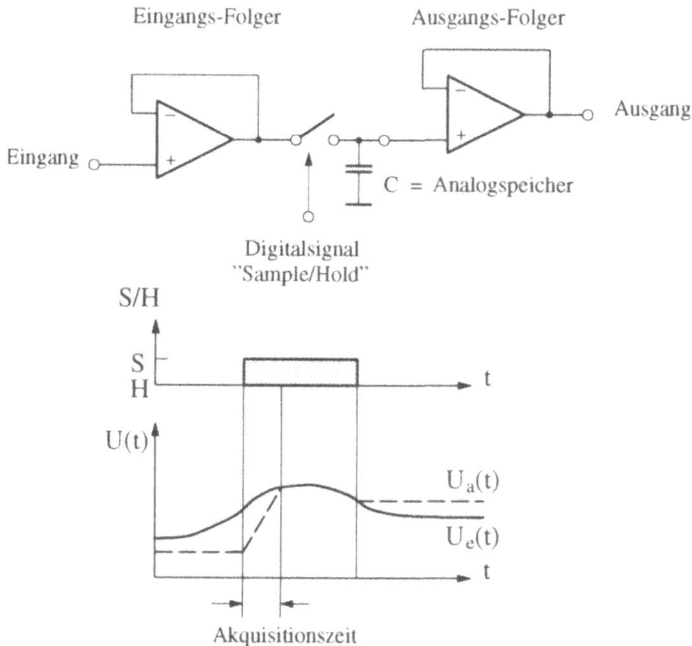

Abb. 2.64: Prinzipschaltbild und Zeitverhalten des Sample- und Hold-Verstärkers

Der Analog-Multiplexer ist die nächste Komponente im Analogeingabe-System. Er hat die Aufgabe, einen von n Kanälen an den Sample- und Hold-Verstärker durchzuschalten, wobei die Auswahl des Kanals unter Kontrolle der A/D-Steuerung erfolgt. Für diesen Multiplexer gibt es verschiedene Prinzipien:

- Relais-Schalter: Diese Schalter haben den Nachteil, daß sie langsam und wartungsanfällig sind, wegen der oft geringen Kontaktspannungen und -ströme gibt es zusätzlich Kontaktprobleme. Einige dieser Nachteile können durch die Verwendung von Quecksilber-benetzten Kontakten vermieden werden. Der

Vorteil der Relais-Schalter liegt darin, daß die Signale sauber durchgeschaltet werden können, daß sie also in durchgeschaltetem Zustand nahezu den Widerstand Null und im offenen Zustand nahezu den Widerstand Unendlich haben. Die Schaltzeiten liegen bei ca. 1 bis 10 ms.

- Flying-Capacitor-Prinzip: Auch hier werden Relais eingesetzt, wie Abb. 2.65 zeigt. Die Kondensatoren der n Analogeingänge liegen im Ruhezustand an den Eingangs-Signalen. Der Kondensator des zu messenden Kanals wird durch das Relais mit beiden Polen auf den Ausgang durchgeschaltet, wodurch die entsprechende Spannung am Ausgang des Multiplexers liegt. Das Verfahren hat den Vorteil einer völligen galvanischen Trennung von Eingangs- und Meßkreis und ist auch für sehr kleine Spannungen geeignet, wenn für die Umschaltung quecksilberbenetzte Kontakte eingesetzt werden.

- Halbleiter-Schalter: Aus Halbleiterschaltern (Feldeffekt-Transistoren) aufgebaute vollständige 16-Kanal-Multiplexer sind auf integrierten Schaltkreisen

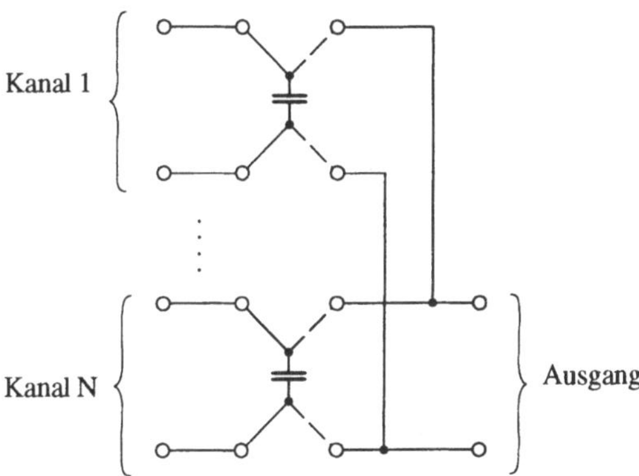

Abb. 2.65: Multiplexer nach dem "Flying-Capacitor"-Prinzip

verfügbar. Sie haben sehr kurze Schaltzeiten (50 bis 500 ns), die Widerstände bei durchgeschaltetem Kanal liegen zwischen 5 und 500 Ohm, bei ausgeschaltetem Kanal zwischen 10^8 und 10^{11} Ohm.

Für die galvanische Trennung von Analogeingabe-Signalen bieten sich folgende Möglichkeiten an:

- Differenzverstärker dienen zur Vermeidung von Erdschleifen. Potentiale, die sowohl auf der Signal- als auch auf der Rückleitung auftreten, können bis zu etwa +/- 30 Volt vom Verstärker ausgeglichen werden (Common Mode Rejection, CMR).
- Trennverstärker, wie sie in Abschnitt 2.4.4 dargestellt waren, lassen sich auch auf der Eingabeseite einsetzen (Chopper-Prinzip, Opto-Koppler).
- Beim Einsatz von V/F-Umsetzern können die Zählimpulse über einen digitalen Opto-Koppler übertragen werden, die nachgeschaltete Zähl-Logik liegt auf dem Potential des Rechners.

- Galvanische Trennung im Dual-Slope-Converter. Hier wird die Tatsache ausgenutzt, daß nur zwei digitale Signale erforderlich sind, um den Analog- und den Digital-Teil dieses Wandlers zu verbinden (Abb. 2.58). Auch hier kann diese Verbindung über Opto-Koppler ausgeführt werden.
- Schließlich ist die bereits vorgestellte Flying Capacitor-Multiplexer-Schaltung zur galvanischen Entkopplung geeignet.

Zusätzlich zu den bisher beschriebenen Komponenten der Analogeingabe-Systeme müssen anwendungsabhängig häufig zusätzliche Komponenten eingesetzt werden:

- Manche Anwendungen erfordern eine exakt gleichzeitige Erfassung mehrerer Analog-Kanäle. In diesem Fall muß jedem Kanal vor dem Multiplexer ein eigener Sample- und Hold-Verstärker zugeordnet werden. Alle Verstärker werden gleichzeitig von "Sample" auf "Hold" umgeschaltet, die gespeicherten Analog-Signale können dann sequentiell vom Multiplexer übernommen werden.
- Differenzverstärker können entweder pro Kanal vor dem Multiplexer angeordnet sein, oder es müssen sowohl die Signal- als auch die Rückleitung über je einen Multiplexer zu einem gemeinsamen Differenzverstärker durchgeschaltet werden. Mit diesem Verstärker kann auch die Anpassung der Eingangs-Signalpegel an den Meßbereich des A/D-Wandlers vorgenommen werden.
- Mit programmierbaren Verstärkern kann der Signalpegel des Eingangssignals an die Pegel des Wandlers angepaßt werden. Die Einstellung des Verstärkungsfaktors kann entweder unter Kontrolle des Rechners erfolgen oder vom Verstärker selbst durchgeführt werden (Autoranging).
- Gelegentlich muß der Gipfelwert eines schnellen Spannungsverlaufs über der Zeit ermittelt werden. Peak-Detektoren verhalten sich ähnlich wie Sample- und Hold-Verstärker, nur erfolgt das Aufladen des Kondensators über eine Diode – das bedeutet, daß am Kondensator jeweils der höchste entstandene Analogwert erhalten bleibt.
- Antialiasing-Filter: Die maximale Abtastrate der A/D-Wandler macht es häufig erforderlich, Signale mit höheren Frequenzanteilen so zu filtern, daß kein Aliasing-Effekt entsteht. Die Grenzfrequenzen der entsprechenden Tiefpaß-Filter müssen dabei tiefer liegen als die durch das Abtasttheorem gegebenen Grenzen.
- Überspannungsschutz: Signalleitungen, welche mit dem Prozeß in Berührung kommen, müssen gegen zufällige Überspannungen geschützt werden. Abb. 2.66 zeigt eine derartige Schaltung: Der Widerstand R wirkt im Normalbetrieb wie eine Sicherung - da der Widerstand klein ist gegen den Eingangswiderstand der Meßanordnung, haben weder die Schutzdioden noch der Widerstand einen Einfluß auf das Analogsignal. Bis zu der maximalen Überspannung, die durch die maximal mögliche Leistungsaufnahme des Widerstands gegeben ist, werden Überspannungen durch die Ableitung der Ströme auf die beiden Spannungsversorgungen zerstörungsfrei abgefangen. Erst wenn die Grenzleistung des Widerstands erreicht ist, wird der Widerstand zerstört. Die nachfolgenden

Analogeingänge bleiben also intakt. Diese Schaltungskombination ist häufig bereits in hochintegrierten Multiplexer-Bausteinen enthalten.

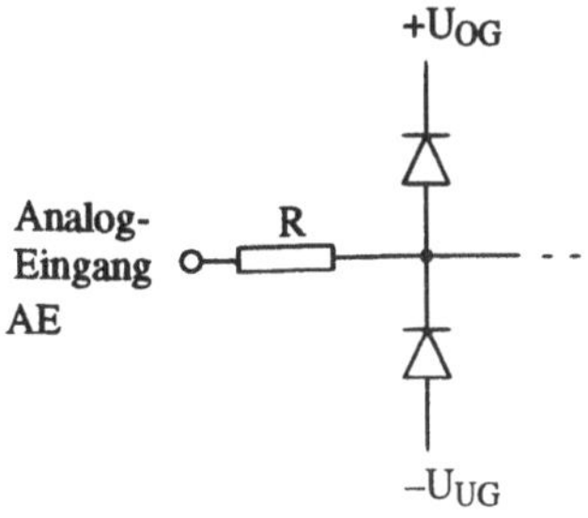

Bis

$$- U_{UG} - \sqrt{P_R \cdot R} \le U_{AE} \le U_{OG} + \sqrt{P_R \cdot R}$$

wird R nicht zerstört.

Außerhalb (P_R = max. Leistung von R) wird R als "Sicherung" zerstört.

Abb. 2.66: Überspannungs-Schutz

2.4.6   Echtzeituhren

Echtzeituhren haben in Prozeßrechnern die Aufgabe, dem System ein "Zeitgefühl" zu geben. Beispiele für ihre Anwendung sind:

- Weckaufrufe für Rechenprozesse, die zu bestimmten Zeiten oder in definierten Zeitintervallen ausgeführt werden müssen.
- Abtast-Zeitpunkte für analoge oder digitale Zustandsgrößen im technischen Prozeß.
- Zeitüberwachung für Vorgänge in Hardware und Software, welche als besonders wichtiges Mittel zur Fehlererkennung dient.
- Uhrzeitbestimmungen, z.B. bei Störmeldungen.

Prozeßrechner verfügen – wie die meisten anderen Rechner auch - über einen Absolutzeitgeber, der Datum und Uhrzeit bereitstellt. Die Realisierung erfolgt heute über batteriegepufferte, quarzgesteuerte CMOS-Uhrenbausteine, die einmal eingestellt werden und dann mit sehr hoher Genauigkeit arbeiten. Mit dem Einschalten des Rechners steht auch diese Zeit zur Verfügung.

Relativzeitgeber erlauben die Einstellung einer Differenzzeit, nach deren Ablauf der Rechner durch eine Programmunterbrechung in die Lage versetzt wird, z.B. einen bestimmten Rechenprozeß zu starten. Folgende Realisierungsvarianten stehen dabei zur Verfügung:

- Netzgesteuerte Uhr: Aus dem Netzteil wird ein Signal abgeleitet, welches z.B. beim Anstieg der Wechselspannung getriggert wird und damit zyklisch alle 20 ms entsteht. Dieses Signal löst eine Programmunterbrechung aus, die Verwaltung der Zeiten erfolgt in einer Uhren-Routine per Software. Vorteile dieser Technik sind die sehr einfache Realisierung und die hohe Genauigkeit der Zeitbasis, nachteilig ist die geringe Zeitauflösung und die starre Phasenkopplung des Zeitsignals.

- Quarzgesteuerter Relativzeitgeber: In Abb. 2.67 ist ein quarzgesteuerter Zeitgeber dargestellt, bei welchem aus einem Grundtakt durch einen Binärteiler zunächst eine Zeitbasis abgeleitet wird, welche einen voreinstellbaren Zähler rückwärts zählt. Damit können die Zeitgrößenordnung und die Anzahl dieser Zeit-Einheiten (gewissermaßen Exponent und Mantisse) voreingestellt werden. Mit dem Erreichen des Wertes "0" wird eine Programmunterbrechung ausgelöst. Heute sind oft mehrere solcher Zeitgeber (Timer) in einem einzigen integrierten Schaltkreis zusammengefaßt.

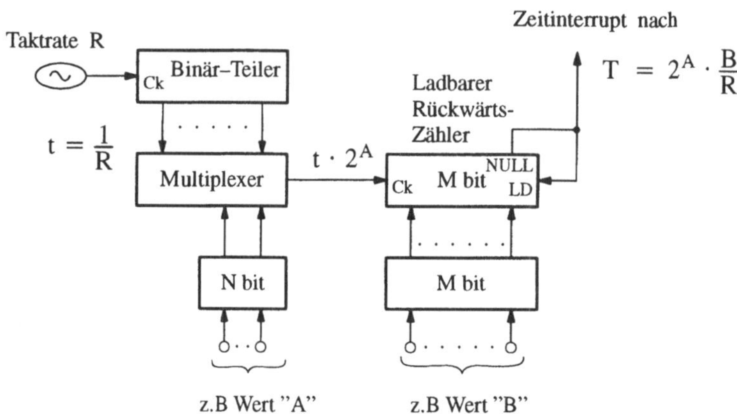

$$t = \frac{1}{R}$$

$$t \cdot 2^A$$

$$T = 2^A \cdot \frac{B}{R}$$

Abb. 2.67: Quarzgesteuerter Differenzzeitgeber

Eine besondere Aufgabe ist die Synchronisierung von Uhren in verteilten Rechnersystemen. Für manche Anwendungen ist es wichtig, die Reihenfolge von Ereignissen im technischen Prozeß festzuhalten: Man erreicht dies, indem man jedem Ereignis einen Zeit-Stempel mitgibt und diese Zeiten sortiert. Wenn nun aber die Uhren der Einzel-Rechner nicht synchron laufen, würde auf falsche Ereignis-Folgen geschlossen werden. Die Synchronisierung dieser Uhren erfolgt durch den Austausch von Synchronisationsnachrichten zwischen den Rechnerknoten. Hierfür sind spezielle Techniken und sogar hochintegrierte Bausteine entwickelt worden /20/. Auch Funkuhren (DCF77) werden zur Synchronisierung in verteilten Systemen eingesetzt.

2.4.7   Prozeßverkabelung

In klassischen, zentral organisierten Prozeßrechnersystemen mußten oft einige 10000 Meß- und Steuerpunkte verkabelt werden, wobei Störeinflüsse insbesondere auf Analogsignale mit geringem Signalpegel beachtet werden mußten. Neben den Kosten für die Kabel selbst und die Verkabelungsarbeiten nahmen vor allem auch die Projektierungskosten einen erheblichen Umfang an. Dies ist ein wesentlicher Grund für die in Abschnitt 2.1 dargestellte Dezentralisierung der

Prozeßperipherie, durch welche die Zahl der Signalleitungen an einem Punkt und die mittlere Länge der Leitungen deutlich reduziert werden kann.

Die Auswahl der Kabel muß in Abhängigkeit von den zu erwartenden Störungen aus der Umgebung des technischen Prozesses erfolgen. Dabei muß man mit folgenden Störungen rechnen:

- elektrische Störungen, die zu kapazitiven Einkopplungen führen,
- magnetische Störungen, die durch Schaltvorgänge im Prozeß oder auch durch parallel im Kabelschacht verlegte Kabel induktiv auf die Meßleitungen aufgeprägt werden,
- Hochfrequenzstörungen, besonders wenn im technischen Prozeß Hochfrequenz-Generatoren zur Wärmeerzeugung eingesetzt werden,
- elektrostatische Störungen, die wegen der hohen Spannungen gerade bei schnellen Schaltkreisen Störungen oder gar Zerstörungen zur Folge haben können.
- Störungen durch Erdschleifen, die nur durch eine sehr sorgfältige Planung der Masseführung vermieden werden können.

Folgende Kabeltypen stehen – in der Reihenfolge von der preiswertesten zur aufwendigsten Ausführung – zur Auswahl:

- Ungeschirmte Einzeladern, auf welche alle oben erwähnten Störungen direkt einwirken. Bei sehr langsamen Signalen genügen solche Einzeladern, da man schnellere Störsignale mit einem einfachen Tiefpaß ausfiltern kann.
- Geschirmte Einzeladern: Der Schirm schützt vor elektrischen und elektrostatischen sowie vor Hochfrequenzstörungen. Die Erdung des Schirms muß sehr sorgfältig vorgenommen werden. Sie sollte entweder beim Rechner oder (besser) beim Meßwertgeber, in keinem Fall aber an beiden Enden erfolgen: Sonst fließen im Schirm Erdpotential-Ausgleichsströme, welche das Meß-Signal beeinflussen.
- Ungeschirmte, verdrillte Adern: Gegeneinander verdrillte Adernpaare führen zu einer weitgehenden Ausschaltung der von außen kommenden Störungen: Durch eine hohe Schlagzahl (Zahl der Verdrillungen pro Längeneinheit) wird erreicht, daß sich auch bei großen räumlichen Gradienten der externen Störung diese weitgehend kompensieren.
- Gemeinsam geschirmte, verdrillte Adern: Ein gemeinsamer Schirm kann zusätzlich Störschutzfunktionen übernehmen, wenn die oben erwähnten Richtlinien zu seiner Erdung beachtet werden. Häufig gibt es bereits verlegte Kabel, z.B. aus dem Telefonnetz, von denen einzelne Adernpaare genutzt werden sollen: Laufen Verbindungen von amtsberechtigten Nebenstellenanlagen über denselben Kabelstrang, dann müssen dabei bestimmte postalische Randbedingungen, z.B. bezüglich der maximal zulässigen Signalleistung eingehalten werden.
- Einzelgeschirmte, verdrillte Adern stellen den besten, aber auch den aufwendigsten Kabeltyp dar. Auch Übersprechstörungen zwischen Signal- und Steuerkabeln im selben Kabelstrang werden dadurch weitgehend vermieden.

Abb. 2.68 zeigt das klassische Verkabelungsschema, bei welchem die Signale von der Prozeßperipherie zunächst auf einen Rahmenverteiler (Verkehrsverteiler, Rangierverteiler) geführt werden. Von dort werden die Prozeßsignale zum Ort der Entstehung herangeführt.

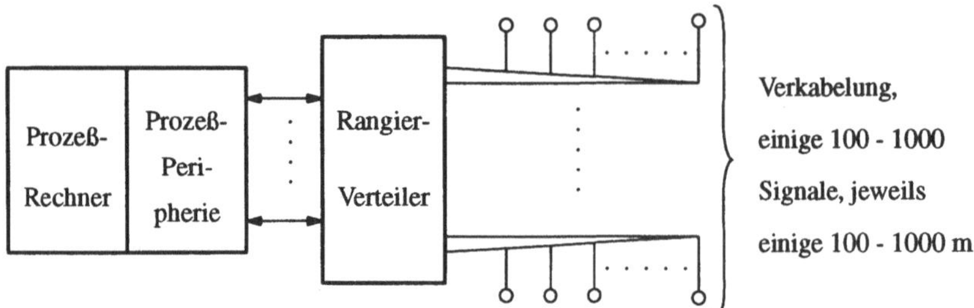

Abb. 2.68: Klassische Prozeß-Verkabelung

Der bereits erwähnte Übergang zu dezentral angeordneter Prozeßperipherie vollzieht sich in zwei Stufen:

- Über Unterstationen, welche über einen Prozeßbus mit übergeordneten Prozeßrechnern verbunden sind, werden typisch einige 100 Signale an den Prozeß ausgegeben bzw. von diesem aufgenommen. Diese Unterstationen werden physikalisch dort angeordnet, wo die Entfernungen zu den Sensoren und Aktoren im Mittel am geringsten sind.
- Noch weitergehend ist das Feldbus-Konzept, bei welchem über intelligente Anschluß-Module einige wenige (z.B. zwei oder vier) Prozeßsignale übernommen oder ausgegeben werden. Die eigentliche Verkabelung erfolgt über den digitalen Feldbus.

In Zukunft ist damit zu rechnen, daß viele Sensoren und Aktoren, wie sie zur Prozeß-Instrumentierung verwendet werden, bereits über einen integrierten Feldbus-Anschluß verfügen. Voraussetzung hierfür ist die Standardisierung dieses Bussystems. Die Prozeß-Verkabelung reduziert sich damit auf die Installation des Feldbusses zwischen den betroffenen Aktoren und Sensoren.

Es ist klar, daß die Prozeß-Verkabelung auf diese Weise sehr viel einfacher durchführbar ist, daß die Projektierungskosten deutlich geringer sind und daß auch die Zuverlässigkeit der Prozeß-Verkabelung durch die gewählte digitale Übertragungstechnik besser ist. Auch die Inbetriebnahme wird durch die Zergliederung in kleinere Subsysteme einfacher.

2.5 Zuverlässigkeit und Sicherheit

2.5.1 Verfügbarkeit

Besonders hohe Anforderungen werden an die System-Zuverlässigkeit von Prozeßrechnern gestellt, da mit dem Rechnerausfall meist auch ein Produktionsausfall und hohe Kosten verbunden sind. Gegenüber klassischen Instrumentierungsverfahren ergibt sich bei prozeßrechnergesteuerten Anlagen das zusätzliche Problem, daß die ordnungsgemäße Bearbeitung vieler Aufgaben von der Funktionsfähigkeit eines Elements abhängt.

Zuverlässigkeit ist "die Fähigkeit einer Betrachtungseinheit, innerhalb der vorgegebenen Grenzen denjenigen durch den Verwendungszweck bedingten Anforderungen zu genügen, die an das Verhalten ihrer Eigenschaften während der gegebenen Zeitdauer gestellt sind" (DIN 40041).

Ein System kann sich zu einem gegebenen Zeitpunkt entweder im Zustand "funktionsfähig" befinden oder im Zustand "ausgefallen". Im allgemeinen wird man im ausgefallenen Zustand versuchen, das System durch Reparatur wieder in den funktionsfähigen Zustand zu bringen. Man spricht daher auch von Reparatur-Zustand, wobei zur Reparatur auch die Zeit zählt, in welcher der Fehler festgestellt und identifiziert wird.

Abb. 2.69 gibt beispielhaft den Zeitverlauf des Systemzustands wieder. Die "Zeit zwischen Ausfällen" (Time Between Failures, TBF) beschreibt den funktionsfähigen Zustand, die "Zeit zur Reparatur" (Time To Repair, TTR) gibt an, nach welcher Zeit das System wieder betriebsbereit ist. Geht man davon aus, daß die Wahrscheinlichkeit, in welchem der beiden Zustände sich das System befindet, nicht von der Zeit abhängt (stationäres System), und mittelt man die Betriebs- und Ausfallzeiten über viele Betriebs-/Reparaturzyklen, so erhält man die *"Mean-Time To Repair"* MTTR und die *"Mean-Time Between Failures"* MTBF.

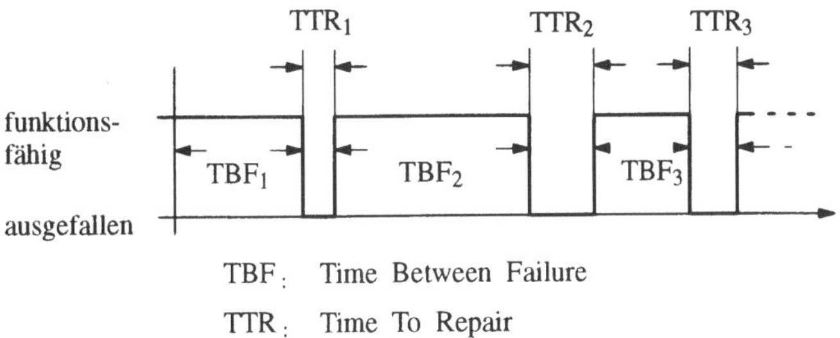

Abb. 2.69: Zeitverlauf des Systemzustands

Möchte man mit Wahrscheinlichkeiten beschreiben, in welchem der beiden Zustände sich das System zu einem beliebigen Zeitpunkt befindet, dann findet man:

$$\text{Verfügbarkeit} \quad p = \frac{\text{MTBF}}{\text{MTTR} + \text{MTBF}} \quad \text{und}$$

$$\text{Unverfügbarkeit} \quad q = \frac{\text{MTTR}}{\text{MTTR} + \text{MTBF}}$$

$$\text{mit} \quad p + q = 1$$

Unter Verfügbarkeit (genauer: Dauerverfügbarkeit) versteht man also die Wahrscheinlichkeit dafür, daß sich das System im funktionsfähigen Zustand befindet, die Unverfügbarkeit charakterisiert die Wahrscheinlichkeit für den ausgefallenen Zustand.

Der Kehrwert der MTBF wird als mittlere Ausfallrate λ bezeichnet, er charakterisiert die pro Zeiteinheit im Mittel erwartete Zahl von Ausfällen. Geht man von einem völlig zufälligen Auftreten der Ausfälle aus, dann beschreibt die negativ exponentielle Verteilung die zeitlichen Abstände zwischen zwei Ausfällen:

$$\phi(t) = \lambda \cdot e^{-\lambda t}$$

Eine analoge Betrachtung läßt sich auch für die Reparaturzeit MTTR anstellen, die Reparaturrate ϱ ist gleich dem Kehrwert der MTTR.

Das Zustandsdiagramm in Abb. 2.70a beschreibt, wie das gesamte System aus dem Zustand "funktionsfähig" mit der Ausfallrate λ in den ausgefallenen Zustand, von dort mit der Reparaturrate ϱ wieder in den funktionsfähigen Zustand gelangt.

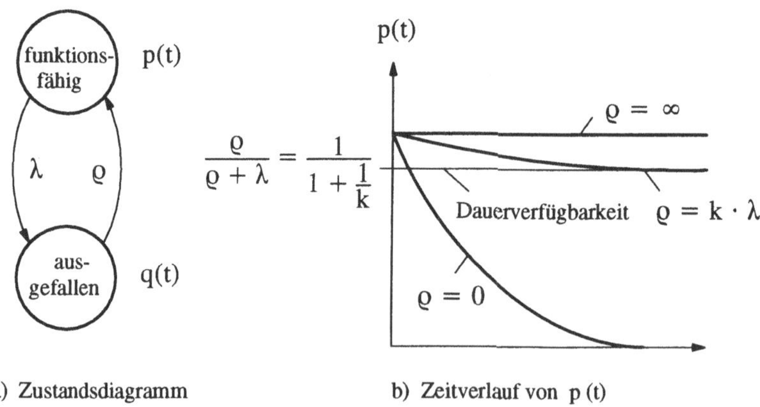

a) Zustandsdiagramm	b) Zeitverlauf von p (t)

Abb. 2.70: Zur Verfügbarkeitsfunktion

Mit λ und ϱ sind Änderungsgeschwindigkeiten für Zustandswahrscheinlichkeiten bezeichnet, so daß sich folgende Differentialgleichung ergibt:

$$\frac{dp(t)}{dt} = -\lambda\, p(t) + \varrho\, q(t)$$

und mit $q(t) = 1 - p(t)$

$$\frac{dp(t)}{dt} = \varrho - (\lambda + \varrho)\, p(t)$$

$p(t)$ ist wieder die Verfügbarkeit, jetzt in Abhängigkeit von der Zeit, $q(t)$ die Unverfügbarkeit. Untersucht man den Zeitverlauf von $p(t)$ direkt nach Abschluß einer Reparatur (Anfangswert $p(0) = 1$), dann ergibt sich aus der Lösung dieser Differentialgleichung folgende Beziehung:

$$p(t) = \frac{\varrho}{\varrho + \lambda} + \frac{\lambda}{\varrho + \lambda}\, e^{-(\varrho + \lambda)\, t}$$

Betrachtet man die Verfügbarkeitsfunktion für verschiedene Werte der Reparaturrate ϱ, so erkennt man aus Abb. 2.70b folgende Fälle:

- Für $\varrho = 0$ ist überhaupt keine Reparatur möglich, die Verfügbarkeitsfunktion nähert sich asymptotisch dem Wert 0. Dies entspricht einer unendlich großen MTTR, die Dauerverfügbarkeit wird Null. Solche nicht-reparaturfähigen Systeme findet man etwa im Weltraum.
- Im Normalfall wird $\varrho = k \cdot \lambda$ mit k etwa 100 (Reparaturzeit etwa 1% der mittleren Zeit zwischen zwei Ausfällen). Die Verfügbarkeit nähert sich hier asymptotisch einem Grenzwert, der Dauerverfügbarkeit.
- Die Angabe "$\varrho = \infty$" bedeutet, daß die Reparatur in der Zeit 0 ausgeführt werden kann, die Verfügbarkeitsfunktion bleibt bei $p(t) = 1$.

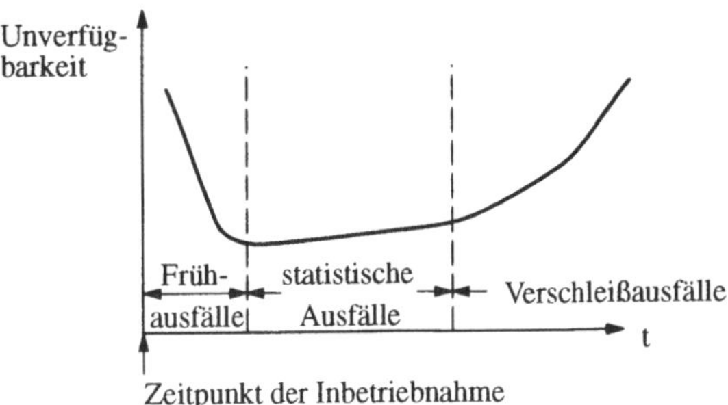

Abb. 2.71: Zeitverlauf der Unverfügbarkeit ("Badewannenkurve")

Die oben angenommene Stationarität gilt nur in erster Näherung. Realistischer ist die in Abb. 2.71 wiedergegebene "Badewannen-Kurve". Typisch sind die Frühausfälle, welche durch schlechte Bauelemente, durch Verbindungsfehler beim Löten oder in Steckkontakten hervorgerufen werden. Kurz nach Inbetriebnahme eines Systems ist einerseits die MTBF kürzer, andererseits die MTTR größer, da sich das Wartungspersonal erst mit der Anlage vertraut machen muß. Die Unverfügbarkeit erreicht dann ein Minimum (Boden der Badewanne), danach steigt sie langsam wieder an, wenn einerseits die Lebensdauer der Bausteine erreicht wird und andererseits das Wartungspersonal mit den Fehlersituationen nicht mehr so vertraut ist. ϱ und λ sind daher über längere Zeitperioden betrachtet zeitabhängige Funktionen.

Ein Rechnersystem besteht im allgemeinen aus mehreren Systemkomponenten, welche alle funktionsfähig sein müssen, damit das Gesamtsystem betriebsfähig ist. Man spricht hier von einer *Serienschaltung* der Systemkomponenten (Abb. 2.72a): Der Ausfall *eines* Bausteins führt zum Ausfall des Gesamtsystems. Sind

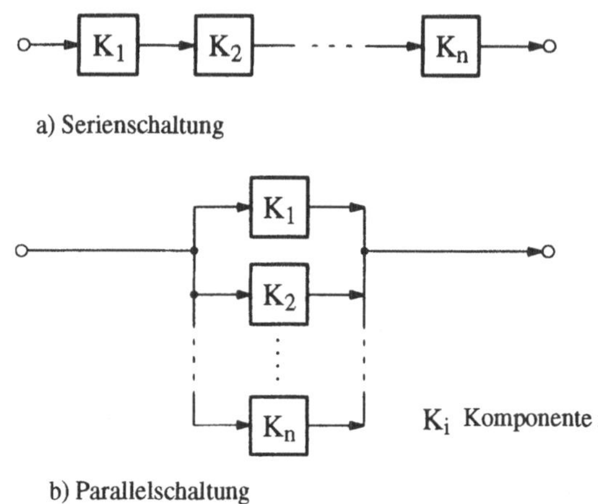

a) Serienschaltung

b) Parallelschaltung

Abb. 2.72: Serien- und Parallelschaltung von Komponenten

die Einzelkomponenten voneinander statistisch unabhängig, dann gilt für die Verfügbarkeit des Gesamtsystems:

$$P_{gesamt} = \prod_{i=1}^{n} P_i$$

wenn P_i die Verfügbarkeit der Komponente K_i ist. Da diese P_i im allgemeinen sehr nahe bei 1 liegen, findet häufig folgende Näherung Anwendung:

$$P_{gesamt} = 1 - q_{gesamt} = \prod_{i=1}^{n}(1 - q_i) \approx 1 - \sum_{i=1}^{n} q_i$$

$$\text{oder}: \quad q_{gesamt} \approx \sum_{i=1}^{n} q_i$$

Näherungsweise ergibt sich damit die Unverfügbarkeit des Gesamtsystems aus der Summe der Einzel-Unverfügbarkeiten.

Sind die Ursachen, welche zum Ausfall von Einzelkomponenten führen, voneinander statistisch unabhängig, dann ist es einleuchtend, daß die Gesamtausfallrate gleich der Summe der Einzelausfallraten ist:

$$\lambda_{gesamt} = \sum_{i=1}^{n} \lambda_i$$

Da die Ausfallraten Kehrwerte der MTBF sind, ist die Gesamt-MTBF einer derartigen Serienschaltung

$$MTBF_{gesamt} = \frac{1}{\sum_{i=1}^{n} \frac{1}{MTBF_i}}$$

Eine ausführliche Behandlung der Zuverlässigkeitstheorie, zahlreiche quantitative Angaben und Rechenverfahren findet man in /21/.

2.5.2   Maßnahmen zur Zuverlässigkeitsverbesserung

Die Funktionsfähigkeit von Prozeßrechnersystemen wird durch zwei Arten von Einflüssen beeinträchtigt /2/:

- *Fehler* entstehen durch menschliche Fehlermechanismen beim Entwurf, der Realisierung und der Benutzung des Systems. Beispiele hierfür sind:

  - Spezifikationsfehler

  - Hardware/Software-Entwurfsfehler   (z.B.   unsaubere   Synchronisation, "races")

  - Fehler im Hardware-Aufbau oder bei der Codierung, Dokumentationsfehler

  - Bedienfehler

  - absichtliche Fehler (Vandalismus, Sabotage).

- *Ausfälle* entstehen durch physikalische oder chemische Ausfallmechanismen oder andere externe Einflüsse. Man unterscheidet zwischen permanenten Ausfällen (z.B. durch Bauelemente-Ausfälle) und transienten Ausfällen, wie sie etwa durch externe Störungen oder den Betrieb des Systems in einem Grenzbereich (z.B. Temperatur, Versorgungsspannung) entstehen.

Ein erster Ansatz zur Verringerung dieser Fehler- und Ausfall-Ursachen und damit zur Zuverlässigkeitsverbesserung besteht darin, Fehler und Ausfälle zu *vermeiden* oder doch möglichst gering zu halten. So gibt es für den Entwurf von Hardware und Software Techniken, mit denen man die Wahrscheinlichkeit für Entwurfsfehler deutlich reduzieren kann: Beispiele sind etwa die Techniken zur Programm- oder Schaltungs-Verifikation oder automatische Techniken zur Umsetzung von Spezifikationen in Hardware- und Software-Entwürfe (z.B. "Silicon Compiler" oder Programm-Transformationen).

Auch die Wahrscheinlichkeit für den Ausfall von Hardware-Komponenten kann durch konstruktive Maßnahmen und durch vorbeugende Wartung deutlich reduziert werden:

- Alle Elektronik-Baugruppen müssen über eine ausreichende mechanische Festigkeit verfügen, so daß mechanische Bewegungen etwa durch Vibrationen nicht zum Bruch von Drähten oder Leiterbahnen führen können. Große Leiterplatten sollten mechanisch versteift sein.
- Durch Lackieren und Vergießen von Baugruppen auf Leiterplatten wird eine weitere mechanische Fixierung erreicht.
- Steckkontakte bilden die häufigste Ursache für Ausfälle. Die Zahl der Steckkontakte sollte daher minimiert werden: Bei vielen Prozeßrechnern läßt sich die Tendenz zu großen Leiterplatten beobachten, hierdurch wird die Gesamtzahl der Platinen und damit der verwendeten Kontakte reduziert.
- Von den Bauelemente-Herstellern werden Bauelemente unterschiedlicher Zuverlässigkeits-Klassen angeboten, wobei höhere Zuverlässigkeiten durch umfangreiche Alterungsprozesse und harte Testverfahren erreicht werden.
- Die meisten elektronischen Baugruppen sind gegen den Einfluß von Eigen- und Fremdwärme empfindlich. Durch eine ausreichende Belüftung und einen ausgeglichenen Wärmehaushalt kann das gesamte System gegen diese Wärmeeinflüsse geschützt werden.
- Vorbeugende Wartung: Abb. 2.73 zeigt, wie die Verfügbarkeitsfunktion sich asymptotisch der Dauerverfügbarkeit nähert. Durch die vorbeugende Wartung kann verhindert werden, daß die Verfügbarkeit an diese Asymptote gelangt, die mittlere Verfügbarkeit wird deutlich größer.

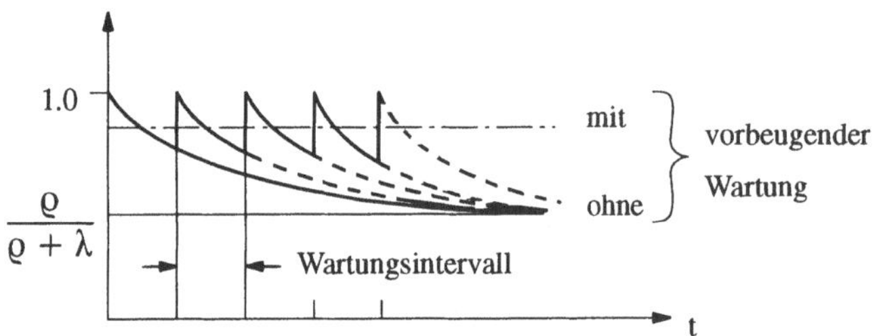

Abb. 2.73: Verbesserung der Verfügbarkeit durch vorbeugende Wartung

Für manche Prozeßrechnersysteme gibt es spezielle Versionen, welche für den schwerindustriellen oder auch militärischen Einsatz besonders geeignet sind (Ruggidized Versions). Durch eine geeignete Kombination der oben erwähnten Maßnahmen kann die Unverfügbarkeit um den Faktor 10 reduziert werden: Der dazu erforderliche technische und finanzielle Aufwand ist allerdings sehr hoch.

Der zweite Ansatz zur Zuverlässigkeitsverbesserung liegt darin, Fehler und Ausfälle zu *tolerieren*. Die Struktur eines Gesamt-Prozeßrechnersystems ist also so auszulegen, daß auch beim Ausfall jeder beliebigen Komponente die Funktion des Gesamtsystems sichergestellt bleibt. Dies gelingt nur durch die Einführung von Redundanz, also von zusätzlichen Baugruppen oder Subsystemen, welche im fehlerfreien Fall eigentlich überflüssig, "redundant" sind. Im Zuverlässigkeits-Schaltbild stellt sich eine redundante Komponente als Parallelschaltung dar: Abb. 2.72b zeigt dies mit n-1 redundanten Komponenten. Diese Parallelschaltung bedeutet, daß das System auch dann noch funktionsfähig ist, wenn mindestens eine dieser n Komponenten ordnungsgemäß arbeitet. Die Unverfügbarkeit dieser Parallelschaltung ergibt sich aus:

$$q_{gesamt} = \prod_{i=1}^{n} q_i$$

Da die Unverfügbarkeiten der einzelnen Komponenten sehr klein gegen Eins sind, wird die Unverfügbarkeit des Gesamtsystems um Größenordnungen geringer. Für ein Doppelsystem, dessen Bausteine die Unverfügbarkeit 1% haben, sinkt die Gesamt-Unverfügbarkeit auf 0,01%. Die Parallelschaltung führt also zu einer Verbesserung der Systemzuverlässigkeit.

Voraussetzung für diese Wahrscheinlichkeitsbetrachtungen ist, daß die Ausfälle der einzelnen Systemkomponenten nicht voneinander abhängig sind. Diese Bedingung ist nicht für alle Ausfallursachen erfüllt: So führt etwa ein Spannungsausfall auch bei einem Doppelsystem zur Funktionsunfähigkeit, Ausfälle durch Blitzeinwirkungen werden sich mit hoher Wahrscheinlichkeit auf mehrere Komponenten auswirken. Besondere Beachtung verdient außerdem die zusätzliche Koppel-Elektronik, welche für die physikalische Ausführung der Parallelschaltung benötigt wird. An der Stelle, an der die System-Bausteine zusammengeführt werden, muß die Verfügbarkeit besonders hoch sein.

Bei komplexen Komponenten muß außerdem eine Aussage darüber gemacht werden, wie sich ausgefallene Komponenten verhalten. Ideal ist die Situation, wenn eine Komponente im Fehlerfall überhaupt keine Wirkungen mehr nach außen hat ("fault silent"). Wenn eine Komponente jedoch weiterarbeitet und z.B. falsche Ergebnisse liefert, dann kann die Fehler-Erkennung sehr schwierig sein, insbesondere besteht die Gefahr, daß Fehler erst lange Zeit nach ihrem Auftreten entdeckt werden (Fehlerlatenzzeit). Manche Konzepte (vgl. Abschnitt 2.5.3) gehen davon aus, daß eine Aufgabe (Rechenprozeß), deren Funktionsträger (Prozessor) ausfällt, von einem anderen Prozessor übernommen wird. In diesem Fall besteht die Notwendigkeit, die inneren Zustände dieses Rechenprozesses an den neuen Funktionsträger zu übergeben.

Bei allen technischen Realisierungen führt auf Grund dieser Ursachen die Parallelschaltung zu einer zusätzlichen seriellen Komponente, die ebenfalls funktionsfähig sein muß, wenn das Gesamtsystem arbeitsfähig bleiben soll. Abb. 2.74 zeigt, daß dann die Verfügbarkeit dieser Koppel-Komponente die Gesamtverfügbarkeit bestimmt.

Aus Verfügbarkeits-Schaltbildern mit parallelen und seriellen Zweigen kann man unter Anwendung der oben und in Abschnitt 2.5.1 genannten Formeln Zuverlässigkeiten ermitteln. Ein Beispiel ist in Abb. 2.75 dargestellt: Ein Prozeßrechner

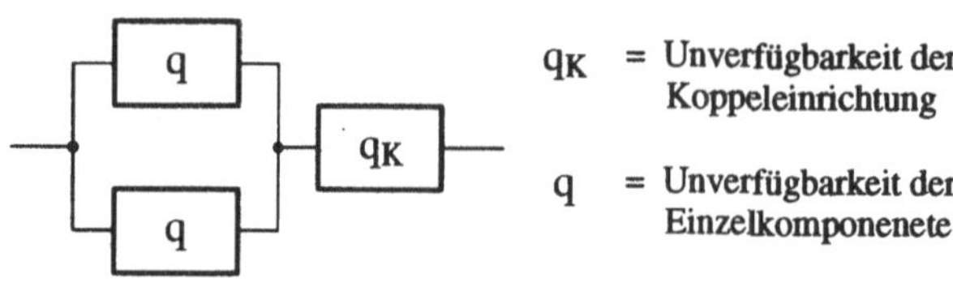

Verbesserung nur, wenn

$$q^2 + q_K \ll q \ \text{ oder mit } \ q^2 \ll q :$$

$$q_K \ll q$$

Abb. 2.74: Anforderungen an die Verfügbarkeit von Koppeleinrichtungen

bestehe aus Prozessor, Speicher und Prozeßperipherie, schaltet man diese Rechner (also die Serienschaltung der drei Komponenten) parallel, dann ergibt sich eine größere Unverfügbarkeit, als wenn man die Einzelkomponenten parallel schaltet und diese dann in Serie: In diesem Fall darf nämlich sowohl ein Prozessor als auch ein Speicher und ein Prozeßperipherie-Element ausfallen.

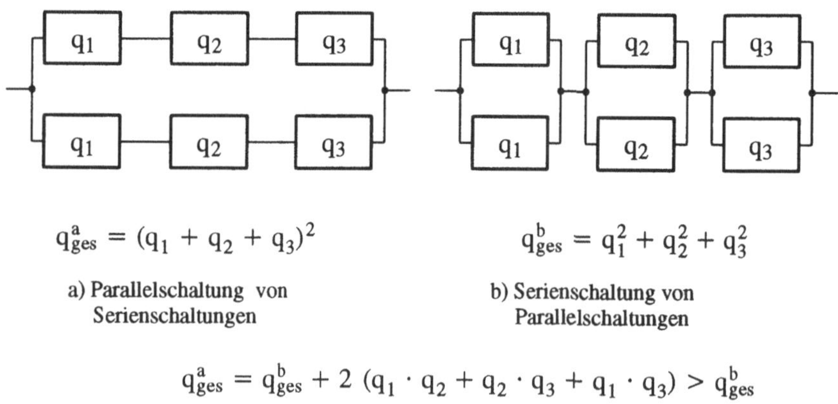

$$q^a_{ges} = (q_1 + q_2 + q_3)^2 \qquad\qquad q^b_{ges} = q_1^2 + q_2^2 + q_3^2$$

a) Parallelschaltung von Serienschaltungen

b) Serienschaltung von Parallelschaltungen

$$q^a_{ges} = q^b_{ges} + 2\,(q_1 \cdot q_2 + q_2 \cdot q_3 + q_1 \cdot q_3) > q^b_{ges}$$

Abb. 2.75: Beispiel für Zuverlässigkeitsschaltbilder

2.5.3 Fehlertolerante Prozeßrechnersysteme

Fehlertolerante Rechnersysteme sind in der Lage, ihre Funktion trotz Ausfall einzelner Komponenten korrekt zu erbringen. Die meisten Systeme sind so ausgelegt, daß sie einen Fehler tolerieren können. Hierzu wird Redundanz benötigt: Sie kann in statischer oder dynamischer Ausprägung bereitgestellt werden.

Dynamische Redundanz bedeutet, daß die redundante Komponente erst dynamisch zur Funktion gebracht wird, wenn die bisher funktionstragende Komponente ausgefallen ist. Handelt es sich bei diesen Komponenten um ganze Rechner, dann bleibt der redundante Rechner bis zu diesem Zeitpunkt entweder im Stand-by-Betrieb, oder er führt solange andere, für die Prozeßautomatisierung weniger wichtige Aufgaben durch (z.B. Optimierungsaufgaben: funktionsbeteiligte Redundanz).

Zentrales Problem der dynamisch redundanten Systeme ist die Erkennung und Identifikation von Ausfällen. Dazu gibt es folgende technische Ausprägungen:

- Ideal ist die sofortige Entdeckung von Fehlern durch integrierte, parallel arbeitende Einrichtungen zur Fehlererkennung und -Identifizierung. Beispiele sind etwa die Fehlercodes im Hauptspeicher oder speziell redundant konstruierte Rechenwerke. Die Fehlerentdeckung erfolgt hier sofort, das fehlerhafte System kann sofort gestoppt werden ("Fault Silent Behavior"). Damit können sowohl permanente als auch transiente Fehler erkannt werden.
- Häufig wird die Diagnose durch zyklisch ausgeführte Tests durchgeführt. Hier besteht das Problem, daß eine vollständige Testabdeckung in der kurzen zur Verfügung stehenden Zeit nicht möglich ist, diese Zeit muß ja – gerade bei Echtzeitanwendungen – den Rechenprozessen zur Verfügung stehen. Außerdem können transiente Fehler, die während der Ausführung von Rechenprozessen entstehen, nicht entdeckt werden.
- Dem Anwendungsprogrammierer wird aufgetragen, an bestimmten Punkten seines Programms sogenannte Zusicherungen (Assertions) zu berechnen, mit denen die Plausibilität oder Korrektheit von erarbeiteten Ergebnissen überprüft wird. Dies stellt sehr hohe Anforderungen an den Anwendungsprogrammierer, häufig ist es gar nicht möglich, Aussagen über erwartete Ergebnisse zu formulieren. Im Prinzip ist diese Technik jedoch in der Lage, sowohl permanente als auch transiente Ausfälle zu erkennen.
- Schließlich gibt es – gewissermaßen als Sonderform der Zusicherungen – die Möglichkeit, Abschnitte von Rechenprozessen zweifach zu rechnen und Ergebnisse zu vergleichen. Stimmen sie nicht überein, dann kann noch ein dritter Programmdurchlauf ausgeführt werden, so daß transiente Fehler toleriert werden könnten. Natürlich besteht hier die Gefahr, daß der Rechner durch einen Ausfall immer die gleichen falschen Ergebnisse produziert. Im übrigen handelt es sich dabei nicht mehr um dynamische Redundanz, da ja die Rechenvorgänge immer (also nicht nur im Fehlerfall) redundant ausgeführt werden (Zeit-Redundanz).
- Der Begriff des *Checkpoint* spielt bei dynamisch redundanten Systemen eine große Rolle. An bestimmten Stellen bei der Durchführung von Rechenprozessen werden konsistente Zustände dieser Prozesse abgespeichert und z.B. an den redundanten Rechner übergeben. Sollte die weitere Bearbeitung des Rechenprozesses fehlerhaft sein, so kann der zweite Rechner auf der Basis dieses konsistenten Zustands den letzten Abschnitt des Rechenprozesses wiederholen.

Im folgenden sollen drei Modelle für dynamisch redundante Rechnersysteme kurz vorgestellt werden:

- Backward-Recovery-System: An Checkpoints werden Zusicherungen verifiziert, sind sie nicht erfüllt, dann wird zum jeweils letzten Checkpoint zurückgesetzt, die Bearbeitung erneut gestartet. Problematisch ist dies insbesondere dann, wenn in diesem Rechenprozeß-Abschnitt Kommunikation zu/von anderen Rechenprozessen stattgefunden hat, so daß nicht eindeutig entschieden werden kann, ob der Fehler im eigenen oder in einem fremden Rechenprozeß entstanden ist. Damit kommt es zum sogenannten Domino-Effekt, es müssen Restaurationslinien für alle Rechenprozesse festgelegt werden, zu denen alle Prozesse zurückgesetzt werden müssen. Es gibt Techniken, mit denen der Domino-Effekt begrenzt werden kann, für Echtzeit-Anwendungen ist jedoch ein solches Verfahren ungeeignet.
- Die Tandem-Rechner auf Basis des Guardian-Betriebssystems arbeiten ebenfalls nach einem Checkpoint-Prinzip. Am Checkpoint werden Prozeß-Zustände zwischen mehreren Prozessoren ausgetauscht. Im Fehlerfall übernimmt ein anderer Prozessor die Aufgaben der ausgefallenen Einheit.
- Ein weiteres Verfahren hat die Firma Auragen entwickelt, es wurde von Nixdorf übernommen. Zu jedem Rechenprozeß gibt es eine aktive und eine passive Kopie; alle Nachrichten, welche an diesen Rechenprozeß geschickt werden, werden sowohl zur aktiven als auch zur passiven Prozeß-Kopie übertragen. Die aktive Kopie bearbeitet die Nachrichten und erzeugt eigene Ausgabe-Nachrichten, bei jeder Nachricht inkrementiert sie einen Zähler, der Zählerzustand ist der passiven Kopie ebenfalls bekannt. Fällt der Prozessor, auf welchem der aktive Prozeß läuft, aus, dann wird die bisher passive Kopie auf einem anderen Prozessor aktiviert, sie bearbeitet die in einer Warteschlange aufgesammelten Eingabe-Nachrichten, erzeugt Ausgabe-Nachrichten, die sie jedoch solange nicht abschickt, als der Zählerstand der früher aktiven Kopie erreicht ist. Erst danach werden Nachrichten weitergegeben. Damit die Warteschlange der Eingabe-Nachrichten nicht zu groß wird, müssen die aktive und die passive Prozeß-Kopie gelegentlich neu synchronisiert werden. Dieses System ist gut in der Lage, permanente Fehler zu beherrschen, transiente Fehler – die etwa zehnmal häufiger sind als permanente – bleiben jedoch unerkannt.

Besonders einfach ist natürlich die Übergabe von Rechenprozessen zwischen Prozessoren, wenn kein Prozeßkontext vorhanden ist oder wenn dieser in sehr kurzer Zeit wieder aus dem Prozeß gewonnen werden kann. Gerade bei redundanten Prozeßleitsystemen ist das für viele Anwendungen der Fall.

Statische Redundanz bedeutet, daß die Bearbeitung der Rechenprozesse immer redundant ausgeführt wird. Die Redundanz kann dabei räumlich (mehrere Prozessoren) oder zeitlich (sequentielle Bearbeitung) ausgeprägt sein. Statisch redundante fehlertolerante Rechnersysteme sind in der Lage, sowohl permanente als auch transiente Fehler zu tolerieren. Sehr häufig erfolgt deren Implementierung durch *Hardware*. Dabei spielt das SRU-Konzept (Smallest Replaceable Unit) eine große Rolle – SRU's können auf Bauelemente-, Subsystem- oder System-Ebene realisiert sein:

- Auf der Bauelemente-Ebene ist das typische Beispiel das Dioden-Quartett, bei welchem jede Diode ausfallen darf (immer sperren oder immer leiten), ohne daß die Dioden-Funktion leidet. Ein weiteres Beispiel sind fehlertolerante Logik-Module, z.B. die URTL-Familie, wie sie in der Eisenbahn-Signaltechnik eingesetzt wird.
- Manche Systeme ermöglichen es, den Austausch von Systemeinheiten auf der Modul-Ebene vorzunehmen (z.B. Speicher, Prozessoren usw.). Ein Beispiel hierfür ist das System FTBBC (Fault Tolerant Building Block Computer).
- Schließlich kann die Redundanz auch auf System-Ebene angesiedelt sein, komplette Rechner bilden dann die SRUs. Ein Beispiel hierfür ist das FTMP-System (Fault Tolerant Multi-Processor).

Beispiele für fehlertolerante Rechnersysteme mit Hardware-implementierter statischer Redundanz, die heute am Markt angeboten werden, sind:

- Stratus-2000: Jeweils zwei Rechner/Prozessoren arbeiten taktsynchron und vergleichen laufend ihre Ergebnisse. Bei Nichtübereinstimmung wird das gesamte Rechner-Paar abgeschaltet (Fault Silent Behavior). Zwei dieser Einheiten bilden einen Rechnerknoten, jede bearbeitet alle Rechenprozesse redundant. Der Ausfall einer Einheit wird sofort angezeigt, die zweite Einheit kann ohne Verzögerung weiterarbeiten. Nach dem Austausch der defekten Einheit synchronisiert sich diese auf den Zustand der noch arbeitenden Einheit, der redundante Zustand ist wieder hergestellt. Mehrere dieser Knoten bilden das Gesamt-Rechnersystem.
- Der Tandem-Rechner Integrity-S2 verwendet ebenfalls Hardware-implementierte Fehlertoleranz. Drei Prozessoren mit jeweils großem Cache-Speicher arbeiten mit zwei Speichersystemen, deren Ausfallwahrscheinlichkeit durch den Einsatz fehlerkorrigierender Codes deutlich reduziert ist. Über jedes Datum, welches in beiden Speichern abgelegt wird, wird vor den Speichern votiert. Peripheriekomponenten sind über zwei redundante Bus-Systeme angeschlossen.

Statische Redundanz kann auch durch Software implementiert werden. Basis dafür sind Mehrrechnersysteme, deren Prozessoren über ein leistungsfähiges Kommunikationssystem miteinander gekoppelt werden, wobei besonders darauf geachtet werden muß, daß Ausfälle in einem Knoten keine Rückwirkungen auf die anderen Knoten haben. Häufig gibt es auch eine Hardware-Unterstützung der erforderlichen Vergleichs- und Votiervorgänge.

Beispiele für solche Systeme sind:

- SIFT (Software Implemented Fault Tolerance) bzw. die von der Firma August-Systems angebotene kommerzielle Variante. Bei der Entwicklung dieses Systems wurde besonderer Wert auf die Verifikation der System-Software (Compiler, Betriebssystem) gelegt, da ja Entwurfsfehler durch diese redundante Anordnung nicht toleriert werden können.
- Ein weiteres Beispiel ist das Echtzeit-System FUTURE /24/, in welchem den Rechenprozessen je nach Anforderung an die Verfügbarkeit eine Zuverlässigkeitsklasse zugeordnet wird, nach der sie entweder einfach, doppelt oder

124   2 Prozeßrechner-Hardware

dreifach redundant ausgeführt werden müssen. Bei unterschiedlichen Anforderungen an die Verfügbarkeit von Rechenprozessen kann so ein Mehrrechnersystem wirtschaftlicher genutzt werden (Abwägung zwischen Leistung und Verfügbarkeit). Abb. 2.76 zeigt einerseits einen Überblick über die Hardware-Konfiguration (Rechnerknoten, Nachrichten-Transport-System, Ankopplung an die Prozeßperipherie) und andererseits die Aufteilung verschiedener Rechenprozesse unterschiedlicher Taskklassen auf die einzelnen Prozessoren.

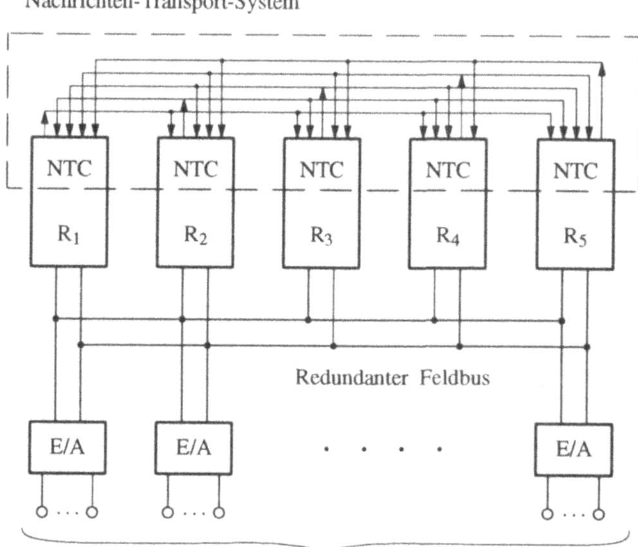

NTC: Nachrichten-Transport-Controller
E/A: Ein-Ausgabe-Modul
R_i Rechner i

a) Hardware-Architektur von FUTURE

Rech-ner	Task-Nummern										N
	1	2	3	4	5	6	7	8	9		N
1	aktiv							aktiv	aktiv		aktiv
2		aktiv		aktiv		aktiv		Reserve			
3	aktiv		Reserve	aktiv			aktiv				
4	Reserve		aktiv		aktiv			aktiv			
5	aktiv			Reserve	aktiv				Reserve		
Klasse	3	1	1	2	3	1	1	2	3		1

☐ aktive Ausführung

▨ Reserve

b) Zuordnung der (redundanten) Tasks an die Rechner

Abb. 2.76: Architektur und Taskklassenkonzept von FUTURE

Alle vorgestellten Konzepte für fehlertolerante Rechner tolerieren entweder ausschließlich permanente oder auch transiente Hardware-Ausfälle. Möchte man auch Entwurfsfehler tolerieren, dann müssen *diversitäre* Lösungen realisiert werden: Sowohl die Hardware- als auch die Software-Entwürfe müssen von unterschiedlichen Entwicklungsteams unabhängig voneinander nach denselben Spezifikationen entworfen werden, so daß im Fall von Entwurfsfehlern keine statistischen Abhängigkeiten vorhanden sind. Zur Laufzeit werden die Ergebnisse dieser diversitären Systeme miteinander verglichen, stimmen sie überein, wird von fehlerfreiem Verhalten ausgegangen. Diese Verfahren sind außerordentlich aufwendig, auch sie bieten jedoch keine Hilfe gegen Spezifikationsfehler.

2.5.4   Sicherheitsaspekte

Alle bisher erwähnten Maßnahmen können nur zu einer Verbesserung der Verfügbarkeit führen, 100% sind jedoch nicht erreichbar. Man muß vielmehr bei der Planung davon ausgehen, daß auch ein fehlertolerantes System einmal ausfällt. Nun gibt es gefährliche Prozesse, bei welchen nicht jede Art von Systemausfall toleriert werden kann: In diesem Fall muß sich das Prozeßrechnersystem "sicher" verhalten. Das bedeutet, daß der Prozeß im Fall der Funktionsuntüchtigkeit des Prozeßrechnersystems in jedem Fall auf die sichere Seite "fallen" muß (Fail-Safe). Die damit erreichte Eigenschaft wird als "Sicherheit" bezeichnet. Beispiele für solche sicherheitsempfindlichen Prozesse sind die Eisenbahn-Signaltechnik, die Überwachung von Kernkraftwerken oder die Intensivmedizin. Fällt ein Prozeßrechner aus, der mit der Steuerung von Eisenbahnsignalen beauftragt ist, dann muß sichergestellt werden, daß alle Signale auf "Halt" zurückfallen. Damit kann kein Zug mehr fahren, was natürlich ein sicherer, aber auch ein schlechter Betriebszustand ist. Beim Kernkraftwerk muß durch die entsprechende Steuerung dafür gesorgt werden, daß bei Rechnerausfall in den unkritischen Zustand gefahren wird (Abschaltung), das Kraftwerk kann dann zwar keine Leistung mehr abgeben, es befindet sich aber in einem sicheren Zustand. In der Intensivmedizin schließlich erfolgt die Überwachung der Vitalparameter durch den Rechner. Fällt dieser aus, dann muß eine Alarmeinrichtung aktiviert werden, durch die der verantwortliche Arzt davon unterrichtet wird, daß jetzt die automatische Überwachung ausgefallen ist.

Zuverlässigkeit und Sicherheit sind bei Prozeßrechnern in gewissem Umfang austauschbar. Beim Betrieb eines Doppelrechnersystems kann im Interesse der Sicherheit bei Nichtübereinstimmung der Steuersignale von beiden Rechnern der Prozeß auf die sichere Seite gefahren werden. In diesem Fall ist die Verfügbarkeit besonders schlecht, es müssen ja beide Rechner funktionsfähig sein, damit das System arbeitet (Serienschaltung). Läßt man dagegen im Interesse einer höheren Gesamtverfügbarkeit auch einen einzelnen Rechner noch weiterarbeiten, so riskiert man fehlerhafte Reaktionen, welche die Systemsicherheit beeinträchtigen können (Parallelschaltung).

Ähnliche Betrachtungen für ein aus drei Rechnern bestehendes System machen diese Austauschbarkeit von Zuverlässigkeit und Sicherheit noch deutlicher. Sie können in drei Betriebsarten genutzt werden, für welche die Unverfügbarkeit sowie die Wahrscheinlichkeit w_u dafür bestimmt werden kann, daß ein unsicherer Zustand entsteht:

a) Sicherheitsbetrieb

Hier werden die drei Rechner so genutzt, daß das System immer dann, wenn nicht die Berechnungsergebnisse aller drei Rechner übereinstimmen, in den sicheren Zustand gebracht wird. Es müssen also alle drei Rechner funktionsfähig sein, damit das Gesamtsystem arbeitet:

$$q_{ges} = 3q$$

q ist die Unverfügbarkeit des Rechners, q_{ges} die Unverfügbarkeit des Gesamtsystems.

Dafür ist die Wahrscheinlichkeit dafür, daß das System in einen unsicheren Zustand kommt, sehr gering: Alle drei Rechner müssen dazu das genau gleiche falsche Ergebnis liefern, die Wahrscheinlichkeit dafür ist

$$W_a \leq q^3$$

oder sogar deutlich weniger, da ja die Wahrscheinlichkeit für genau identische Fehler gering ist.

b) TMR-Betrieb

Klassische TMR-Systeme (Triple Modular Redundancy) bilden eine Mehrheitsentscheidung über die Ergebnisse der Einzelrechner. Hier soll eine steuernde Ausgabe des Rechnersystems immer dann erfolgen, wenn drei oder mindestens zwei Rechner identische Ergebnisse liefern. Die Unverfügbarkeit des Gesamtsystems ist damit

$$q_{ges} = q^3 + 3q^2 (1 - q) \approx 3q^2$$

Sie ist also um eine oder zwei Größenordnungen besser als beim Sicherheitsbetrieb.

Die Gefahr für unsichere Zustände entsteht, wenn drei oder zwei Rechner genau die gleichen falschen Ergebnisse liefern:

$$W_a \leq q^3 + 3q^2 (1 - q) \approx 3q^2$$

Diese Wahrscheinlichkeit ist damit um ein oder zwei Zehnerpotenzen höher (schlechter) als beim Sicherheitsbetrieb.

c) Höchste Verfügbarkeit

Hier wird das System weiterbetrieben, solange überhaupt noch ein Rechnersystem arbeitsfähig ist (Parallelschaltung):

$$q_{ges} = q^3$$

Diese sehr geringe Unverfügbarkeit wird bezahlt mit einem schlechten Sicherheitsverhalten – bereits jeder einzelne falsch arbeitende Rechner kann zu einem gefährlichen Zustand führen.

$$W_a = 3q$$

3 Echtzeitverhalten

3.1 Schritthaltende Verarbeitung

Unter schritthaltender Verarbeitung (Realtime-Betrieb, Echtzeit-Betrieb) versteht man die Betriebsweise einer Rechenanlage, welche die durch den Prozeß gestellten Aufgaben zeitlich schritthaltend verarbeiten kann (vgl. Abschnitt 1.3): Ein bestimmter Rechenprozeß muß also typisch innerhalb einer maximal zulässigen Zeit ausgeführt werden können. Abb. 3.1 zeigt die prinzipiellen zeitlichen Verhältnisse für die Wechselwirkung zwischen Prozeß und Prozeßrechner, wobei hier nur von einem einzigen Prozeß ausgegangen wird. Durch Vorgänge auf der Prozeßseite (etwa eine ENDE-Anzeige bei der Bewegung eines Motors) wird eine Reaktion des Prozeßrechners erforderlich. Der Prozeß löst eine Programmunterbrechung (Alarm) aus, so daß dort entsprechende Rechenprozesse gestartet werden können.

Natürlich kann es sein, daß der Prozeßrechner zu diesem Zeitpunkt noch andere, vielleicht wichtigere Aufgaben zu erledigen hat. Es kann also eine Wartezeit entstehen, bis der Alarm vom Prozeßrechner akzeptiert wird. Danach erfolgt zunächst die Erfassung des Prozeß-Zustands, die erfaßten Daten werden verarbeitet und zu Steuerdaten verdichtet, die als Reaktion des Prozeßrechners auf den Alarm vom Prozeß ausgegeben werden.

Folgende Zeiten sind für die Wechselwirkung zwischen Prozeß und Prozeßrechner wichtig:

- die Prozeßzeit t_P, die den Abstand zwischen zwei gleichen Ereignissen im technischen Prozeß kennzeichnet. Diese Zeit kann konstant sein (periodisches Wiederkehren) oder statistisch variieren.
- die prozeßbedingte maximal zulässige Reaktionszeit des Rechners t_{Rmax}. Im allgemeinen gilt $t_{Rmax} < t_P$, die Reaktion des Rechners sollte also erfolgen, bevor der Prozeß eine neue Anforderung (Alarm) erzeugt.
- die Wartezeit t_W, die natürlich davon abhängt, ob vor der Bearbeitung des aktuellen Alarms noch andere, wichtige Rechenprozesse zu Ende gebracht werden müssen. Wartezeiten können auch während der Bearbeitung entstehen, wenn noch wichtigere Alarme Rechenprozesse anfordern (Präemption).

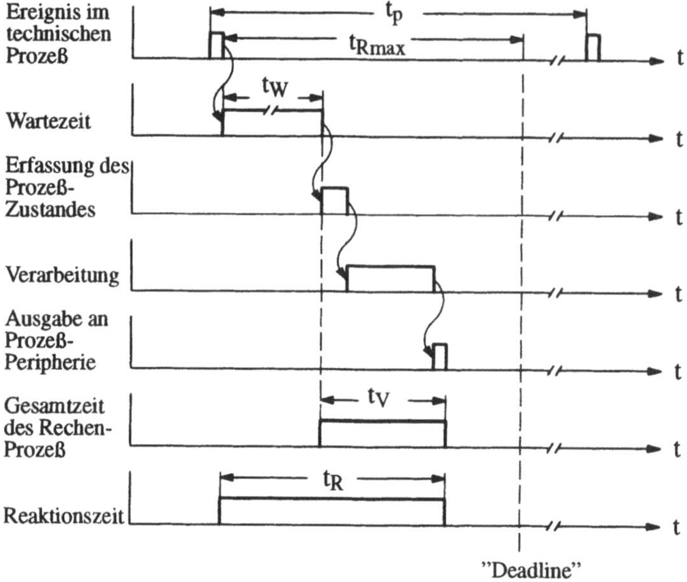

Abb. 3.1: Zur Zeit-Definition in technischen und in Rechen-Prozessen

- die Verarbeitungszeit t_V, die zur Durchführung des ausgelösten Rechenprozesses benötigt wird.
- die Reaktionszeit t_R, die sich aus der Verarbeitungszeit und möglichen Wartezeiten zusammensetzt. Die Reaktionszeit gibt an, wie lange der Prozeß nach dem Alarm auf die Reaktion durch den Rechner warten muß.

Damit die Verarbeitung im Prozeßrechner schritthaltend erfolgen kann, muß die Zeitbedingung

$$t_R \leq t_{R_{max}}$$

erfüllt sein. Der Prozeßrechner muß innerhalb der maximal zulässigen Zeit und im allgemeinen vor dem Auslösen einer neuen Anforderung reagiert haben. In Abschnitt 3.2.1 wird ausgeführt, daß es auch andere Formen von Echtzeitbedingungen gibt, z.B. daß eine Reaktion nur zwischen einer minimalen und einer maximalen Reaktionszeit erfolgen darf.

Im folgenden werden einige Angaben zu den Größenordnungen dieser Zeiten gemacht:

- Die Verarbeitungszeit t_V besteht ja aus der Zustandserfassung, welche meist in wenigen 10 μs erfolgen kann (eine Ausnahme bilden z.B. langsame A/D-Wandler, deren Behandlung in den Abschnitten 3.2.4 und 3.3.1 erläutert wird), der eigentlichen Berechnungszeit von einigen 10 bis 100 μs und einer kurzen

Ausgabezeit. Insgesamt kann man also mit Verarbeitungszeiten von 0,1 bis 1 ms rechnen.

- Wartezeiten können bei vielen quasi gleichzeitig zu bearbeitenden Rechenprozessen um eine Größenordnung höher sein.
- Dasselbe gilt für die Prozeßzeiten und für die maximal zulässigen Reaktionszeiten, die sich für die meisten Anwendungen im Bereich von 10 bis einigen 100 ms bewegen.

In seltenen Fällen gibt es allerdings auch Anforderungen, in denen die maximal zulässigen Reaktionszeiten im Bereich von 50 µs liegen. Beispiele hierfür sind Mikro-Prozeßrechnersysteme zur Motorsteuerung oder auch die Prozessoren, die in CNC-Steuerungen für sehr schnelle Werkzeugmaschinen eingesetzt werden.

Neben der *Rechtzeitigkeit* gibt es die Forderung nach *Gleichzeitigkeit* der Bearbeitung. Prozeßrechner bearbeiten normalerweise mehrere Vorgänge quasi gleichzeitig. Abb. 3.2 gibt die Zeitbedingungen wieder, die bei der gleichzeitigen

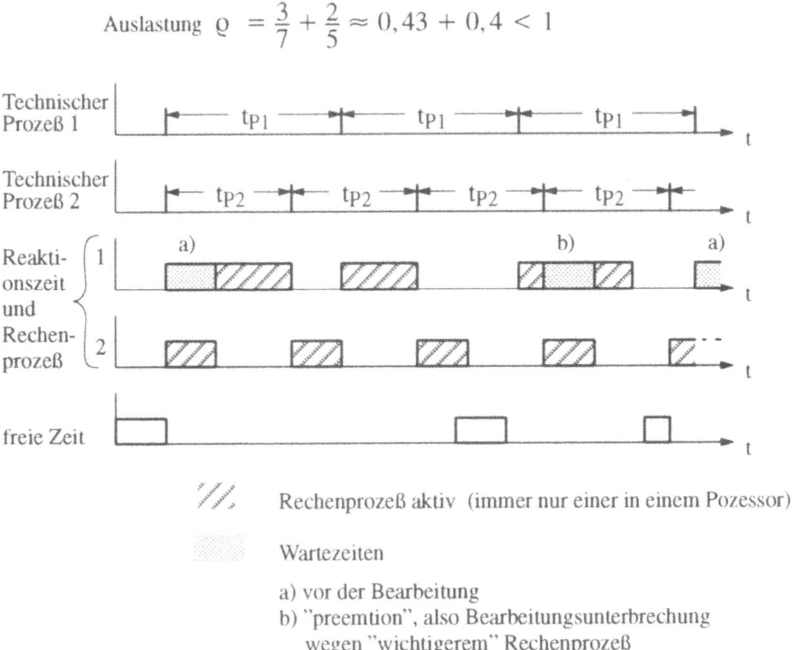

Abb. 3.2: 2 Rechenprozesse für 2 zyklische technische Prozesse

Bearbeitung von mehreren technischen Prozessen durch den Rechner beherrscht werden müssen. Im Beispiel wird davon ausgegangen, daß die von den Einzelvorgängen ausgelösten Alarme sich zyklisch wiederholen und daß die maximale Reaktionszeit durch das Eintreffen der nächsten Anforderung definiert ist ($t_{Pi} = t_{Rmaxi}$ ist konstant). Die relative Belastung des Prozeßrechners durch einen bestimmten Teilprozeß i ist das Verhältnis t_{Vi}/t_{Pi} der Verarbeitungszeit für diesen Rechenprozeß zu der Prozeßzeit gegeben. Die relative Belastung könnte z.B. in Prozent angegeben sein. Summiert man diese relativen Belastungen für alle quasi gleichzeitig ablaufenden Rechenprozesse auf, so ergibt sich die Gesamtbelastung für den Prozeßrechner, die natürlich nicht größer als 100% sein darf:

$$\text{Auslastung } \varrho \; = \; \sum_{i=1}^{n} \frac{t_{Vi}}{t_{Pi}} \leq 1$$

Diese Auslastungsbedingung ist eine notwendige, aber keine hinreichende Bedingung dafür, daß alle Vorgänge schritthaltend bearbeitet werden können. Zusätzlich muß natürlich für jeden technischen Teilprozeß gelten, daß seine maximal zulässige Reaktionszeit nicht von der Reaktionszeit des zugehörigen Rechenprozesses überschritten wird. In dem in Abb. 3.2 dargestellten Beispiel sind sowohl die Auslastungsbedingung als auch die Echtzeitbedingungen für die beiden technischen Prozesse erfüllt.

In Abb. 3.3 ist nun ein Beispiel dafür angegeben, daß diese Bedingung auch

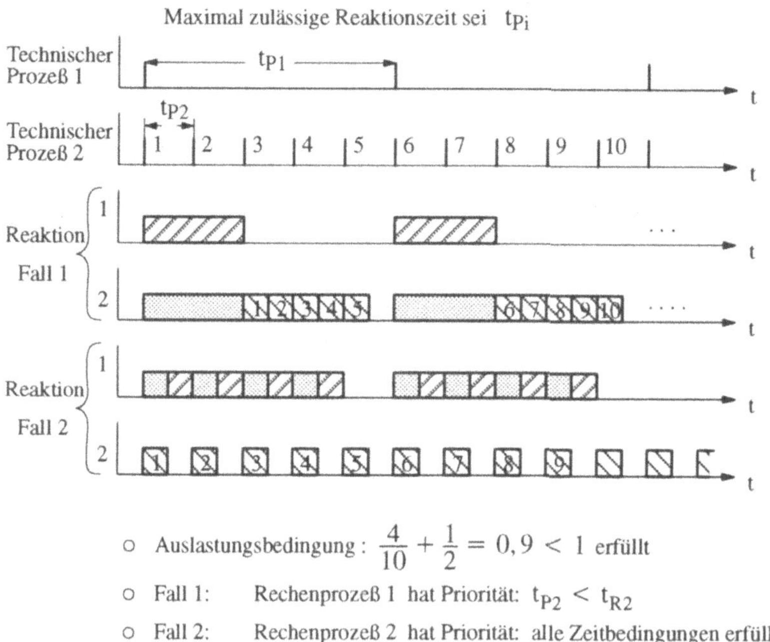

○ Auslastungsbedingung : $\dfrac{4}{10} + \dfrac{1}{2} = 0,9 < 1$ erfüllt

○ Fall 1:   Rechenprozeß 1 hat Priorität: $t_{P2} < t_{R2}$

○ Fall 2:   Rechenprozeß 2 hat Priorität: alle Zeitbedingungen erfüllt

Abb. 3.3: Auswirkungen der Prioritätsvergabe auf die Einhaltung der Echtzeitbedingungen

dann nicht sicher erreicht wird, wenn die oben stehende Summenformel erfüllt ist. Im Fall 1 dieses Beispiels, in welchem der Rechenprozeß zum technischen Prozeß 1 zu Ende geführt wird, ohne daß die Bearbeitung von Anforderungen aus dem technischen Prozeß 2 durchgeführt werden kann (keine Präemption von Rechenprozeß 1), werden die Echtzeitbedingungen für den technischen Prozeß 2 nicht erfüllt. Wird dagegen – wie im Fall 2 unten dargestellt – die Bearbeitung des Rechenprozesses 1 unterbrochen und später wieder aufgenommen, dann kann die Echtzeitbedingung für beide technische Prozesse eingehalten werden.

Es muß also zusätzlich festgelegt werden, ob und unter welchen Bedingungen ein gerade laufender Rechenprozeß unterbrochen werden darf, um einen wichtigeren oder vorrangigen Rechenprozeß auszuführen. Die Vergabe derartiger *Prioritäten* hilft dem Entwerfer eines Echtzeitsystems die Echtzeitbedingungen zu erfüllen. Aus Abb. 3.3 geht hervor, daß die Vergabe von Prioritäten z.B. nach folgendem Schema erfolgen kann:

- Technische Prozesse, welche häufig eine Reaktion des Rechners benötigen (kurze Zeit t_P) lösen im allgemeinen auch nur kurze Rechenprozesse aus. Durch solche Vorgänge ausgelösten Alarmen muß daher eine hohe Hardware-Priorität zugeordnet werden, die durch sie ausgelösten Rechenprozesse müssen eine hohe Software-Priorität erhalten, ihre Anforderung führt zur Präemption gerade laufender, niederpriorer Rechenprozesse.

- Technische Prozesse, die nur selten eine Bearbeitung durch den Rechner erfordern und dann häufig eine längere Verarbeitungszeit haben, können auf einer niedrigen Priorität angesiedelt werden, ihre Verarbeitung kann durch alle in kurzer Zeit durchführbaren Rechenprozesse (mit hoher Priorität) unterbrochen werden.

Die Zuteilung des Prozessors an den jeweils "richtigen" Rechenprozeß ist Aufgabe des *Schedulers*, für den in Abschnitt 3.2.2 verschiedene Realisierungsalternativen vorgestellt werden.

Bei geschickter Systemauslegung ist es möglich, unter Beachtung der Einzelbedingungen nahe an eine Rechnerauslastung von 100% zu kommen. Im allgemeinen wird man jedoch gut daran tun, die Auslastung auf ca. 30 bis maximal 50% zu beschränken: Erfahrungsgemäß wachsen auch die Aufgaben von Prozeßrechneranlagen mit der Zeit, es sollten dann entsprechende Leistungsreserven vorhanden sein, um diese zusätzlichen Aufgaben zu übernehmen. Eine Umstellung auf einen anderen, größeren Prozeßrechner ist jeweils mit erheblichen Kosten verbunden.

Bereits hier soll darauf hingewiesen werden, daß die in diesem Abschnitt angestellten Zeitbetrachtungen idealisierend sind in dem Sinn, daß die einzelnen Prozeßvorgänge zyklisch in konstanten Zeitabständen die Bedienung der ihnen zugeordneten Rechenprozesse anfordern. In Wirklichkeit sind diese Zeiten jedoch nicht konstant, sondern statistisch verteilt (vgl. Abschnitt 3.2.1). Das Prozeßrechnersystem muß dann auch noch im ungünstigsten Fall (worst case, kürzeste Zeiten) in der Lage sein, alle Echtzeitbedingungen zu erfüllen.

3.2 Modellierung des Zeitverhaltens

3.2.1 Zeitliche Charakterisierung der Prozesse

Für die Modellierung des Zeitverhaltens sind die *technischen Prozesse* charakterisiert durch:

- die Ankunftszeitpunkte für Ereignisse aus dem technischen Prozeß (Abstände zwischen diesen Ereignissen t_P),
- die maximal zulässigen Reaktionszeiten t_{Rmax}.

Ein einzelner technischer Prozeß kann viele Ereignisse liefern, die eine unterschiedliche Behandlung durch den Rechner erforderlich machen. Jedes dieser Ereignisse und die zugehörige Reaktion des Rechners (Rechenprozeß) werden hier zunächst unabhängig behandelt.

Abb. 3.4 zeigt einige typische Wahrscheinlichkeitsverteilungen (-dichtefunktionen) für Ankunftszeitpunkte in technischen Prozessen:

- Besonders einfach sind Prozesse, die eine zyklische Bedienung erforderlich machen. Meist werden die zugehörigen Rechenprozesse durch Zeitgeber ausgelöst. Typisch sind hier Aufgaben der Meßdatenerfassung sowie der Regelungstechnik (äquidistante Zeitpunkte für Zustandserfassung und Ausgabe von Stellgrößen). Prozeßleitsysteme arbeiten häufig nach einem periodischen "Fahrplan".
- Manche Rechenprozesse müssen zu bestimmten vordefinierten Zeiten (Uhrzeiten) ausgeführt werden. Die Verteilung ihrer Ankunftszeitpunkte läßt sich damit schlecht darstellen.
- Viele technische Prozesse verhalten sich statistisch, d.h. bestimmte Ankunftszeitpunkte treten mit diskreten oder kontinuierlichen Wahrscheinlichkeiten auf. In Abb. 3.4b ist ein Fall wiedergegeben, in dem Prozeßereignisse zu einigen diskreten Zeitpunkten auftreten können.
- Zufällig auftretende Ereignisse werden häufig durch einen minimalen und einen maximal möglichen Zeitabstand charakterisiert, wobei – insbesondere bei ungenauer Kenntnis der Statistik – von einer Gleichverteilung ausgegangen wird. Gerade in diskreten Prozessen treten derartige Ankunftszeit-Verteilungen häufig auf.
- Schließlich können auch andere Wahrscheinlichkeits-Dichten für den Ankunftszeitpunkt t_P vorkommen, typisch sind etwa eine Gauß-Verteilung (also ein mittlerer t_P-Wert mit einer gewissen Streuung) oder eine negativ-exponentielle Verteilung, die insbesondere dann beobachtet wird, wenn sich verschiedene beliebig verteilte Ereignisse im Prozeß überlagern. Ein Sonderfall ist die exponentielle Verteilung mit Tot-Zeit: Ereignisse können also nicht in kürzeren Zeitabständen als diese Tot-Zeit t_{P0} auftreten.

Häufig lassen sich die Ankunftszeit-Verteilungen nicht mit so einfachen Intervall-Dichten beschreiben. Vielmehr gibt es durch den technischen Prozeß Beschrän-

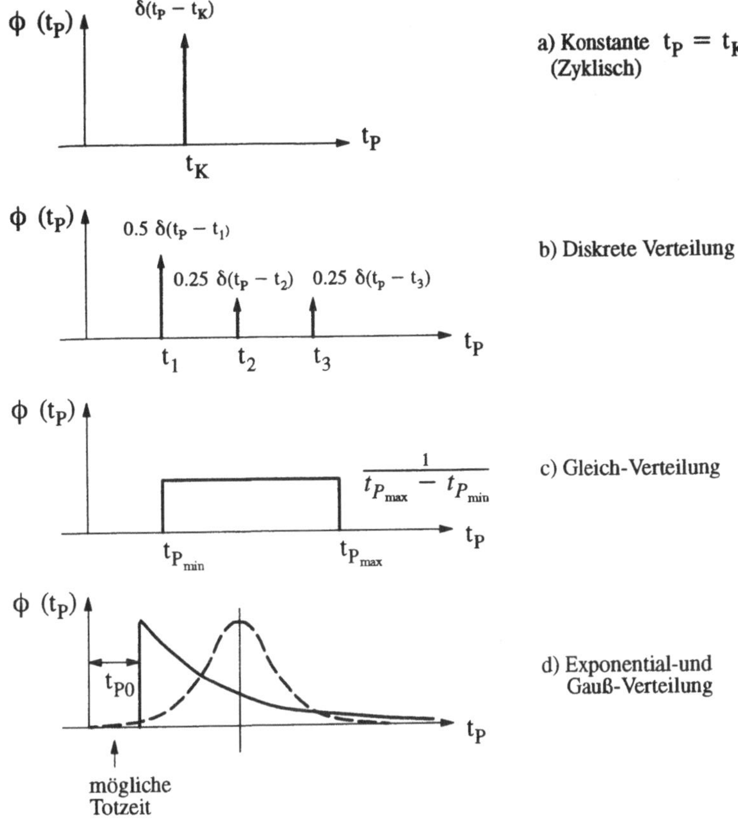

Abb. 3.4: Verteilung von Ankunftszeitpunkten

kungen, die eigentlich eine deutlich genauere Charakterisierung des Prozeß-Zeit-verhaltens ermöglichen. Beispiele hierfür sind:

- Durch die Struktur des technischen Prozesses ist deutlich, daß zwar Ereignisse in kurzer Zeit aufeinanderfolgen können, daß aber z.B. niemals mehr als drei dieser Ereignisse in einem Zeitintervall von z.B. 10 Sekunden auftreten können.
- Es gibt Situationen, in denen z.B. ein Ereignis A nicht auftreten kann, wenn das Ereignis B gemeldet wurde (z.B. zwei Alarme für Überdruck und Unterdruck eines Kessels).
- Es gibt Abhängigkeiten zwischen diesen Ereignissen, wenn etwa ein Ereignis B immer ca. 10 Sekunden nach dem Ereignis A auftritt.

Die meisten dieser prozeßbedingten Beschränkungen führen dazu, daß die Anfor-derungen an die Reaktionsfähigkeit des Prozeßrechners geringer ist, als sich dies auf Grund der statistischen Verteilung der Ankunftszeitpunkte ergeben würde.

Ein weiteres Beispiel dafür – z.B. bei Aufgaben der diskreten Fertigung – ist es, wenn nach der Rückmeldung (Fertigmeldung) eines Prozesses zunächst ein zugehöriger Rechenprozeß ausgeführt werden kann, welcher die Parameter für einen nächsten Auftrag ermittelt und bereitstellt. Der technische Prozeß beginnt dann erst, wenn der Rechenprozeß abgeschlossen wurde. Wenn hier natürlich der Rechenprozeß besonders lange Zeit benötigt, ist die Maschine, welche eigentlich für den nächsten Auftrag bereit wäre, schlecht genutzt.

Der zweite durch den technischen Prozeß vorgegebene Parameter ist die maximal zulässige *Reaktionszeit* t_{Rmax}. Meist handelt es sich dabei nicht um eine naturgegebene Zeitkonstante, vielmehr ist es häufig ein Maß für die Güte der Prozeßsteuerung, in welchem Zeitraum eine Steuerungsaufgabe abgeschlossen sein kann. Diese Güte kann auch durch die Kosten beschrieben werden, welche im Prozeß entstehen. Abb. 3.5 zeigt drei Modellbeispiele für solche Kosten über der erreichten Reaktionszeit:

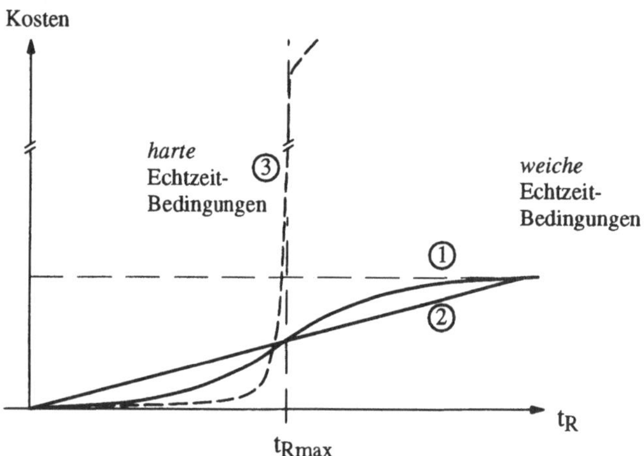

Abb. 3.5: Weiche und harte Echtzeitbedingungen

- Im Fall 1 entstehen zwar beim Überschreiten der angenommenen maximalen Reaktionszeit zusätzliche Kosten (schlechteres Prozeßverhalten), bei weiterer Zunahme der Zeit steigen diese Kosten jedoch nicht erheblich an und nähern sich möglicherweise einem Grenzwert. Man spricht hier von einer *weichen* Echtzeitbedingung.

- Fall 2 zeigt einen linearen Anstieg der Kosten über der Zeit; eine solche Situation ergibt sich in dem gerade oben genannten Fall, in welchem eine Verlängerung der Rechnerbearbeitungszeit dazu führt, daß eine Maschine nicht voll ausgelastet werden kann. Auch hier handelt es sich um eine *weiche* Echtzeitbedingung.

- Im dritten Fall schließlich gibt es prozeßbedingte Zeiten, nach deren Überschreitung außerordentlich hohe Kosten auftreten können. Beispiele sind etwa sehr zeitkritische Regelungsaufgaben (z.B. in Flugzeugen), oder verkettete

Fertigungseinrichtungen, bei denen für den Fall, daß der Takt nicht eingehalten werden kann, erhebliche Stillstandszeiten oder gar weitergehende Schäden möglich sind.

Die meisten Anforderungen an die Echtzeitverarbeitung bestehen darin, eine bestimmte Aufgabe bis zu einer maximal zulässigen Zeit bearbeitet zu haben. Es gibt jedoch auch andere Zeitbedingungen, die für manche Typen von technischen Prozessen einzuhalten sind:

- Manchmal darf die Reaktion des Rechners nicht vor einem bestimmten Zeitpunkt erfolgen.
- Häufig soll die Reaktion nicht vor einem Zeitpunkt t_{min} und nicht nach einem maximalen Zeitpunkt t_{max} erfolgen. Und schließlich
- gibt es Anwendungen, in welchen Reaktionen auf den technischen Prozeß zu einem genau definierten Zeitpunkt erfolgen muß. Diese Anforderungen werden meist durch spezielle Hardware-Einrichtungen unterstützt, so daß ein vorbereiteter Ausgabewert durch einen Hardware-Takt wirksam gemacht wird (z.B. durch Übernahme in Ein-/Ausgabe-Register).

Rechenprozesse reagieren auf die Anforderungen des technischen Prozesses, erarbeiten die Steuerstrategie und reagieren nach der Bearbeitung durch Ausgabe-Operationen. Zeitlich sind die Rechenprozesse im wesentlichen durch zwei Größen charakterisiert:

- die Verarbeitungszeit, also die Zeit, die zur Durchführung des Rechenprozesses auf einem realen Prozessor benötigt wird, und
- Wartezeiten.

Unter der Verarbeitungszeit t_V versteht man die Zeit, die der Rechner zur Durchführung des Rechenprozesses benötigen würde, wenn er nicht sonst durch weitere Aufgaben belastet wäre (CPU-Zeit). Diese Verarbeitungszeit ist einerseits durch die zu leistende *Rechenarbeit* (Zahl der durchlaufenen Befehle) und andererseits durch die *Leistung* des Prozessors (Befehle / s) gegeben:

$$t_V = \frac{RA}{P}$$

$\quad$ RA $\;=\;$ Rechenarbeit, Zahl der
$\quad\qquad\quad$ durchzuführenden Befehle
$\quad$ P $\;\;=\;$ Leistung des Prozessors

Bei festgelegter Rechenarbeit kann also die Verarbeitungszeit durch die Wahl des geeignet leistungsfähigen Prozessors dem Bedarf angepaßt werden. Die zu leistende Rechenarbeit kann dabei wie folgt charakterisiert sein:

- Der Rechenprozeß benötigt eine konstante Rechenarbeit, wie dies bei einfachen, linear durchlaufenden Programmen zu erwarten ist.
- Die Rechenarbeit ist nicht konstant, sondern kann mehrere diskrete Werte einnehmen. Beispiele dafür sind Rechenprozesse, welche Schleifendurchläufe enthalten, deren Zählvariable nicht konstant ist.

- Es gibt auch Rechenprozesse, deren Rechenarbeit stark von dem momentan bearbeiteten Parametersatz abhängt. Meist gelingt es in diesem Fall, einen minimalen und einen maximalen Wert (worst case) anzugeben.

Für viele Rechnerarchitekturen ist die Prozessorleistung keine konstante Größe, sondern wird durch andere, statistisch unabhängige Größen beeinflußt:

- Ein Beispiel ist die Arbeit eines oder mehrerer DMA-Kanäle, die dem Prozessor Speicherzyklen "stehlen" und damit seine Leistung reduzieren.
- Schnelle Rechnersysteme mit Cache-Speichern verlieren Zeit, wenn Daten oder Befehle nicht im Cache-Speicher enthalten sind. Für die Ausführung einzelner Befehle gibt es damit statistische Schwankungen.

Zur Berechnung der worst-case-Verarbeitungszeit muß für Echtzeit-Systeme mit den worst-case-Situationen (RA_{max}, P_{min}) gerechnet werden.

Zusätzlich zu den Verarbeitungszeiten gibt es *Wartezeiten* t_W, um welche die Ausführung dieser Rechenprozesse verzögert wird. Einige dieser Wartezeiten entstehen dadurch, daß der Rechenprozeß selbst auf Ergebnisse von anderen Instanzen warten muß. Beispiele dafür sind:

- Daten von einem Massenspeicher (Peripherie): Abhilfe kann hier eine vorgezogene Übertragung dieser Daten in den Hauptspeicher schaffen, so daß zum Zeitpunkt der Rechenprozeß-Ausführung keine Wartezeiten entstehen.
- Rechnersysteme mit virtueller Speicherverwaltung lösen bei Seitenfehlern den Paging-Vorgang aus, es wird also eine fehlende Seite des Hauptspeichers nachgeladen. Dieser Vorgang dauert einige 10 ms, um die sich die Rechenprozeß-Bearbeitung verlängern würde. Bei Echtzeit-Anwendungen müssen daher diese Seiten im Hauptspeicher resident bleiben (locking).
- Für die Erfassung und Ausgabe von Prozeßzustands-Information wird häufig Feldbus-gekoppelte Prozeßperipherie verwendet, oder auch ein langsamer A/D-Wandler. Die Übertragungs- oder Wandlungsvorgänge dauern dabei unter Umständen eine Größenordnung länger als der eigentliche Rechenprozeß. Abhilfe kann man hier dadurch schaffen, daß die Prozeßdaten bereits beschafft sind, z.B. durch einen zyklisch arbeitenden Meßwert-Erfassungsprozeß, der im Hauptspeicher des Rechners eine Prozeßdatenbank auf die jeweils aktuellen Werte des technischen Prozesses aktualisiert.
- Manchmal muß auch auf Daten gewartet werden, die von anderen Rechenprozessen geliefert werden müssen.

Lange Laufzeiten von Rechenprozessen oder verschiedene dieser Wartezeiten kann man durch eine andere Organisation der Rechenprozesse vermeiden, indem man die entsprechenden Teilaufgaben an unabhängige Rechenprozesse mit längerer Laufzeit delegiert, die mit geringerer Priorität ablaufen können. Dies soll aus dem folgenden Beispiel deutlich werden, in welchem eine Rechenprozeß-Zerlegung in eine primäre, sekundäre und ggf. tertiäre Reaktion erfolgt.

Bei einer numerischen Bahnsteuerung soll in jeder Millisekunde eine Koordinate an eine Positioniereinrichtung abgegeben werden. Die Steuerdaten stehen in Form von Stützstellen X_i für jeweils 10 ms im Arbeitsspeicher zur Verfügung. Die dazwischen liegenden neun X-Werte sollen durch ein Polynom zweiten Grades interpoliert werden. Beim Versuch, diese Aufgabe mit einem einzigen Rechenprozeß zu lösen, gerät man in unüberwindliche Echtzeitprobleme: Zur Bestimmung eines Zwischenstützwertes braucht der Rechner 200 µs, woraus sich (da diese Aufgabe jede Millisekunde anfällt) eine 20%ige Rechenzeitbelastung ergibt. Müssen jedoch (alle 10 ms) neue Polynom-Beiwerte ermittelt werden, dann benötigt der Rechner dafür 2 ms, und die Echtzeitbedingung (Reaktion in einer Millisekunde) kann nicht erfüllt werden, obwohl die relative Belastung des Rechners mit der Bestimmung der Polynom-Beiwerte ebenfalls nur 20% beträgt. Dieser Sachverhalt wird in Abb. 3.6 wiedergegeben.

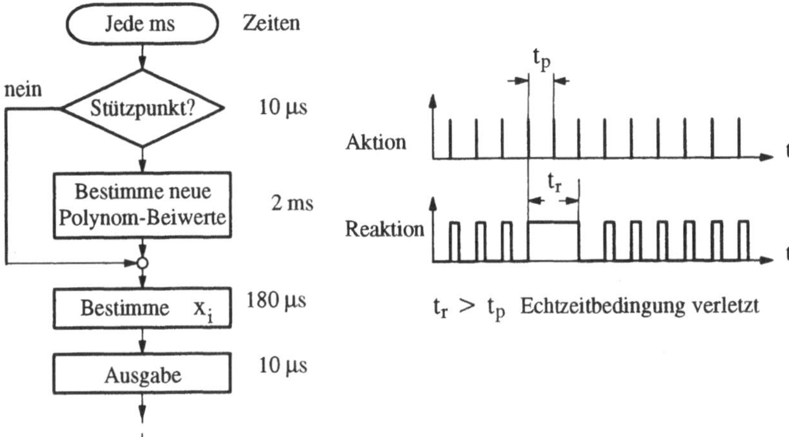

Abb. 3.6: Beispiel mit nicht konstanter Programm-Durchlaufzeit

Eine Aufteilung dieser Aufgabe auf zwei Rechenprozesse (Abb. 3.7) löst diesen Konflikt: Der Rechenprozeß 2 ermittelt immer auf Vorrat einen Satz von Polynom-Beiwerten: Beim Erreichen einer neuen Stützstelle können die bereitgestellten Beiwerte sofort übernommen werden – und die Task 2 wird erneut gestartet, um wiederum den nächsten Beiwertsatz zu ermitteln. Hier startet also ein Rechenprozeß einen weiteren Rechenprozeß, der dann mit geringer Priorität im Hintergrund arbeiten kann.

Würden die Stützwerte nicht vollständig im Hauptspeicher, sondern teilweise auch auf einer Magnetplatte stehen, so müßte aus dem Rechenprozeß 2 noch zusätzlich ein dritter Rechenprozeß gestartet werden, dessen Aufgabe darin besteht, neue Daten von der Platte in den Hauptspeicher zu transportieren. Durch eine geeignete Konstruktion der Rechenprozeß-Struktur kann auch in diesem Fall die Echtzeitbedingung eingehalten werden.

Wie bereits in Abschnitt 3.1 erwähnt, kann die Bearbeitung von Rechenprozessen natürlich auch dadurch verzögert werden, daß andere Rechenprozesse mit höherer Priorität den Prozessor belegen – entweder bevor die eigentliche Bearbei-

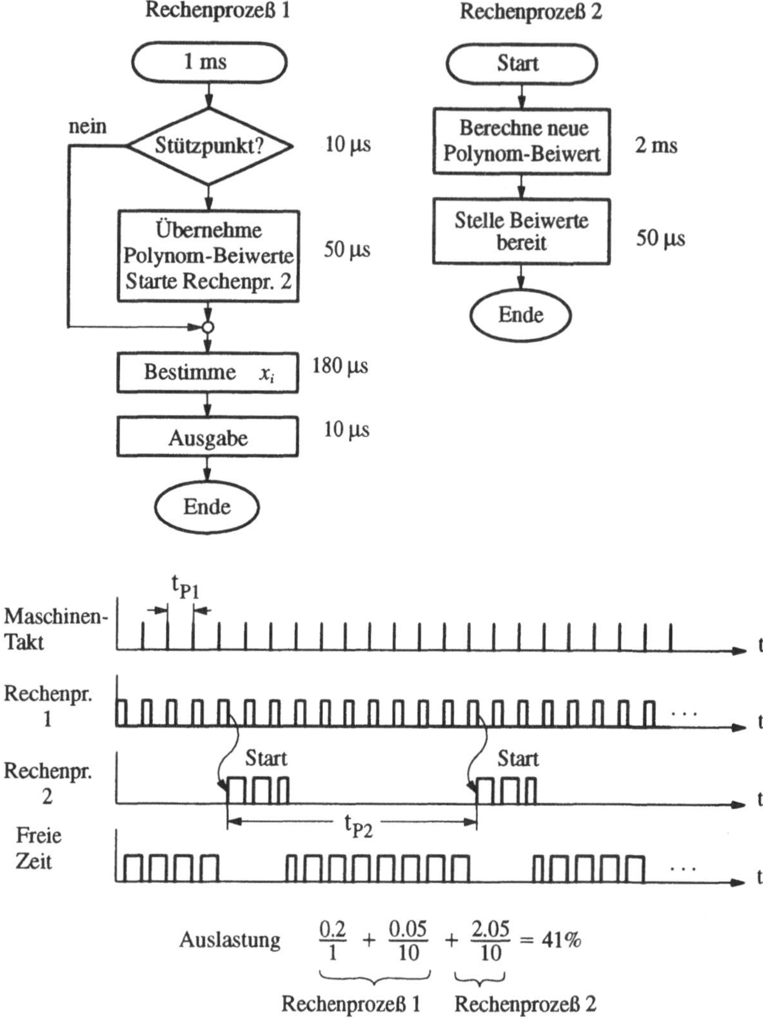

$$\text{Auslastung} \quad \frac{0.2}{1} + \frac{0.05}{10} + \frac{2.05}{10} = 41\%$$

Abb. 3.7: Aufteilung auf 2 Rechenprozesse

tung beginnen kann oder mitten in der Bearbeitungsphase, wenn wichtige Rechenprozesse zur Bearbeitung anstehen (Präemption).

Dies ergibt sich aus der Forderung nach *Gleichzeitigkeit*, mehrere oder viele technische Teilprozesse machen eine quasi gleichzeitige Bedienung durch die zugehörigen Rechenprozesse erforderlich. Im folgenden wird davon ausgegangen, daß ein Prozessor die *Bedienung mehrerer Prozesse* übernimmt.

Diese technischen Prozesse können einerseits statistisch völlig unabhängig und nicht zueinander synchronisiert ablaufen (z.B. bei der Steuerung ganz unabhängiger Maschinen). In diesem Fall überlagern sich die Anforderungen aus den einzelnen Teil-Prozessen, wie dies beispielhaft in Abb. 3.8 dargestellt ist. Die Raten, mit denen die Anforderungen der Einzelprozesse auftreten, entsprechen dem Kehrwert der mittleren Prozeßzeit, der sich aus der klassischen Mittelwerts-Formel errechnet. Die Anforderungen mehrerer Teilprozesse überlagern sich, so daß die Summenrate, die vom Rechner durch entsprechende Rechenprozesse bedient werden muß, gleich der Summe der Einzel-Raten ist. Eine mittlere Prozeßzeit für die überlagerten Teilprozesse kann dann wiederum aus dem Kehrwert der Summenrate bestimmt werden.

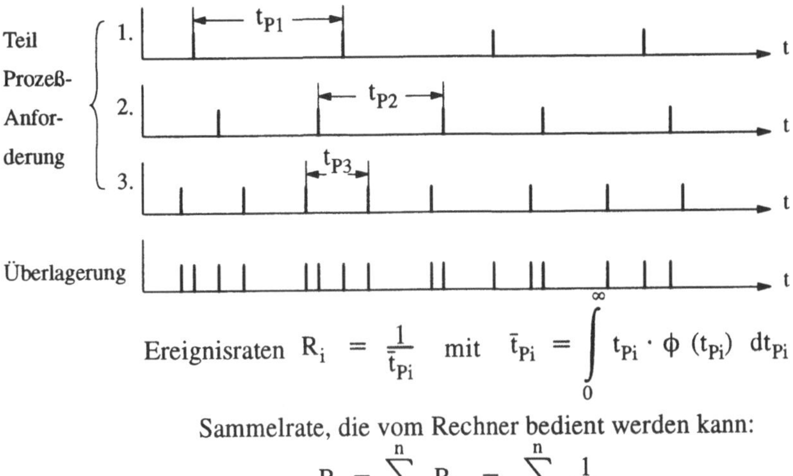

$$\text{Ereignisraten} \quad R_i = \frac{1}{\bar{t}_{Pi}} \quad \text{mit} \quad \bar{t}_{Pi} = \int_0^\infty t_{Pi} \cdot \phi\,(t_{Pi})\ dt_{Pi}$$

Sammelrate, die vom Rechner bedient werden kann:

$$R = \sum_{i=1}^{n} R_i = \sum_{i=1}^{n} \frac{1}{\bar{t}_{Pi}}$$

$$\bar{t}_P = \frac{1}{R}$$

Abb. 3.8: Überlagerung von Anforderungen aus mehreren technischen Prozessen

Näherungsweise zeigt sich, daß die Verteilungen der Zeitabstände zwischen Anforderungen in der überlagerten Darstellung – fast unabhängig von der Verteilung der Einzel-Intervalle – sich einer exponentiellen Verteilungsfunktion annähern. Näherungsweise kann man also davon ausgehen, daß die Ankunftsrate der Ereignisse, welche im Rechner Rechenprozesse auslösen, exponentiell verteilt ist.

Klassische Verfahren der Leistungsmodellierung und Leistungsbewertung nutzen Verfahren der Warteschlangentheorie, um Aussagen über den Systemdurchsatz, die Wartezeiten und auch eine Engpaßanalyse zu ermöglichen. Im vorliegenden einfachen Fall gibt es einen einzelnen Server (den Prozessor), welcher die in einer Warteschlage aufgesammelten Anforderungen (Ereignisse) in derselben Reihenfolge bearbeitet, in der sie eingetroffen sind (FCFS = First Come First Served). Man benötigt nun noch eine Aussage über die mittlere Bediendauer (Dauer des Rechenprozesses), um Mittelwert-Aussagen über die Wartezeiten zu machen. Dazu kann die folgende Abschätzung dienen:

Die relative Häufigkeit für die Bedienung des Teilprozeß i mit der mittleren Verarbeitungszeit $\overline{t_{V_i}}$ ist:

$$\frac{R_i}{R} \quad \text{mit} \quad R = \sum_{i=1}^{n} R_i$$

Damit wird die mittlere Verarbeitungszeit für alle Rechenprozesse:

$$\overline{t_V} = \sum \frac{R_i}{R} \cdot \overline{t_{V_i}}$$

Mit $\overline{N_i}$ als mittlere Befehlszahl für den Rechenprozeß i, der Rechnerleistung P (Instr./s) ergibt sich

$$\overline{t_V} = \frac{\sum R_i \cdot \overline{N_i}}{R \cdot P}$$

und mit

$$N = \sum \frac{R_i}{R} \cdot \overline{N_i}$$

$$\overline{t_V} = \frac{N}{P}$$

Über die relative Streuung S dieses mittleren Verarbeitungs-Zeitwertes sollen hier keine Angaben gemacht werden, sie liegt zwischen 0 und 1.

Wendet man die Beziehungen der Warteschlangentheorie auf ein solches einfaches FCFS-Modell an, geht man von exponentiell verteilten Ankunftsraten (Markov Prozeß, "M") und beliebig verteilten Bedienzeiten (*general distribution*, "G") aus, dann lassen sich die mittleren Wartezeiten bei einer Bedieneinheit ("1") einfach errechnen:

$$\overline{t_W} = \overline{t_V} \frac{\varrho}{1 - \varrho} \cdot K \quad \text{(M/G/1-Modell)}$$

mit

$$K = \frac{1 + S^2}{2} \qquad \text{S: Relative Streuung von } t_V$$

und der Auslastung

$$\varrho = \sum \frac{\overline{t_{Vi}}}{\overline{t_{Pi}}} = \sum R_i \, t_{Vi} = \overline{t_V} \cdot R = \frac{N}{P} \cdot R$$

Abb. 3.9 zeigt typische mittlere Wartezeiten in Abhängigkeit von der Prozessorbelastung ϱ für ein System mit negativ exponentiell verteilten Bedienzeiten (M/M/1-System, S = 1) und eines mit konstanter Bedienzeit (S = 0).

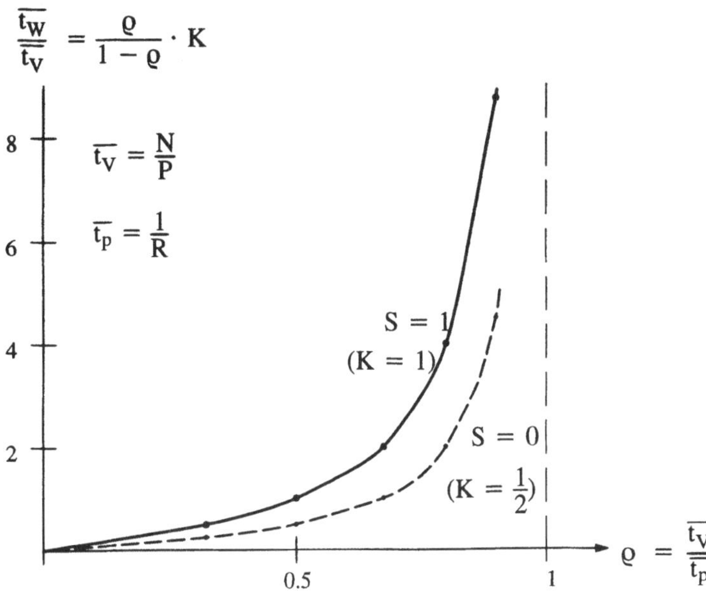

Abb. 3.9: Mittlere Wartezeiten $\overline{t_W}$ bei M/G/1-Systemen

Daraus wird Zweierlei deutlich:

- Bei hohen Lasten steigen die Wartezeiten in erheblichem Umfang an.
- Es handelt sich dabei nur um Mittelwerte, im Einzelfall können erheblich längere Wartezeiten auftreten, so daß eine Echtzeit-Aussage nicht mehr möglich ist.

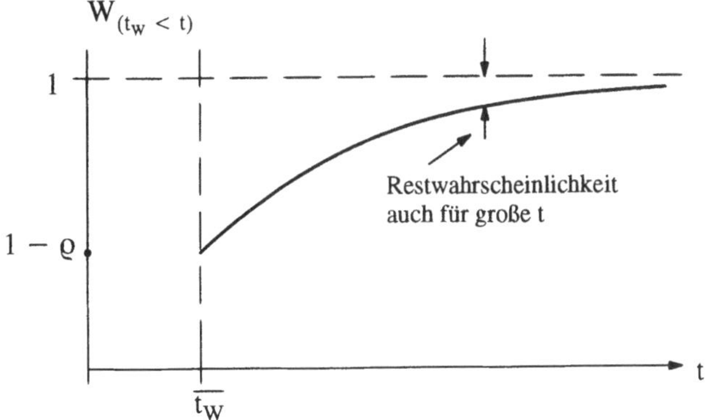

Abb. 3.10: Zur Angabe maximaler Wartezeiten

Abb. 3.10 zeigt qualitativ, wie die Wahrscheinlichkeit dafür, daß die Wartezeit zu Ende geht, sich asymptotisch gegen Eins nähert. Auch nach sehr langer Zeit bleibt immer noch eine Restwahrscheinlichkeit dafür, daß die Wartezeit noch nicht zu Ende gekommen ist.

Dieser Sachverhalt macht deutlich, daß die klassischen Warteschlangenmodelle mit ihrem statistischen Instrumentarium nicht geeignet sind, Wartezeiten für Echtzeitsysteme zu beschreiben. So gibt es zwar Warteschlangenmodelle für prioritätsgesteuerte Systeme, Multiprozessorsysteme usw., alle Aussagen beziehen sich jedoch nicht auf garantierte, nach oben begrenzbare Wartezeiten.

Dies ist die Ursache dafür, daß zur Beschreibung von Echtzeitsystemen andere Mechanismen eingeführt werden müssen. Die Echtzeitbedingungen müssen ja nicht nur statistisch, sondern in jedem Fall, auch im schlechtesten Fall (worst case) eingehalten werden können. Statt der in Abb. 3.8 dargestellten beispielhaften Ereignisfolge muß vielmehr jeweils von worst-case-Bedingungen ausgegangen werden. Dies umfaßt:

- Gleichzeitigkeit von Anforderungen aus unterschiedlichen Teilprozessen, so daß der Rechner viele Rechenprozesse in kürzester Zeit durchführen muß,
- minimale Prozeßzeiten t_P, wodurch die für den Prozessor entstehende Last maximiert wird,
- maximale Verarbeitungszeiten t_V, um die Belastung des Rechners auch im "worst case" zu berücksichtigen.

Bisher wurden nur die Prozeßzeiten t_P einzelner Teilprozesse und ggf. die Wahrscheinlichkeitsverteilung ihres Auftretens betrachtet. Hinzu kommen Zusammenhänge zwischen den Teilprozessen, die zu weiteren Verschärfungen der Anforderungen an die Echtzeitverarbeitung oder auch zu ihrer Entschärfung führen und die bei der Bestimmung von worst-case-Wartezeiten zu berücksichtigen sind:

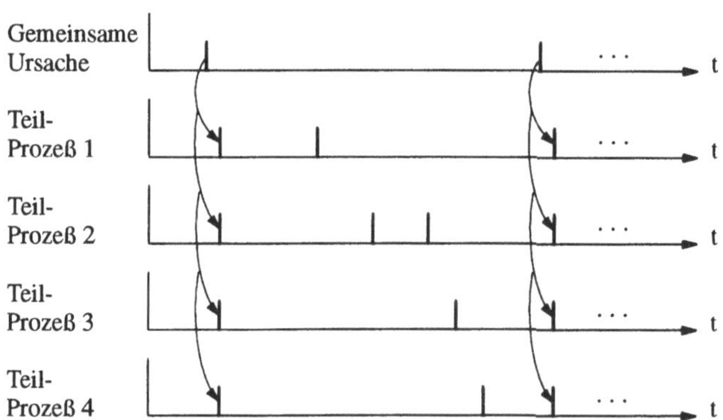

Abb. 3.11: Statistisch abhängige Ergebnisse in technischen Prozessen

- Verschärfungen gibt es dann, wenn durch einen besonderen Vorgang im technischen Prozeß fast gleichzeitig zahlreiche Ereignisse (Alarme) ausgelöst werden, welche innerhalb ihrer Reaktionszeit bearbeitet werden müssen. Abb. 3.11 zeigt beispielhaft, wie durch eine gemeinsame Ursache Ereignisse in mehreren Teilprozessen ausgelöst werden, die dann durch die entsprechenden Rechenprozesse bearbeitet werden müssen. Insbesondere führt dies zu einer Synchronisierung der Ereigniszeitpunkte, welche dem oben betrachteten "worst-case" entsprechen.

- Entschärfungen der Zeitbedingungen treten ein, wenn z.B. ein Ereignis A nur dann eintreten kann, wenn das Ereignis B nicht eintritt oder umgekehrt. Häufig können auch Ereignisse in sehr kurzen Zeitabständen eintreten – aber aus prozeßbedingten Ursachen in einem größeren Zeitraum nur eine bestimmte maximale Anzahl. Auch die Fälle sind weniger kritisch, in denen die Zeit bis zu einem nächsten Ereignis erst dann beginnt, wenn die Rechnerreaktion auf das letzte Ereignis bereits erfolgt ist.

Eine Abschätzung für die maximale Rechnerbelastung kann aus

$$\varrho_{max} = \sum \frac{t_{V_{i_{max}}}}{t_{P_{i_{min}}}}$$

bestimmt werden, da ja die von einem Teilprozeß zu erwartende maximale Auslastung des Rechners gegeben ist durch

$$\frac{t_{V_{i_{max}}}}{t_{P_{i_{min}}}} .$$

Eine einfache Darstellung der noch zu leistenden Rechenarbeit eines Prozeßrechners bei einem bestimmten Lastprofil ist in Abb. 3.12 wiedergegeben. Auf der Ordinate ist die jeweils noch zu leistende Rechenarbeit dargestellt. Aus dem Bild wird auch deutlich, wie sich die Leistung des Prozeßrechners auf dieses Zeitverhalten auswirkt. Diese Darstellung wird in Abschnitt 3.2.3 verwendet, um die Einhaltung von Echtzeitbedingungen bei unterschiedlichen Scheduling-Strategien zu überprüfen.

3.2.2 Prozessor-Zuteilungsstrategie

Bereits in Abschnitt 1.2 wurde das Prinzip des Prozessor-Multiplexing vorgestellt, wobei einzelnen Rechenprozessen zyklisch Zeitscheiben zu ihrer Bearbeitung zur Verfügung gestellt wurden. Die Umschaltung zwischen den einzelnen Rechenprozessen geschah durch Zeitgeber-Interrupts, der Kontext des jeweils unterbrochenen Rechenprozesses wurde aufbewahrt, der Kontext des nächsten Rechenprozesses geladen.

Diese gleichmäßige Aufteilung der Rechenzeit auf die Rechenprozesse ist natürlich nicht an den Rechenzeitbedarf der Rechenprozesse angepaßt. Die Unterbrechung erfolgt daher meist nicht über Zeitgeber-Interrupts, sondern durch andere Programmunterbrechungs-Ursachen, wie sie in Abschnitt 2.3.2 dargestellt waren:

- Interrupts/Alarme von außen
- Fehlermeldungen
- Software-Interrupts, die Aufträge an das Betriebssystem übergeben.

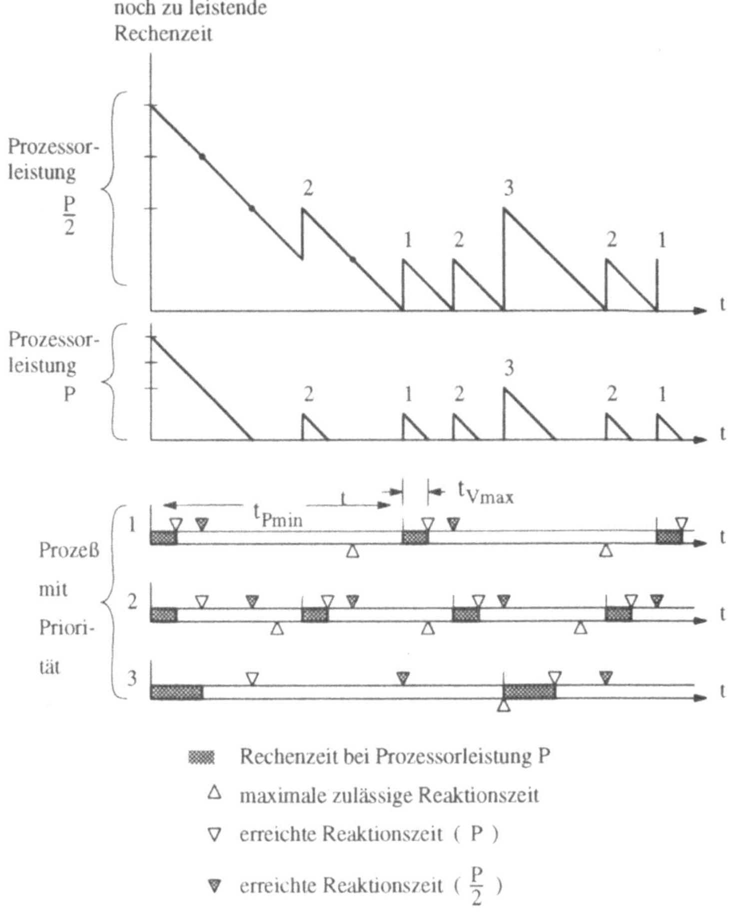

Abb. 3.12: Zur Bestimmung von Reaktionszeiten (Beispiel mit 3 Prozessen)

Im Prinzip läuft jedoch genau der in Abb. 1.1 dargestellte Sachverhalt ab, wobei die Vorgänge während des Prozeß-Wechsels in Abb. 3.13 noch etwas genauer dargestellt sind:

- Zunächst wird der Kontext des unterbrochenen Prozesses gerettet und im Hauptspeicher abgelegt.
- Falls Aufträge an das Betriebssystem vorliegen, werden diese ausgeführt, Anforderungen zum Start oder zur Weiterführung von Rechenprozessen werden ebenfalls erfaßt.
- Der *Scheduler* hat nun die Aufgabe, den nächsten Rechenprozeß auszuwählen, der auf dem Prozessor zur Ausführung kommen darf. Das Ergebnis des Schedulers ist also die Nummer des nächsten Rechenprozesses.

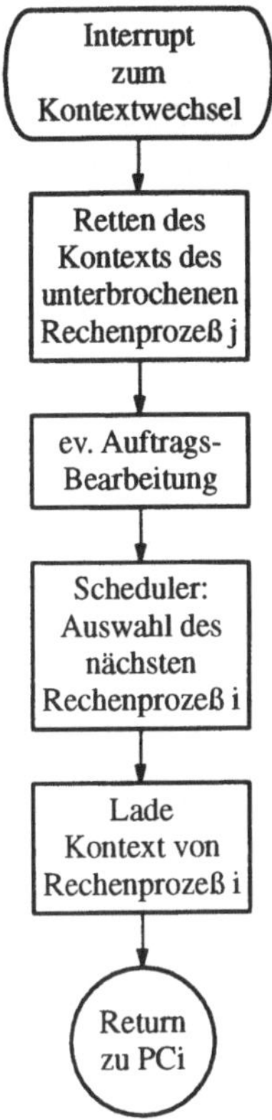

Abb. 3.13: Scheduler und Rechenprozeß-Wechsel

- Der Kontext dieses Rechenprozesses wird in den Prozessor geladen, die Kontrolle wird vom Betriebssystem an den Rechenprozeß übergeben, wobei als erster Befehl derjenige ausgeführt wird, auf welchen der Befehlszähler zeigt.

Die Strategien zur Festlegung des jeweils nächsten Rechenprozesses werden unter dem Begriff *Scheduling* zusammengefaßt. Dieses Scheduling kann entweder *statisch*, also vor der Durchführung der eigentlichen Prozeßautomatisierungsaufgabe erfolgen oder *dynamisch*, zur Laufzeit des Rechnersystems.

Beim *statischen Scheduling* erfolgt die Festlegung eines Fahrplans, nach dem die einzelnen Rechenprozesse in einem festen Schema abzuarbeiten sind. Dies geht besonders gut für zyklisch aufgerufene Rechenprozesse, die statische Planung des Schedulers versucht dabei, eine optimale Reihenfolge für die einzelnen Rechenprozesse festzulegen. Es handelt sich dabei um ganz ähnliche Vorgänge wie bei der Fertigungsplanung (Einplanung von Maschinen, Transportsystemen usw.), es werden auch sehr ähnliche mathematische Methoden eingesetzt (z.B. lineare Programmierung, klassische Optimierungstechniken). So entsteht ein optimaler Plan, mit welchem alle Echtzeit-Anforderungen a priori gelöst werden können. Solche Techniken gibt es auch für Multiprozessorsysteme, wobei die Planungsalgorithmen eine erhebliche Komplexität erhalten.

Statisches Scheduling setzt natürlich voraus, daß die Zeitpunkte zum Ablauf der Rechenprozesse immer im voraus bekannt sind. Dies gilt für viele zyklische (regelungs- und meßtechnische) Vorgänge, für die so ein optimaler Fahrplan erstellt werden kann.

Problematisch ist allerdings die Einplanung von sporadisch eintretenden Ereignissen, die nicht statisch vorhergesagt werden können. Fehlermeldungen und Alarme führen dazu, daß ihre Bearbeitung nicht so einfach zyklisch eingeplant werden kann. Im allgemeinen geht man dabei so vor, daß feste Zeitscheiben für die Bearbeitung dieser Ausnahmezustände vorgesehen sind, welche dann nicht genutzt werden, wenn die Alarmsituation nicht eingetreten ist (Idle-Zeit). Die Schwierigkeit liegt nur darin, den richtigen Zeitabstand für diese Zeitscheiben festzulegen: Sind sie zu eng, dann ist die relative Belastung des Rechners durch diese potentielle Alarmbehandlung sehr groß, liegen sie zu weit auseinander, kann die Reaktionszeit auf solche sporadische Ereignisse unzulässig lang werden.

Statisches Scheduling wird häufig in sicherheitskritischen Anwendungen eingesetzt (z.B. Flugzeug-Steuerungen), da die Einhaltung von Echtzeitbedingungen hier auch formal nachgewiesen werden kann und da hier die meisten Aufgaben zyklischer Natur sind. In komplexen Automatisierungssystemen mit vielen asynchronen Alarmen ist das statische Scheduling dagegen nicht geeignet.

Beim *dynamischen Scheduling* erfolgt die Zuteilung des Prozessors an Rechenprozesse durch den im Laufzeitsystem enthaltenen Scheduler aufgrund der jeweils aktuellen Bedarfssituation. Dies ist keine einfache Aufgabe, da

- für diese Planung nicht alle Informationen vorhanden sind (z.B. über Rechenprozeß-Laufzeiten oder möglicherweise in naher Zukunft zu erwartende neue Anforderungen) und
- da optimale Algorithmen zur Bestimmung des am besten geeigneten nächsten Rechenprozesses sehr komplex sind.

Meistens werden heuristische Scheduling-Algorithmen eingesetzt, einige davon sollen im folgenden kurz vorgestellt werden:

- *FCFS – First Come First Serve:* Dieser einfachste Algorithmus geht davon aus, daß alle Anforderungen in eine Warteschlange gestellt werden und in der Reihenfolge ihrer Ankunft bearbeitet werden. Echtzeitverhalten ist damit natürlich nicht garantierbar, da z.B. ein sehr lang laufender Rechenprozeß am Beginn der Warteschlange die Reaktionen aller folgender Rechenprozesse erheblich verzögern kann.
- *Round Robin:* Hier handelt es sich um eine gerechtere Methode, bei welcher alle anfordernden Rechenprozesse Zugriff auf das Betriebsmittel "Prozessor" bekommen. Jeder Rechenprozeß wird nur eine Zeitscheibe lang bearbeitet, danach kommt der nächste Rechenprozeß an die Reihe. Rechenprozesse, welche nicht bearbeitet werden müssen (da sie z.B. auf externe Ereignisse warten) werden übersprungen. Solche Scheduling-Algorithmen eignen sich ebenfalls we-

niger für Echtzeitsysteme, sie spielen jedoch bei time-sharing-Systemen eine große Rolle.

- Die klassische Lösung für Prozeßrechnersysteme ist ein *prioritätsgesteuertes Scheduling*. Jedem Rechenprozeß wird eine Prioritäts-Ebene zugeordnet, die eine ähnliche Rolle spielt wie die Hardware-Prioritäten: Zuerst werden Rechenprozesse mit hoher Priorität bedient, dann erst kommen Rechenprozesse mit niederer Priorität an die Reihe. Treten durch Ereignisse weitere Rechenprozesse hoher Priorität in Aktion, dann werden gerade laufende niederpriore Rechenprozesse unterbrochen (Präemption). Auf jeder Prioritäts-Ebene können auch mehrere Rechenprozesse angesiedelt sein – zwischen ihnen wird wiederum entweder nach dem FCFS-Prinzip oder nach Round Robin die Reihenfolge bestimmt. Es ist die Kunst des Planers von Prozeßrechner-Anwendungen, jedem Rechenprozeß die geeignete Priorität zuzuordnen. Dabei gelten grob die unter 3.1 angegebenen Regeln: Rechenprozesse mit kurzer Laufzeit, möglicherweise geringer Rechnerbelastung und hohen Reaktionszeitanforderungen erhalten eine hohe Priorität, lang laufende Rechenprozesse werden auf niedrigere Prioritäts-Ebenen verlagert und erlauben damit, die von den hochprioren Rechenprozessen übriggelassenen Zeiten sinnvoll zu nutzen. Ein Problem dieser Technik ist es, daß es auf die Erfahrung und das Geschick des Programmierers ankommt, die richtige Zuordnung zwischen Rechenprozessen und Prioritäten zu finden.

- Es gibt auch Scheduling-Verfahren, bei welchen sich die Rechenprozeß-Prioritäten dynamisch verändern. Ein Verfahren geht etwa davon aus, daß nach Ablauf einer längeren Wartezeit auf niedriger Priorität die Prioritäts-Ebene für diesen Rechenprozeß erhöht wird. Auf diese Weise wird sichergestellt, daß auch dieser Rechenprozeß einmal an die Reihe kommt, obwohl vielleicht die gesamte Rechnerkapazität von Rechenprozessen höherer Priorität benötigt würde.

- *Deadline Scheduling:* Bei diesem Verfahren gibt es keine Priorität, vielmehr werden die Rechenprozesse nur nach der noch zur Verfügung stehenden Zeit bis zum Ablauf der maximalen Reaktionszeit bewertet. Abb. 3.14 macht dies deutlich.
Aus der Menge von rechenbereiten Rechenprozessen wird also derjenige ausgewählt, dessen Deadline (maximale Reaktionszeit) dem Momentanzeitpunkt am nächsten liegt. Henn hat in /25/ gezeigt, daß dieses Scheduling-Verfahren zur Einhaltung der maximalen Reaktionszeiten führt, wenn dies bei den gegebenen Rechenprozeßanforderungen und Rechnerleistungen überhaupt möglich ist (optimales Verfahren).

- *TDMA – Time Division Multiple Access.* Ähnlich wie in Abb. 1.1 dargestellt, werden hier den einzelnen Rechenprozessen vordefinierte Zeitscheiben zugeordnet. Dies führt zu einer starren Aufteilung des physikalischen Prozessors auf n ”Pseudo-Prozessoren”, welche jeweils etwas weniger als den n-ten Teil der Prozessorleistung haben. Ordnet man den Rechenprozessen jeweils einen derartigen Pseudo-Prozessor zu, dann steht dieser Prozessor voll für den Re-

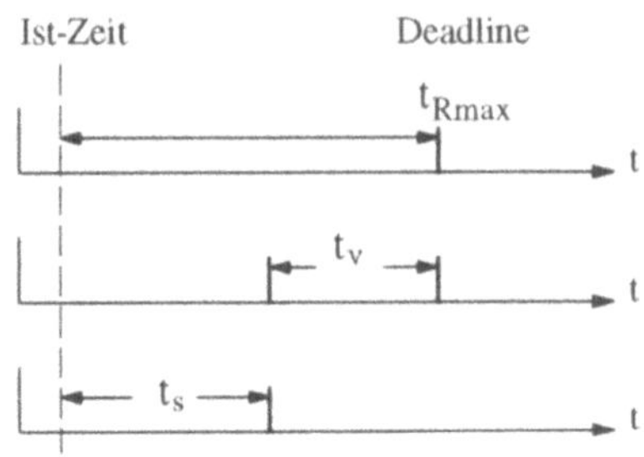

t_{Rmax} : letzter möglicher Zeitraum

t_v : Verarbeitungszeit (ohne Wartezeiten)

t_s : Zeit – Spielraum bis zum spätestmöglichen
Start der Verarbeitung (laxity)

a) Begriffsdefinitionen

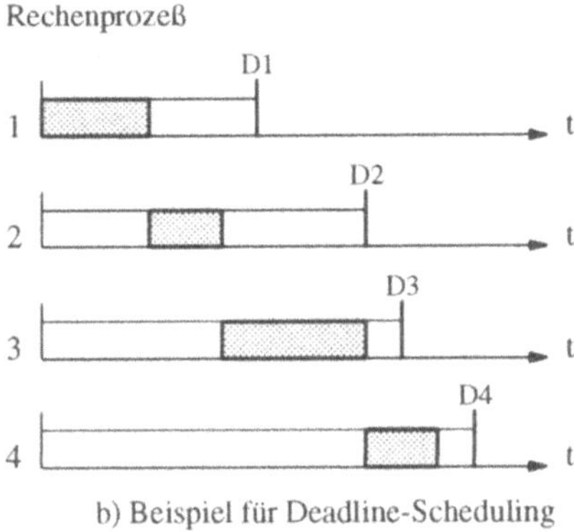

b) Beispiel für Deadline-Scheduling

Abb. 3.14: Deadline-Scheduling

chenprozeß zur Verfügung, es gibt also keine Wartezeiten, die vom Verhalten anderer Rechenprozesse abhängen. Man kann also auch im "worst case" Reaktionszeiten genau definieren.

Natürlich bedeutet dieses Verfahren, daß Rechenzeiten, die von einzelnen Rechenprozessen gerade nicht benutzt werden, tatsächlich ungenutzt bleiben. Eine Variante dieses Scheduling-Verfahrens besteht daher darin, die Zeitscheiben für den oder die Rechenprozesse zu überspringen, welche gerade keinen Ausführungsbedarf haben. Allerdings ist dann wiederum die Ausführungzeit der anderen Tasks vom momentanen Lastzustand abhängig.

Natürlich dürfen die Algorithmen, welche zur Bestimmung des nächsten Rechenprozesses durchlaufen werden müssen, nicht zu komplex werden, da sonst die Overhead-Zeiten während des Kontext-Wechsels unzulässig lang werden. Natürlich könnte man optimale Algorithmen verwenden, es besteht jedoch die Gefahr, daß dafür die gesamte verfügbare Rechenzeit benötigt würde. Dieses Problem hat im übrigen zu Prozeßrechner-Architekturen geführt, bei denen ein Prozessor diese Betriebssystem-Aufgaben übernimmt, während ein zweiter Prozessor für die Ausführung der Anwendungs-Rechenprozesse verantwortlich ist.

Während in Ein-Prozessorsystemen zu jedem Zeitpunkt natürlich nur ein Rechenprozeß bearbeitet werden kann (nur durch das Umschalten zwischen Rechenprozessen in sehr kurzen Zeitabständen entsteht ja der Eindruck einer quasi-gleichzeitigen Bearbeitung), können in *Multi-Prozessorsystemen* mit n Prozessoren gleichzeitig n Rechenprozesse bearbeitet werden (aktiv sein). Der Scheduler muß hier nicht nur einen Prozessor, sondern mehrere Prozessoren zuteilen können. Eng gekoppelte Multi-Prozessorsysteme mit gemeinsamem Speicher (shared memory) sind aus Sicht des Scheduling die einfachste Architektur-Variante. Da alle Prozessoren auf den gemeinsamen Speicher zugreifen können,

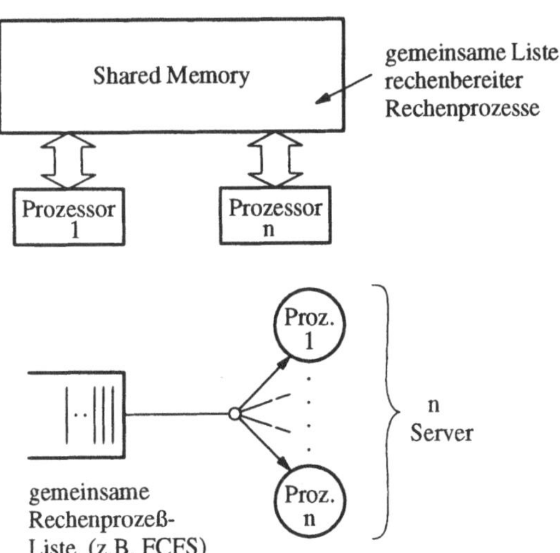

Abb. 3.15: Scheduling in eng gekoppelten Multiprozessor-Systemen (Shared Memory)

sind auch allen Prozessoren die Informationen über die rechenbereiten Rechenprozesse zugänglich: Es gibt sozusagen eine gemeinsame Liste, aus der sich jeder Prozessor einen nächsten Rechenprozeß zur Bearbeitung abholen kann. Alle oben genannten Scheduling-Strategien sind anwendbar, es gibt jedoch mehrere Server, welche sich die Bearbeitung dieser Aufgaben teilen. Während die Verarbeitungszeiten für einzelne Rechenprozesse nicht geringer werden (es sind ja dieselben Prozessoren), verkürzen sich die Wartezeiten durch die n Bedieneinheiten erheblich. Noch besser als ein Multi-Prozessor mit n Prozessoren der Leistung P wäre ein Einzel-Prozessor der Leistung n · P, da hierdurch auch die Verarbeitungszeit selbst um den Faktor n verkürzt werden könnte.

Deutlich schwieriger zu behandeln sind Multi-Prozessorsysteme, deren Knoten lose gekoppelt sind: Es handelt sich um Prozessoren mit jeweils eigenem Speicher, die über ein Kommunikationssystem miteinander verbunden sind. Für Prozeßrechner-Anwendungen gibt es zwei Varianten für die Zuordnung von Rechenprozessen an diese Rechner-Knoten:

- Die feste, statische Zuordnung, bei welcher jedem Prozessor eine bestimmte Menge von Rechenprozessen zugewiesen wird. In jedem dieser Knoten gelten ähnliche Scheduling-Mechanismen wie in Einzelrechnern. Das Problem hierbei ist natürlich, daß zu bestimmten Zeitpunkten manche Prozessorknoten nichts zu tun haben, während es bei anderen zu langen Wartezeiten kommt.
- Deutlich komplexer ist die dynamische Zuordnung von Rechenprozessen an ein derart verteiltes Mehrrechnersystem. Es gibt dort die Möglichkeit, Rechenprozesse von einem Knoten zum nächsten zu "migrieren" (Prozeß-Migration). Der Grundgedanke dabei ist, daß die Rechnerknoten Zustandsinformation über ihren Belastungs-Status austauschen und daß stark belastete Prozessoren versuchen, Rechenprozesse an weniger belastete Knoten abzugeben. Hierzu muß jedoch ein unter Umständen großer Prozeß-Kontext (z.B. große Datenfelder) übertragen werden, wozu natürlich Zeit benötigt wird: Es ist dann durchaus möglich, daß nach dieser Zeit sich die Lastsituation in den Knoten wieder verändert hat.

Gerade für Echtzeitsysteme ist das Thema der optimalen Prozeß-Migration aktuelles Forschungsthema.

3.2.3 Überprüfung der Echtzeitbedingungen

Wie bereits dargestellt, eignen sich statistische Verfahren nicht, um die Einhaltung von Echtzeitbedingungen zu überprüfen. Vielmehr müssen worst-case-Betrachtungen angestellt werden, um auch für die ungünstigsten Zeit- und Rechenarbeits-Anforderungen die Einhaltung der Zeitbedingungen zu garantieren. Im folgenden wird vereinfachend davon ausgegangen, daß Rechenprozesse im Rechner bearbeitet werden können, ohne daß Wartezeiten durch Zugriffe auf langsame Peripheriegeräte oder das Warten auf Ergebnisse anderer Rechenprozesse berücksichtigt werden müssen (vgl. Abschnitt 3.2.1). Einige Überlegungen zu solchen Randbedingungen werden in Abschnitt 3.2.4 dargestellt.

Sehr oft ist es nicht einfach, realistische worst-case-Situationen für eine konkrete Automatisierungsaufgabe zu erzeugen. Würde man beispielsweise immer von den minimal möglichen zeitlichen Abständen zweier Ereignisse ausgehen und die Rechnersysteme so auslegen, daß auch in diesem Fall alle Echtzeitbedingungen erfüllt bleiben, dann würden viel zu leistungsfähige Rechnerkonfigurationen eingesetzt werden. Es ist daher wichtig, realistische Annahmen zu machen und prozeßimmanente Restriktionen zu berücksichtigen.

Die Abb. 3.16 und 3.17 geben im oberen Teil das Profil von 4 Rechenprozessen wieder, die für bestimmte Klassen von Aufgaben typisch sind:

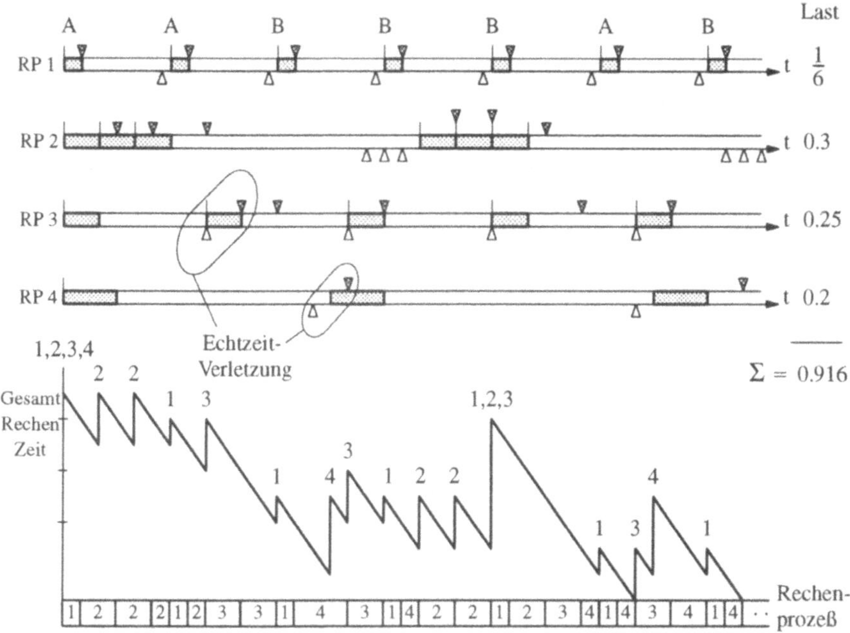

Abb. 3.16: Echtzeit-Verletzung bei Prioritäts-Scheduling

- Im Rechenprozeß 1 sind zwei Prozeßereignisse A und B zusammengefaßt, welche sich jedoch gegenseitig ausschließen. Für den Abstand zwischen diesen Ereignissen wird die minimal mögliche Differenzzeit verwendet. Für die Verarbeitungszeiten (schraffierte Bereiche) wird von den maximal möglichen Verarbeitungszeiten ausgegangen. Im vorliegenden Beispiel erzeugt dieser Rechenprozeß 1 eine relative Belastung von 0,166.

- Beim Rechenprozeß 2 kann aus dem technischen Prozeß abgeleitet werden, daß zwar bis zu drei Ereignisse in sehr kurzer Folge nacheinander auftreten können, danach gibt es jedoch einen relativ großen Zeitabstand, bis wieder ein solcher Burst eintreten kann. Auch in diesem Fall handelt es sich um eine worst-case-Darstellung, es könnten auch nur ein oder zwei Ereignisse in einem Burst kommen, die angegebenen Verarbeitungszeiten sind maximal, und auch die Intervalle zwischen den Bursts entsprechen den vom Prozeß gegebenen minimal möglichen Zeitabständen. Die maximale Belastung durch diesen Prozeß beträgt 30%, die maximalen Reaktionszeiten liegen relativ spät.

- Der Rechenprozeß 3 ist wiederum ein Prozeß, für welchen die minimale Prozeßzeit t_{Pmin} eingesetzt wird, was dem Worst-Case entspricht. Die sich daraus ergebende maximale Last liegt bei 25%.

- Der Rechenprozeß 4 schließlich ist ein völlig zyklischer Prozeß, der in periodischen Zeitintervallen (t_p = konstant) gestartet wird und eine konstante Verarbeitungszeit benötigt. Die relative Belastung beträgt 20%.

Ein Prozeßrechner soll diese Prozesse bedienen, der Worst-Case ist noch dadurch verschärft, daß alle Anforderungen zu Beginn dieses Diagramms gleichzeitig vorliegen.

Liegt ein solches Lastprofil vor, dann müssen die folgenden Fragen beantwortet werden:

- Ist der Rechner in der Lage, die Summen-Belastungen auch im ungünstigsten Fall zu bewältigen? Im vorliegenden Fall liegt diese Summen-Belastung bei 91%, diese notwendige Bedingung ist also erfüllt.

- Gibt es einen Scheduling-Algorithmus, mit dem alle geforderten Echtzeitbedingungen der Prozesse erfüllbar sind? In Abb. 3.16 ist dies in graphischer Weise für ein prioritätsgesteuertes Scheduling durchgeführt worden. Es zeigt sich, daß bei den Rechenprozessen 3 und 4 Echtzeit-Verletzungen auftreten können. In Abb. 3.17 dagegen wird ein Deadline-Scheduling angewandt, mit welchem es gelingt, alle Rechenprozesse schritthaltend, also innerhalb der vorgegebenen Reaktionszeitgrenzen zu bedienen. Zumindest für dieses Beispiel ist also das Deadline-Scheduling überlegen.

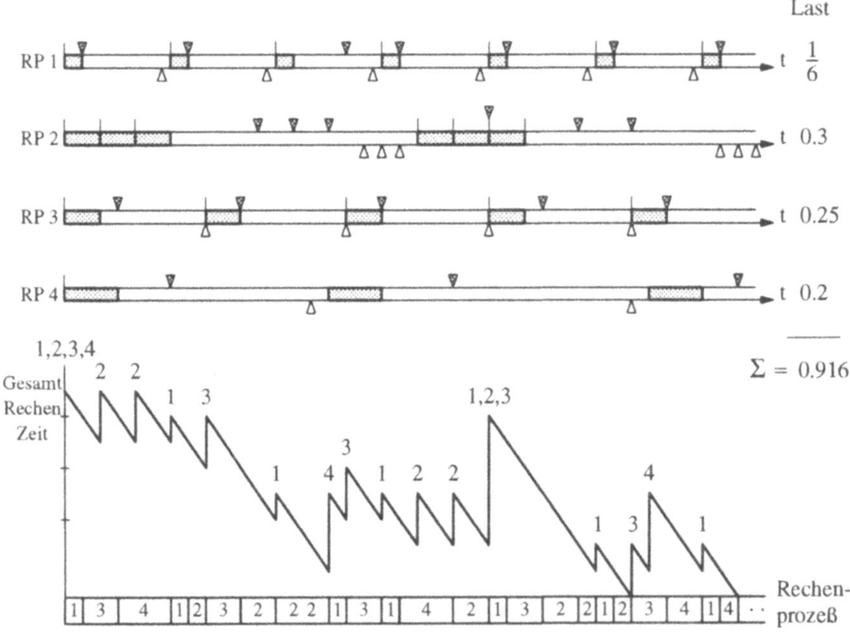

Abb. 3.17: Einhaltung der Echtzeitbedingungen beim Deadline-Scheduling

- Wenn die Echtzeitbedingungen – auch mit dem besten Scheduling-Algorithmus – nicht eingehalten werden können, dann stellt sich die Frage, um welchen Faktor die Leistung des Prozeßrechners gesteigert werden muß, um das Echtzeitverhalten sicherzustellen. Besteht die Möglichkeit, eine Multiprozessor-

Architektur einzusetzen, dann kann die Aufgabe darin bestehen, die Zahl der
benötigten Rechnerknoten zu bestimmen.

In diesem Abschnitt wurde ein graphisches Verfahren vorgestellt, mit welchem
der Nachweis der Echtzeitverarbeitung auch im Worst-Case nachgewiesen werden kann. Natürlich gibt es auch Algorithmen und Formeln, mit denen dieser
Nachweis z.B. durch ein Rechnerprogramm möglich ist. Solche Programme sind
geeignet, bei der Planung von Prozeßrechnersystemen die jeweils geeignetsten
Scheduling-Algorithmen zu bestimmen.

3.2.4   Spezielle Probleme

Im letzten Abschnitt wurden sehr einfache Rechenprozesse angenommen, in denen z.B. keine ''langsamen'' Betriebsmittel benutzt wurden oder Wartevorgänge
auf Nachrichten von anderen Rechenprozessen erforderlich waren. Manche Aufgabenstellungen machen jedoch solche Konstruktionen erforderlich.

Die Nutzung langsamer Peripheriegeräte (langsame A/D-Wandler, Feldbus-gekoppelte Prozeßperipherie-Systeme) kann meistens in andere Rechenprozesse
ausgelagert werden. Häufig hat man zyklische Datenerfassungs- und Ausgabe-
Prozesse, welche an die Geschwindigkeit der Periepheriekomponenten angepaßt
sind und welche über eine ''Datendrehscheibe'', eine Hauptspeicher-residente Da-
tenbasis, jeweils aktuelle Informationen über den technischen Prozeß zur Verwendung durch andere Rechenprozesse anbieten oder Steuerausgaben von diesen
Rechenprozessen an die Peripherie weiterleiten. Zugriffe zu langsamen Peripheriegeräten wie Platten oder Netzwerken müssen ebenfalls entkoppelt werden, die
damit verbundenen Zugriffszeiten sollten nicht Teil der Verarbeitungszeit zeitkritischer Rechenprozesse sein.

Häufig handelt es sich nicht um einzelne Rechenprozesse, sondern um Systeme
von Rechenprozessen, welche gemeinsam eine bestimmte Prozeßautomatisie-
rungs-Aufgabe wahrnehmen. Dabei geschieht es häufig, daß einer dieser Rechenprozesse Daten oder Zustandsinformationen erarbeitet, welche für einen weiteren
Rechenprozeß von Bedeutung sind. Die Kommunikation zwischen diesen Rechenprozessen erfolgt durch Interprozeßkommunikation (IPC), wobei der emp-
fangende Rechenprozeß warten muß, bis der sendende Rechenprozeß seine Daten
abgeschickt hat. Dies kann zu unvorhersehbaren Verzögerungen (Wartezeiten)
führen. Auch hier muß also durch die Konstruktion des Rechenprozeß-Systems
dafür gesorgt werden, daß solche Wartezeiten nicht auftreten bzw. begrenzt werden können. Ein Beispiel hierfür ist die Einführung von Mailboxen, in welche
Sende-Rechenprozesse ihre Zustandsinformationen so ablegen, daß sie jederzeit
ohne Zeitverluste von den Empfangs-Rechenprozessen übernommen werden
können. Natürlich kann es dennoch erforderlich sein, nicht nur die Rechenzeit eines einzigen Rechenprozesses, sondern die einer ganzen Kette zur Bestimmung
von Verarbeitungszeiten mit zu berücksichtigen. Es handelt sich dann um Präze-
denz-Systeme, deren zeitliche Behandlung den Rahmen dieses Buches übersteigt.

Ein weiterer wichtiger Gesichtspunkt ist die Forderung, ein Prozeßrechnersystem möglichst wirtschaftlich optimal zu gestalten. Diese Aufgabe wird meist intuitiv gelöst, formale Optimierungsversuche beschränken sich meist auf theoretische Ansätze, für welche im folgenden ein kleines Beispiel gegeben werden soll.

Der Nutzen, welchen ein bestimmter technischer Teilprozeß für die gesamte Automatisierungsaufgabe erbringt, hängt ab

- von der Qualität des Algorithmus, der den Rechenprozeß bestimmt. Im einfachsten Fall kann ein solcher Algorithmus einen Default-Wert ausgeben, er kann einen einfachen Näherungsalgorithmus durchführen oder einen komplexen, optimalen und aufwendigen Algorithmus. Entsprechend groß ist die Rechenarbeit RA, die innerhalb des Rechenprozesses zu leisten ist. Man kann davon ausgehen, daß damit der Nutzen, der durch diesen Teilprozeß erreichbar ist, in gewissem Umfang von der Rechenarbeit RA abhängt. In manchen Echtzeitsystemen gibt es mehrere alternative Algorithmen, zwischen denen in Abhängigkeit von der noch verfügbaren Rechenzeit umgeschaltet werden kann.
- von der Einhaltung der maximalen Reaktionszeit gegenüber dem technischen Prozeß. Abb. 3.5 hat ja deutlich gemacht, daß diese maximale Reaktionszeit meist nicht eine harte Schwelle darstellt, daß sie vielmehr durch eine Kostenfunktion beschrieben ist, welche im allgemeinen bei steigenden Reaktionszeiten auch zu steigenden Kosten führt.

Sowohl die erreichbare Reaktionszeit als auch die verfügbare Rechenarbeit hängt von der Leistung des Rechners ab, Rechner höherer Leistung verursachen natürlich auch höhere Kosten. Ein Ansatz zur optimalen Auslegung eines Prozeßrechnersystems ergibt sich daher aus der Aufgabe, die Summe der für alle Teilprozesse erzielbaren Nutzen unter Berücksichtigung der Rechnerkosten zu einem Maximum zu machen.

3.3 Echtzeit-Betriebssysteme

3.3.1 Aufgaben des Echtzeit-Betriebssystems

Mit der Hardware des Prozeßrechners verfügt der Anwender im Prinzip über alle Voraussetzungen, um seine Automatisierungs-Aufgabe zu lösen. Besonders bei kleineren Prozeßrechnern und Mikroprozessoren werden auch heute noch einfache Aufgaben in dieser Weise gelöst. Bei komplexen Aufgaben handelt man sich jedoch bei diesem Vorgehen eine große Zahl von aufwendigen, fehleranfälligen und immer wiederkehrenden Zusatzaufgaben ein, die mit der eigentlichen Aufgabenstellung nichts zu tun haben. Zur Abwicklung dieser Aufgaben stellt daher das *Betriebssystem* standardmäßig bestimmte über die Hardware hinausgehende Funktionen zur Verfügung.

In diesem Abschnitt sollen anhand von vier einfachen Beispielen die Aufgaben beschrieben werden, welche üblicherweise an ein Echtzeit-Betriebssystem delegiert werden.

Beispiel 1

Der Prozeßrechner soll eine einfache Steuerungsaufgabe ausführen, in deren Verlauf folgende Teilprogramme zyklisch durchlaufen werden:

- Abfrage digitaler Information (z.B. Kontakte, Überdruckschalter, Endschalter usw.).
- Berechnung der Ausgabefunktion aufgrund des momentanen Zustands im Steuerungssystem und der Eingabeinformation.
- Ausgabe an Digitalausgänge.

Da sowohl die Digitalabfrage als auch die Digitalausgabe sofort ausgeführt werden können und da nicht mehrere Vorgänge gleichzeitig beachtet werden müssen, ist es für den Programmierer einfach, diese Aufgabe ohne ein Betriebssystem zu lösen. Auf diese Weise erfolgt im übrigen die Programmierung der programmierbaren Steuerungen (SPS, Speicher-Programmierbare Steuerungen), im einfachsten Fall wird eine lineare Befehlsfolge zyklisch durchlaufen (vgl. Abb. 3.18). Besteht das Programm – in welchem vor allem logische Verknüpfungen durchgeführt werden – beispielsweise aus 1000 Befehlen und wird pro Befehl eine Mikrosekunde benötigt, dann dauert der Zyklus dieser Programmschleife eine Millisekunde, die zeitliche Auflösung der SPS ist also 1 ms. Ereignisse im gesteuerten Prozeß können nur mit dieser Zeitauflösung berücksichtigt werden. Auch andere zeitkritische Steuerungsabläufe (z.B. in Motor-Management-Steuerungen) werden in einer derartigen zyklischen Folge programmiert.

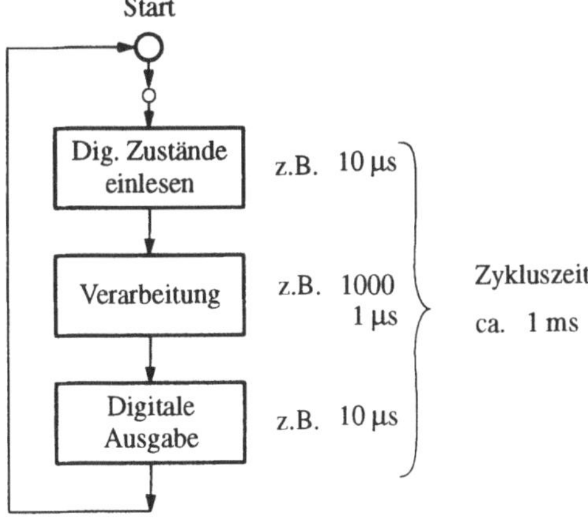

Abb. 3.18: Zyklischer Programmablauf

Beispiel 2

Der Anwender hat jetzt die Aufgabe, mit einem langsamen A/D-Wandler (20 ms)
von mehreren Meßstellen analoge Meßwerte zu erfassen und mit diesen Werten
verschiedene Berechnungen auszuführen, bevor eine daraus abgeleitete Digitalausgabe erfolgen kann. Da der A/D-Wandler am Wandlungsende eine Programmunterbrechung liefert, wird der Anwender die folgende, in Abb. 3.19 dargestellte
Lösung wählen:

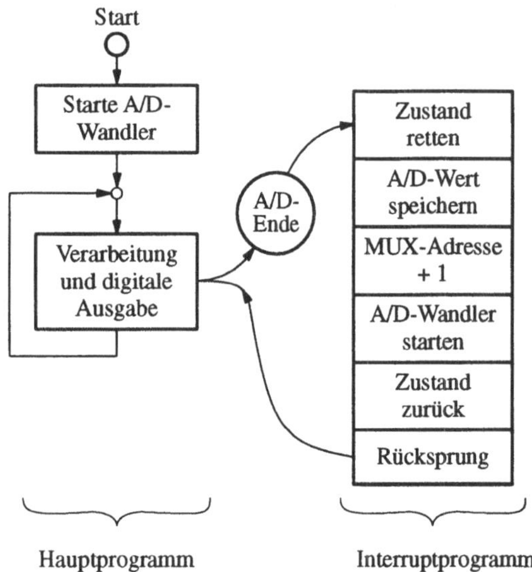

Abb. 3.19: Verwaltung eines langsamen A/D-Wandlers

- Starten des A/D-Wandlers für einen Multiplex-Kanal.
- Ausführung der Berechnung und Digitalausgabe. Dieser Teil des Programms
  wird zyklisch durchlaufen, bis der A/D-Wandler mit Hilfe des Ende-Interrupts
  die Beendigung der Wandlung mitteilt.

In diesem Augenblick wird das Interrupt-Programm aktiviert, welches folgende
Gestalt hat:

- Retten des Maschinenzustands.
- Übernahme und Abspeichern des digitalisierten Meßwertes.
- Starten einer neuen Wandlung mit der nächsten Multiplex-Adresse.
- Wiederherstellen des ursprünglichen Maschinenzustands.
- Rückkehr vom Interrupt-Programm in die Berechnungsroutine.

In diesem Beispiel gibt es zwei unabhängige Programmzweige, die miteinander
Information austauschen müssen. Der Anwender muß – zusätzlich zu seinem An-
wenderproblem – folgende Aufgaben lösen:

- Kommunikation zwischen den Teilprogrammen. Das Unterbrechungsprogramm legt Meßwerte in Speicherplätzen ab, von welchen sie das Berechnungsprogramm abholt. Dem Berechnungsprogramm muß außerdem mitgeteilt werden, wieviele Meßwerte schon gewandelt wurden.
- Sicherstellen, daß beide Teilprogramme korrekt zusammenarbeiten und sich nicht gegenseitig stören (was z.B. geschieht, wenn vergessen wird, alle Maschinenzustände zwischenzuspeichern). Wird dies nicht sorgfältig durchgeführt, kann es zu sporadischen Software-Fehlern kommen.
- Überprüfen der Funktionsfähigkeit des A/D-Wandlers. Für den Fall, daß – wegen eines statischen oder sporadischen Hardware-Fehlers – die Rückmeldung des A/D-Wandlers ausbleibt, muß eine Zeitüberwachung aktiv werden, wenn nicht das ganze Programmsystem funktionsunfähig werden soll. Hinzu kommen Fehlerkontrollen, etwa die Meßbereichsüberschreitung oder die Kontrolle auf angeschlossene Meßleitungen.

Hier handelt es sich um typische Betriebssystem-Funktionen, welche zusätzlich zur eigentlichen Anwendung gelöst werden müssen. Diese Funktionen sind durch die Tatsache bedingt, daß es sich bei dem Startbefehl für den A/D-Wandler um einen "langen" Befehl handelt, dessen Ausführungszeit um Größenordnungen über der eines Maschinenbefehls liegt.

Beispiel 3

Zu den Aufgaben des zweiten Beispiels kommt nun die zusätzliche Forderung hinzu, daß die Digitalausgabe nicht zu einem beliebigen Zeitpunkt, sondern nur zu bestimmten, durch eine Echtzeituhr festgelegten Zeiten angestoßen werden darf. Da sich auch die Echtzeituhr per Programmunterbrechung meldet, muß der Programmierer jetzt zwei Interrupt-Rückmeldungen bearbeiten. Folgende Aufgaben entstehen dabei:

- Starten des A/D-Wandlers.
- Starten der Echtzeituhr.
- Eintritt in die Berechnungsroutine, die wiederum zyklisch durchlaufen wird.

Mit der Rückmeldung vom A/D-Wandler wird die entsprechende Interrupt-Routine betreten, die folgende Operationen durchführt:

- Retten des Maschinenzustands.
- Abholen und Abspeichern der Analogwerte.
- Wiederstarten des Wandlers mit der nächsten Multiplex-Adresse.
- Wiederherstellen des Maschinenzustands.
- Rückkehr aus dem Interrupt-Programm.

Ist die an die Echtzeituhr übergebene Zeit abgelaufen, so kommt der Rückmelde-Interrupt von dieser Einheit, und folgendes Unterbrechungs-Programm muß ausgeführt werden:

- Retten des Maschinenzustands.
- Ausgabe des Digitalwertes an die Digitalausgabe.

- Neustarten der Echtzeituhr.
- Wiederherstellen des Maschinenzustands.
- Rückkehr aus der Interrupt-Routine.

Abb. 3.20 zeigt das Flußdiagramm, folgende Aufgaben müssen durch den Programmierer zusätzlich gelöst werden:

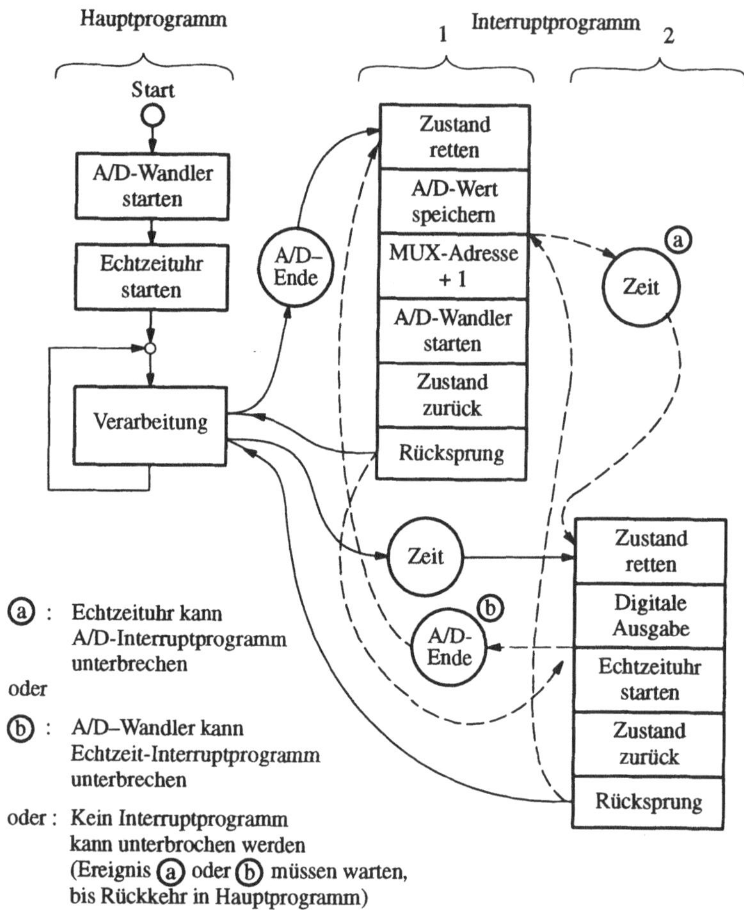

Abb. 3.20: Behandlung mehrerer Unterbrechungsursachen

- Soll der Interrupt von der Echtzeituhr das Unterbrechungs-Programm des A/D-Wandlers unterbrechen, oder der Interrupt des A/D-Wandlers das Echtzeituhr-Bedienungsprogramm – oder darf überhaupt kein Unterbrechungs-Programm unterbrochen werden?
- Welche Echtzeitbedingungen gelten bezüglich der geforderten Reaktion auf den Echtzeit-Interrupt und den Interrupt des A/D-Wandlers? Es ergibt sich die Frage der Priorität, mit welcher die Teilaufgaben bearbeitet werden müssen.

- Da Unterbrechungs-Programme unterbrochen werden, können Probleme der Wiedereintrittsfähigkeit entstehen, wenn beispielsweise für das Retten und Wiederherstellen des Maschinenzustands gemeinsame Unterroutinen verwendet werden.

Beispiel 4

Zwei unabhängige und asynchrone Vorgänge lösen durch externe Alarme zwei Programmläufe (Rechenprozesse) aus. Beide benötigen die Messung eines Analogwerts durch denselben langsamen A/D-Wandler (2 Multiplex-Kanäle). Parallel dazu sollen weitere Berechnungen durchgeführt werden. Für den Programmierer ergeben sich folgende Aufgaben:

- Initialisieren des ersten Vorgangs.
- Initialisieren des zweiten Vorgangs.
- Betreten der im "Hintergrund" laufenden zyklischen Berechnungsroutine.

Mit dem Alarm vom ersten Vorgang im technischen Prozeß wird das Unterbrechungs-Programm 1 (Rechenprozeß 1) betreten, in dem folgende Operationen abzuwickeln sind:

- Retten des Maschinenzustands.
- Starten des A/D-Wandlers.
- Warten auf das Ende der Wandlung.
- Berechnung von Ausgabewerten.
- Ausgabe an Digitalausgabe.
- Wiederherstellen des Maschinenzustands.
- Rückkehr zum unterbrochenen Programm.

Mit dem Alarm vom zweiten Vorgang wird das Unterbrechungs-Programm 2 (Rechenprozeß 2) eingeleitet, in welchem dieselben Operationen ausgeführt werden müssen (Abb. 3.21).

In dieser Konstellation ergeben sich zwei zusätzliche Probleme:

- Zunächst muß innerhalb des Rechenprozesses 1 auf das Operationsende des Analog/Digital-Wandlers gewartet werden. Da der Wandler-Startbefehl jedoch ein langer Befehl ist, kann das Ende dieses Vorgangs nicht innerhalb des Rechenprozesses abgewartet werden (der Prozessor würde in unzulässiger Weise für z.B. 20 ms "angehalten" werden). Es besteht die Notwendigkeit, die Kontrolle an das Hauptprogramm (Berechnung) zurückzugeben, bis der Analogwandler das Ende der Wandlung gemeldet hat. Erst nach Bearbeitung des Wandler-Interrupts kann die Rückkehr in den Rechenprozeß 1 erfolgen. Die Implementierung dieser *Wartefunktion* gehört zu den Aufgaben des Betriebssystems.
- Das Beispiel zeigt auch, daß dasselbe Betriebsmittel (der A/D-Wandler) asynchron von verschiedenen Rechenprozessen benutzt werden kann. Fordert zum Beispiel der Rechenprozeß 2 den Wandler an, während gerade eine Wandlung für den Rechenprozeß 1 läuft, dann muß die zweite Anforderung an dieses Be-

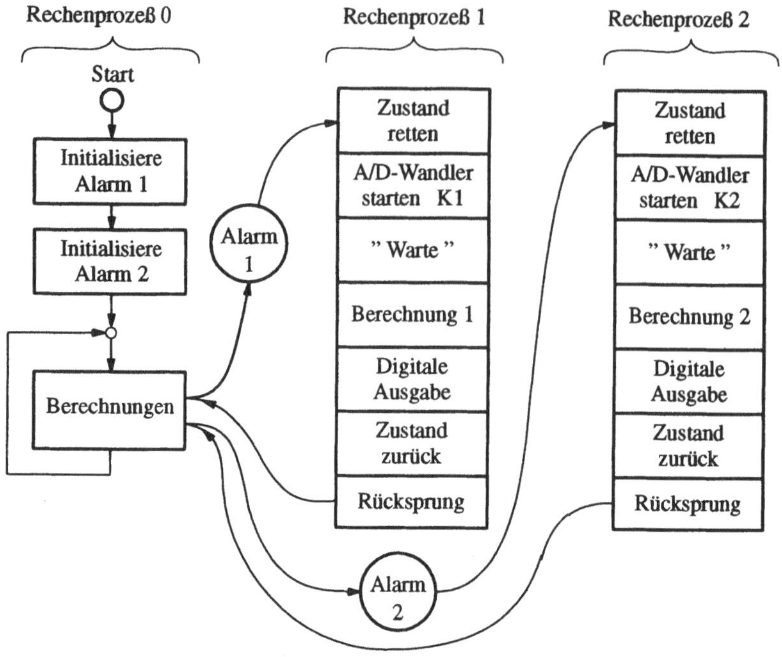

Abb. 3.21: Zugriff auf gemeinsames Betriebsmittel (langsamer A/D-Wandler)

triebsmittel in eine *Warteschlange* gestellt werden. Das Betriebssystem muß in der Lage sein, diese Warteschlange zu bilden und – entweder nach einem First-In/First-Out-Vorgehen (FIFO) oder entsprechend der Programmpriorität – wieder aufzulösen.

Es ist nicht sinnvoll, diese komplexen Funktionen bei jeder Anwendung immer wieder neu zu programmieren. Dies gilt besonders dann, wenn die Aufgabe auf mehrere Programmierer aufgeteilt wird, die auf dieselben Betriebsmittel zugreifen müssen. In diesem Fall stellt das Betriebssystem Schnittstellen und Vereinbarungen zur Verfügung.

Stellt man die aus den vier Beispielen gewonnenen Erkenntnisse zusammen, dann wird offenbar, daß das Betriebssystem in der Lage sein muß, dem Anwender mindestens die folgenden, immer wiederkehrenden Aufgaben abzunehmen:

- Abwicklung der Ein-/Ausgabe-Funktionen für die verschiedenen Peripheriegeräte einschließlich der notwendigen Fehlerbehandlung und -Überwachung.
- Kommunikation zwischen den Rechenprozessen, z.B. zur Parameter-Übergabe.
- Sicherstellen der störungsfreien Interaktion der einzelnen Unterbrechungsprogramme und Rechenprozesse (Prozessor-Verwaltung).
- Koordination und "Scheduling" bei mehreren gleichzeitigen Anforderungen an den Prozessor.

- Koordination mehrerer Anforderungen an dasselbe Betriebsmittel (Warteschlangenverwaltung).
- Verwalten, Sperren und Freigeben von Betriebsmitteln.
- Realisierung verschiedener Wartefunktionen.

Alle diese Funktionen werden zu einem *Steuerrahmenprogramm* zusammengefaßt, welches auch als *Basis-Betriebssystem* bezeichnet werden kann. Ein Betriebssystem, welches auf externe Anforderungen schritthaltend reagieren kann, wird "Echtzeit-Betriebssystem" genannt.

3.3.2   Elemente eines Echtzeit-Betriebssystems

Echtzeit-Betriebssysteme sind in der Lage, mehrere Rechenprozesse gleichzeitig zu verwalten: Der Prozeßrechner muß simultan mehrere Vorgänge im technischen Prozeß überwachen und steuern. Gleichzeitig ausführen kann jedoch jedes Ein-Prozessor-System nur jeweils einen einzelnen Rechenprozeß.

Das deutet darauf hin, daß die einzelnen Rechenprozesse noch näher spezifiziert werden müssen: durch den sogenannten *Taskzustand*, also einem dem Rechenprozeß (der Task) zugeordneten Zustand. Im einfachsten Fall geht man davon aus, daß sich die Programme für das Betriebssystem und alle Rechenprozesse im Arbeitsspeicher befinden (Arbeitsspeicher-residentes Betriebssystem). In diesem Fall gibt es folgende Programmzustände:

- **Ruhend**: Ein Rechenprozeß ruht so lange, bis er durch das Betriebssystem gestartet wird. Jeder Rechenprozeß kann sich selbst durch einen entsprechenden Aufruf an das Betriebssystem wieder in den Ruhezustand versetzen.
- **Wartend**: Der Rechenprozeß wurde zwar gestartet, er kann jedoch nicht ablaufen, da nicht alle zur Lauffähigkeit notwendigen Bedingungen erfüllt sind. Es muß noch beispielsweise auf das Ende eines Eingabe- oder Ausgabe-Auftrags oder auf ein anderes benötigtes Betriebsmittel gewartet werden.
- **Lauffähig**: In diesem Zustand sind alle Voraussetzungen für den Lauf dieses Rechenprozesses vorhanden. Es ist nur noch eine vom Scheduler zu beantwortende Frage, wann der Rechenprozeß in den Zustand "aktiv" versetzt wird, wann er also durch den Prozessor ausgeführt wird.
- **Aktiv**: In diesem Zustand wird der Rechenprozeß gerade vom Prozessor bearbeitet. Es kann jeweils nur ein einziger Rechenprozeß aktiv sein, alle anderen Zustände können von mehreren Tasks eingenommen werden.

Die Übergänge von einem Taskzustand zum anderen werden durch ein Zustandsdiagramm (Abb. 3.22) beschrieben. Die meisten Zustandsübergänge werden ausgelöst durch Aufträge an das Betriebssystem ("Betriebssystem-Aufrufe"), deren Funktionen später ausführlich besprochen werden. Sie werden im folgenden insoweit vorweggenommen, als sie für die Beschreibung der Zustandsübergänge erforderlich sind. Ein ruhender Rechenprozeß mit der Nummer N wird in den lauffähigen Zustand versetzt, wenn ein anderer Rechenprozeß diesen durch den Betriebssystem-Aufruf "Start Rechenprozeß N" startet. Aus dem Zustand "lauffä-

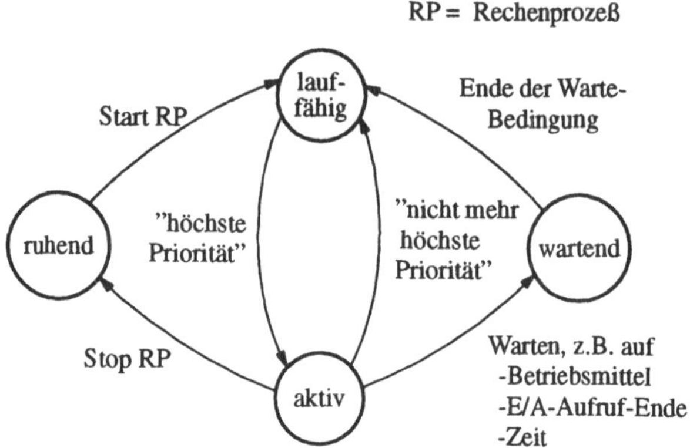

Abb. 3.22: Zustände von Rechenprozessen

hig" kommt der Rechenprozeß in den aktiven Zustand, wenn er vom Scheduler ausgewählt wird, wenn er also z.B. bei einem prioritätsgesteuerten Scheduling von allen lauffähigen Rechenprozessen die höchste Priorität hat. Tritt ein Ereignis ein, durch das ein anderer Rechenprozeß mit noch höherer Priorität lauffähig wird (z.B. durch eine Programmunterbrechung), dann fällt der gerade aktive Rechenprozeß in den Zustand "lauffähig" zurück, und der lauffähige Rechenprozeß mit höchster Priorität wird aktiv. Ein Rechenprozeß, der nicht fortgesetzt werden kann, da er

- auf den Ablauf einer bestimmten Zeitspanne oder
- auf das Freiwerden eines Betriebsmittels oder
- auf die Beendigung einer Ein-/Ausgabe-Funktion

wartet, kommt in den Zustand "wartend". Der Rechenprozeß ist damit nicht mehr lauffähig, ein anderer, zu diesem Zeitpunkt lauffähiger Rechenprozeß kann aktiv werden. Erst wenn für einen Rechenprozeß, der sich im Zustand "wartend" befindet, alle für die Lauffähigkeit notwendigen Bedingungen eingetreten sind, kommt er wieder in den Zustand "lauffähig". Hat ein aktiver Rechenprozeß die Aufgabe beendet, so kann er sich selbst suspendieren (Ende des Rechenprozesses). In diesem Fall fällt er in den Ruhezustand zurück.

Bei komplexeren Echtzeit-Betriebssystemen werden bis zu 16 verschiedene Taskzustände definiert. Besonders wenn sich das zu einem Rechenprozeß gehörende Programm noch nicht im Arbeitsspeicher befindet, werden zusätzliche Taskzustände benötigt.

Rechenprozesse können jederzeit durch externe Ereignisse (Interrupts) unterbrochen werden, danach werden häufig andere Rechenprozesse weiterbearbeitet. Es ist daher notwendig, für jeden Rechenprozeß ein Abbild der realen Maschine in einem dafür reservierten Speicherbereich abzulegen. Diese Datenstruktur wird häufig Task-Kontrollblock (TCB) genannt, sie enthält zu jedem Zeitpunkt alle den spezifischen Rechenprozeß betreffenden Maschinenzustände (mit Ausnahme des gerade aktiven Rechenprozesses). Im TCB sind folgende Parameter gespeichert:

- Angaben über die Priorität des Rechenprozesses.
- Angaben über den Zustand des Rechenprozesses, ggf. über die Bedingungen, auf die der Rechenprozeß gerade wartet.
- Speicherplätze, in denen jeweils alle Prozessorzustände gespeichert werden, mit welchen dieser Rechenprozeß zum letzten Mal unterbrochen wurde.

Der Rechenprozeß stellt zusammen mit seinem Task-Kontrollblock gewissermaßen eine virtuelle Maschine (Pseudo-Prozessor) dar, beim Übergang in den Zustand "aktiv" wird dieser Pseudo-Prozessor in den realen Prozessor geladen und das Programm zur Ausführung gebracht. Diese Pseudo-Prozessoren sind ihren Rechenprozessen 1:1 zugeordnet, sie verteilen unter sich die Gesamtleistung des realen Prozessors.

Im einfachsten Fall stellt die Hardware nur eine einzige Programmunterbrechungs-Ebene zur Verfügung, auf der alle Interrupt-Rückmeldungen von den einzelnen Geräten ankommen und alle Ereignisse aus den technischen Prozessen (Alarme) erzeugt werden. Nach Eintritt in das Interrupt-Programm wird der Interrupt-Mechanismus gesperrt, so daß in diesem Zustand kein neuer Interrupt ausgelöst werden kann. Die einfachste Form eines Betriebssystem-Kerns geht davon aus, daß alle Betriebssystem-Funktionen in diesem nicht unterbrechbaren Mode abgewickelt werden. Das gesamte Programmsystem teilt sich damit entsprechend Abb. 3.23 in zwei Teilsysteme auf:

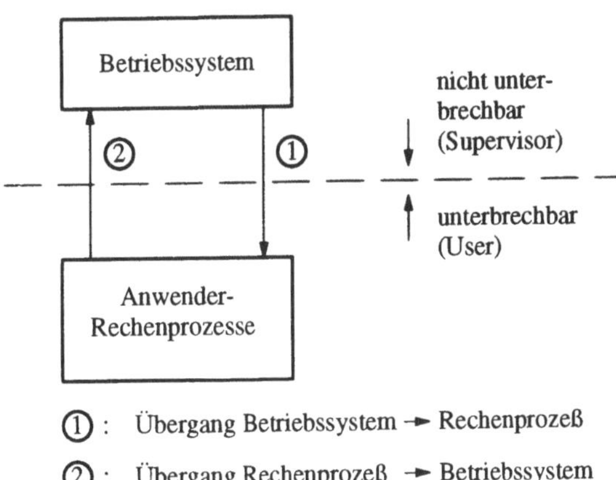

Abb. 3.23: Schnittstellen eines einfachen Betriebssystems

- das Betriebssystem auf der Unterbrechungsebene, die selbst nicht unterbrechbar ist, und
- die Menge der Anwenderprogramme (Rechenprozesse), die unterbrochen werden können.

In diesem einfachsten Fall, bei dem die Programmstruktur der einfachsten möglichen Unterbrechungs-Hardware entspricht, können folgende Übergänge zwischen Betriebssystem und Anwender-Rechenprozessen stattfinden:

1. **Übergang vom Betriebssystem zu einem Rechenprozeß:** Beim Einschalten des Rechners wird die Programmkontrolle an das Betriebssystem übergeben. Dort werden in einer Vorbereitungsroutine alle später benötigten Arbeitsspeicherplätze auf einen vorgegebenen Wert gesetzt (Initialisierung). Dann wird von seiten des Betriebssystems die Kontrolle zum ersten Mal an einen speziellen Rechenprozeß übergeben (Start-Rechenprozeß), mit dem der Anwender im allgemeinen sein Rechenprozeß-System konfiguriert.
   Durch eine der unter 2. beschriebenen möglichen Ursachen kehrt die Programmkontrolle später wieder zum Betriebssystem zurück. Der erneute Übergang zu einem Rechenprozeß kann erfolgen als

- Fortsetzung des gerade unterbrochenen Rechenprozesses oder
- Fortsetzung eines früher unterbrochenen Rechenprozesses oder
- als Start eines neuen Rechenprozesses.

2. **Übergang vom Rechenprozeß zum Betriebssystem:** Wie bereits bei der Beschreibung der Prozessor-Hardware dargestellt, gibt es hier drei Ursachen, die diesen Übergang auslösen können:

- Externe Ereignisse oder Programmunterbrechungen: Es kann sich dabei um Alarme, um Hardware-Interrupts von der Echtzeituhr oder von anderen Peripheriegeräten handeln.
- Fehler-Ereignisse: Hierbei kann es sich sowohl um Hardware-Fehler (z.B. Speicherfehler) handeln als auch um Software-Fehler (z.B. Zahlenbereichs-Überschreitung, Verwendung ungültiger oder privilegierter Instruktionen usw.).
- Betriebssystem-Aufrufe: Diese werden von dem gerade aktiven Rechenprozeß ausgelöst, sie zeigen an, daß vom Rechenprozeß jetzt eine der vom Betriebssystem zur Verfügung gestellten Funktionen angefordert wird. Programmtechnisch werden diese Aufrufe bei moderneren Prozeßrechnern durch SVC-Befehle (*SuperVisor Call*) realisiert, die sich ähnlich verhalten wie ein Unterprogrammsprung zu einer bestimmten Betriebssystemadresse, durch welchen die Unterbrechbarkeit ausgeschaltet wird. Im Prinzip handelt es sich um per Programm ausgelöste Programmunterbrechungen (Software-Interrupts) – die Programmunterbrechung wird hier nicht (asynchron) durch ein externes Ereignis, sondern (synchron) durch einen Maschinenbefehl ausgelöst.

Im folgenden werden einige typische Betriebssystem-Aufrufe mit ihren Auswirkungen auf die Zustände der aufrufenden Rechenprozesse beschrieben. Die meisten dieser Aufträge können mit implizitem oder explizitem Warten spezifiziert werden:

- *Implizites Warten* bedeutet, daß der Rechenprozeß so lange in den Zustand "wartend" gebracht wird, bis der Auftrag des Betriebssystems (z.B. ein Eingabe-Befehl) ausgeführt wurde. Der Rechenprozeß kann also davon ausgehen, daß bei seiner Fortsetzung nach Ausführung des Betriebssystem-Aufrufs der entsprechende Auftrag ausgeführt ist (synchrone Operation).

- Bei *explizitem Warten* wird der Zustand des Rechenprozesses nicht verändert: Das Betriebssystem beginnt mit der Bearbeitung des Auftrags, wenn zu diesem Zeitpunkt kein anderer Rechenprozeß mit höherer Priorität vorhanden ist, wird der aufrufende Rechenprozeß fortgesetzt. Der Betriebssystem-Auftrag wird also quasi simultan mit der Fortsetzung des Rechenprozesses ausgeführt. Der Rechenprozeß kann nicht davon ausgehen, daß bei seiner Fortsetzung der Auftrag erfüllt ist – vielmehr muß ein expliziter Warte-Aufruf an das Betriebssystem erfolgen, wenn z.B. Ergebnisse eines Auftrags mit explizitem Warten benötigt werden (asynchrone Operation).

Ein-/Ausgabe-Aufrufe. Durch diese Aufrufe wird das Betriebssystem beauftragt, eine Eingabe- oder Ausgabe-Operation mit einem Peripheriegerät auszuführen. Bei implizitem Warten kehrt die Kontrolle erst dann zum aufrufenden Rechenprozeß zurück, wenn der Auftrag vollständig ausgeführt ist. Bei explizitem Warten kann die Kontrolle sofort zum Rechenprozeß zurückkehren, auf das Ende der angestoßenen Operation muß mit einem weiteren Warte-Auftrag an das Betriebssystem gewartet werden: So kann der Programmierer eine weitgehende zeitliche Überlappung von Ein-/Ausgänge-Vorgängen und seinem Rechenprozeß erreichen, die Fehlermöglichkeiten beim Programmieren sind jedoch deutlich größer.

Wecker-Aufrufe. Mit diesem Aufruf-Typ kann dem Betriebssystem eine Differenz- oder Absolut-Zeit übergeben werden, mit welcher gewissermaßen ein "Wecker" vorbesetzt wird. Bei Weckeraufrufen mit implizitem Warten bleibt der Rechenprozeß bis zum Ende der spezifizierten Zeitspanne im Zustand "wartend", bei explizitem Warten muß wiederum ein expliziter Warte-Aufruf ausgeführt werden: Vorher läuft die Ausführung des Rechenprozesses und der Ablauf der Weckerzeit simultan. Diese Funktion wird vor allem auch für die Realisierung von Zeitüberwachungs-Funktionen benötigt.

Send/Receive. Die heute wichtigste Form der Kommunikation zwischen Rechenprozessen sind Send- und Receive-Funktionen. Ein Rechenprozeß schickt mit *Send* eine Nachricht an einen anderen Rechenprozeß, der diese mit der Funktion *Receive* aufnehmen kann. Dieses Prinzip der Interprozeß-Kommunikation, welches bei modernen verteilten Prozeßrechensystemen Anwendung findet, erlaubt es, davon zu abstrahieren, ob die an der Kommunikation beteiligten Rechenprozesse im selben Prozessor oder in unterschiedlichen Prozessoren ablaufen.

Meist sind diese Aufträge mit dem Konzept der *"Mailbox"* gekoppelt, in welcher gesendete Nachrichten abgespeichert und von welcher diese Nachrichten wieder ausgelesen werden können. Diese Mailboxen können auch als "First-In-First-Out-Speicher" organisiert sein, so daß auch mehrere Nachrichten gesendet werden können, bevor der Empfänger Nachrichten aufnimmt. Alternativ zur Mailbox, welche meist fest einem Empfänger-Rechenprozeß zugeordnet ist, gibt es das *Port*-Konzept, über welches Rechenprozesse ebenfalls kommunizieren können.

Auch Send- und Receive-Aufträge können mit implizitem und explizitem Warten spezifiziert werden:

- Beim Send mit implizitem Warten kann die Programmkontrolle erst dann zum aufrufenden Rechenprozeß zurückkehren, wenn der Empfänger die Nachricht abgeholt hat. Bei explizitem Warten (no wait send, asynchrones Send) kann der Rechenprozeß sofort fortgesetzt werden, er kann jedoch nicht davon ausgehen, daß seine Nachricht bereits beim Empfänger angekommen ist.
- Bei der Receive-Funktion wird meist implizites Warten spezifiziert: Der Rechenprozeß kann erst fortgesetzt werden, wenn die erwarteten Daten übernommen wurden. Auch hier sind jedoch Varianten mit explizitem Warten vorstellbar, durch den Receive-Auftrag wird dann der Empfangsvorgang eingeleitet, sein Abschluß muß mit einem weiteren expliziten Warte-Aufruf festgestellt werden.

Sende-Aufträge erfolgen meist an einen speziellen Rechenprozeß bzw. dessen Mailbox, Empfangs-Aufträge sind meist an eine Mailbox gekoppelt. Bei direkter Kommunikation zwischen Rechenprozessen gibt es auch den Auftrag "receive any", der Rechenprozeß übernimmt hier also jede an ihn gesendete Nachricht, gleichgültig von welchem Sender-Rechenprozeß sie kommt.

Warte-Aufrufe. Aus diesem Zusammenhang wird deutlich, welche Bedeutung explizite *Warte-Aufrufe* haben. Jeder Rechenprozeß, der einen Betriebssystem-Auftrag mit "explizitem Warten" erteilt, darf hier nicht davon ausgehen, daß nach Rückkehr aus dem Betriebssystem die aufgerufene Funktion bereits ausgeführt wurde. Vielmehr muß mit einem später aufgesetzten Warte-Aufruf die Beendigung dieser Funktion überprüft werden: Ist sie noch nicht beendet, dann kommt der Rechenprozeß in den Zustand "wartend", bis die Warte-Bedingung aufgehoben ist. Ist zum Zeitpunkt des Warte-Auftrags die Bedingung bereits erfüllt, dann bleibt der Rechenprozeß im Zustand "lauffähig".

Soll die Bearbeitung eines Rechenprozesses erst fortgesetzt werden, wenn mehrere Warte-Bedingungen erfüllt sind, dann kann dies durch mehrere hintereinander ausgelöste Warteaufrufe erreicht werden. Manchmal ist es auch erwünscht, einen Rechenprozeß fortzusetzen, wenn eine von mehreren Wartebedingungen erfüllt ist: Im Warte-Aufruf müssen dann mehrere Bedingungen genannt werden, bei deren Erfüllung der Rechenprozeß fortgesetzt werden kann (Mehrfach-Warten: ODER- Verknüpfung der Wartebedingungen). Eine typische Anwendung dieses Mehrfach-Wartens ist die Spezifikation einer Zeitüberwachung für eine Eingabe-Operation: Der Eingabe-Aufruf und der Wecker-Aufruf werden hintereinander (beide mit explizitem Warten) ausgelöst, in dem Mehrfach-Warte-Aufruf sind die Wartebedingungen "Eingabegerät" und "Wecker" genannt: Wird der Warte-Aufruf vom Wecker beendet, dann ist der Time-out vor der Beendigung der Eingabe-Operation abgelaufen (Fehlersituation).

Neben diesen Aufträgen zur Geräte-Ein-/Ausgabe, Zeitverwaltung und Interprozeßkommunikation gibt es in den meisten Echtzeit-Betriebssystemen weitere Auftragstypen, von denen im folgenden einige vorgestellt werden sollen:

- **Starte Rechenprozeß/beende Rechenprozeß.** Ein laufender Rechenprozeß kann dem Betriebssystem den Auftrag erteilen, einen anderen Rechenprozeß zu starten. Hat dieser Rechenprozeß eine höhere Priorität, dann wird er den aufrufenden Rechenprozeß verdrängen, hat er eine niedrigere Priorität, dann wird der rufende Rechenprozeß fortgesetzt, bis er selbst in einen Warte-Zustand kommt. Der Auftrag "beende Rechenprozeß" (suspend) gilt bei den meisten Systemen nur für den eigenen Rechenprozeß, der sich damit in den Ruhezustand begibt.

- **Sperren und Freigeben von Betriebsmittel.** Typische Betriebsmittel sind Speicherbereiche, welche von mehreren Rechenprozessen gemeinsam genutzt werden, oder Peripheriegeräte (z.B. ein Drucker, der ein zusammenhängendes Protokoll ausdrucken soll). Diese Betriebsmittel müssen für bestimmte Abschnitte einem Rechenprozeß zugeordnet werden, wenn nicht – bei ungünstigen Zeitbedingungen – fehlerhafte Zustände auftreten sollen (z.B. das (quasi-)gleichzeitige Beschreiben desselben Speicherbereichs durch mehrere Rechenprozesse).

  Der Zugang zu dem Betriebsmittel wird durch Zugangsvariable oder *Semaphore* geregelt, die dem jeweiligen Betriebsmittel zugeordnet sind. Der Auftrag "sperre" führt dazu, daß der Rechenprozeß das Betriebsmittel zugeteilt erhält, wenn es noch nicht durch einen anderen Rechenprozeß belegt ist; andernfalls wird der Rechenprozeß, der den Auftrag "sperre" ausführt, in den Zustand "wartend" versetzt, bis der erste Rechenprozeß das Betriebsmittel wieder freigegeben hat. Unter Umständen können auch mehrere Rechenprozesse auf dasselbe Betriebsmittel warten.

  Wird ein Betriebsmittel nicht mehr benötigt, dann wird es von seinem Rechenprozeß freigegeben – der Rechenprozeß bleibt dabei im Zustand "lauffähig". Wartet ein anderer Rechenprozeß auf dieses Betriebsmittel, dann kommt er in den Zustand "lauffähig" – hat er eine höhere Priorität als der freigebende Rechenprozeß, dann geht die Programmkontrolle auf ihn über.

  Semaphore können auch genutzt werden, um Rechenprozesse miteinander zu synchronisieren: Ein Rechenprozeß kann z.B. sich selbst mit einem Semaphor sperren, bis er von einem anderen Rechenprozeß wieder freigegeben wird.

- **Event-Flags.** Diese "Ereignismerker" sind als einzelne Bit in Speicherzellen realisiert, sie können von Rechenprozessen gesetzt oder gelöscht werden. Andere Rechenprozesse warten, bis bestimmte Eventflags gesetzt bzw. gelöscht sind. Diese haben damit eine ähnliche Funktion wie die Semaphore.

Alle diese Betriebssystem-Aufrufe führen zu einem Übergang von einem Rechenprozeß in das Betriebssystem (Abb. 3.23). Nach Ausführung des Auftrags durch das Betriebssystem können sich Taskzustände geändert haben: Bleibt der rufende Rechenprozeß lauffähig und behält er die höchste Priorität, dann gibt das Betriebssystem die Kontrolle an diesen Rechenprozeß zurück. Andernfalls wird der lauffähige Rechenprozeß mit höchster Priorität aktiv.

Bereits oben wurde erwähnt, daß der Betriebssystem-Aufruf meist durch einen Software-Interrupt (SuperVisor Call) ausgelöst wird. Damit das Betriebssystem weiß, was mit diesem Auftrag erreicht werden soll, ist die Übergabe einer Reihe von Parametern notwendig. Dies geschieht durch einen genau definierten *Parameter-Versorgungsblock*. Es handelt sich dabei um eine Tabelle, welche alle interessierenden Parameter enthält, bei einem Ein-/Ausgabe-Aufruf z.B.:

- die Festlegung der auszuführenden Funktion,
- die Festlegung von Adresse und Länge der Tabelle, in welche oder aus welcher Daten übertragen werden sollen,
- die Festlegung des Geräts, mit dem der Ein-/Ausgabe-Aufruf ausgeführt werden soll (unter Umständen auch eines Ersatzgeräts für den Fall, daß das erste Gerät nicht in Ordnung ist),
- die Festlegung der Aktionen, die im Fehlerfall ausgeführt werden müssen.

Häufig wird mit dem Betriebssystem-Aufruf nur ein Zeiger übergeben, der auf diesen Parameter-Versorgungsblock zeigt. Meist ist das Format der Parameter-Versorgungsblöcke unabhängig von der Ein-/Ausgabeeinheit. Das hat den Vorteil, daß es für den Programmierer möglich ist, mit der Änderung der Gerätenummer eine Ausgabe-Operation auf andere Ausgabegeräte zu lenken.

3.3.3 Betriebssystem-Realisierung und Anwendungs-Beispiel

Im folgenden soll anhand eines groben Struktogramms (Abb. 3.24, 3.25) das Grundschema eines einfachen Echtzeit-Betriebssystems beschrieben werden. Nach der Übergabe der Programmkontrolle an das Betriebssystem – sei es durch einen Fehler, eine externe Programmunterbrechung oder einen Software-Interrupt – wird zunächst der gesamte Maschinenzustand (Kontext) gerettet, d. h. in den entsprechenden Speicherplätzen des Task-Kontrollblocks der letzten aktiven Task abgelegt.

Handelt es sich um einen Fehler (z.B. Speicherfehler, Arithmetikfehler usw.), dann muß eine Fehlerbehandlung durchgeführt werden, im einfachsten Fall wird der Rechenprozeß, bei dessen Durchführung der Fehler auftrat, zur Ruhe gesetzt. Bei modernen Betriebssystemen gehört die Fehlerbehandlung zu den komplexesten Code-Bestandteilen.

Alarme sind Interrupts, die Ereignisse aus technischen Prozessen melden. Der Rechenprozeß, der auf diese Ereignisse reagiert, wartet meist an einem Betriebssystem-Aufruf "warte auf Alarm", tritt der Alarm ein, dann muß die Alarmbedingung zurückgesetzt werden und der Zustand dieses Rechenprozesses auf "lauffähig".

Handelt es sich um einen Fertigmelde-Interrupt von einem Ein-/Ausgabe-Gerät x, dann muß der entsprechende Gerätetreiber (E/Ax) durchlaufen werden. Handelt es sich um die Programmunterbrechung von einer Echtzeituhr, dann muß die RTC-Interrupt-Routine ausgeführt werden. Handelt es sich schließlich um einen

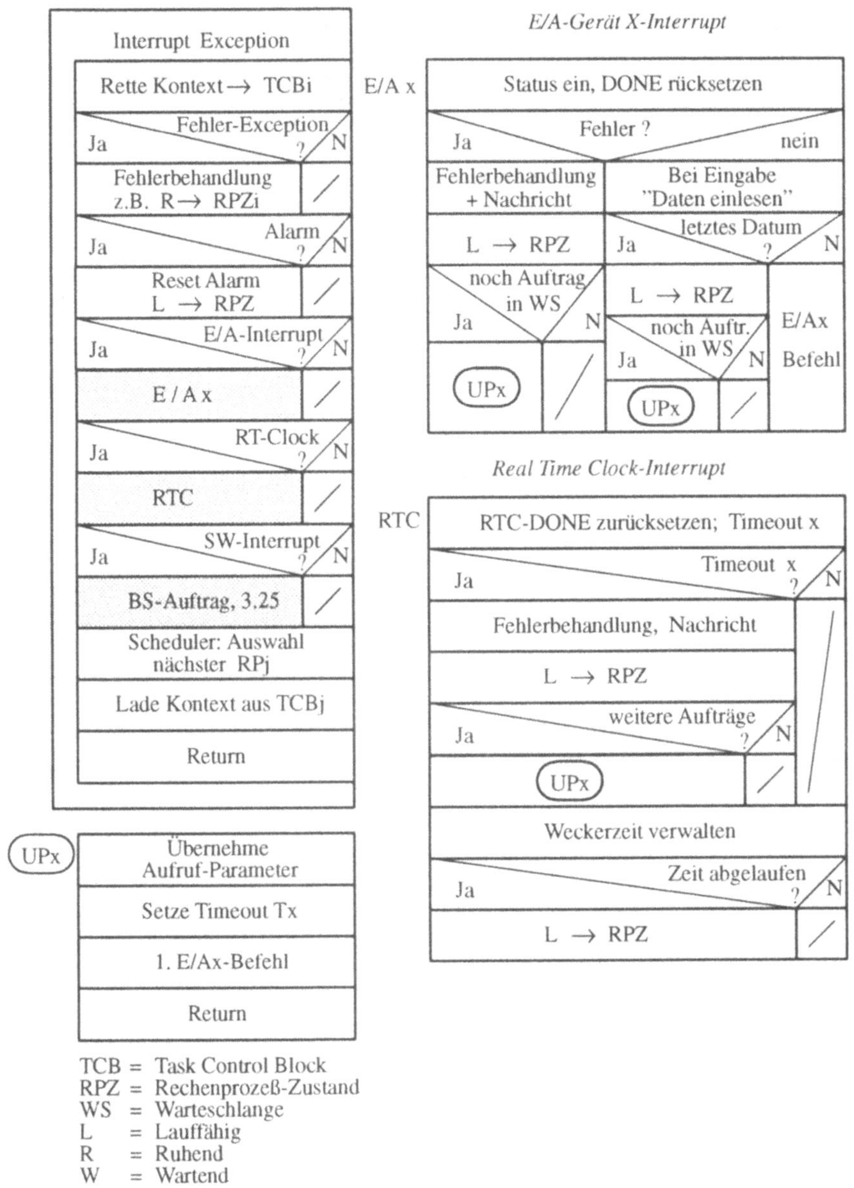

Abb. 3.24: Struktogramm "Echtzeit-Betriebssystem"

Software-Interrupt, dann muß der entsprechende Betriebssystem-Auftrag ausgeführt werden (Abb. 3.25).

Sind all diese möglichen Unterbrechungs-Ursachen durchgearbeitet (es können ja auch Kombinationen dieser Ursachen zur Unterbrechung des Rechenprozesses

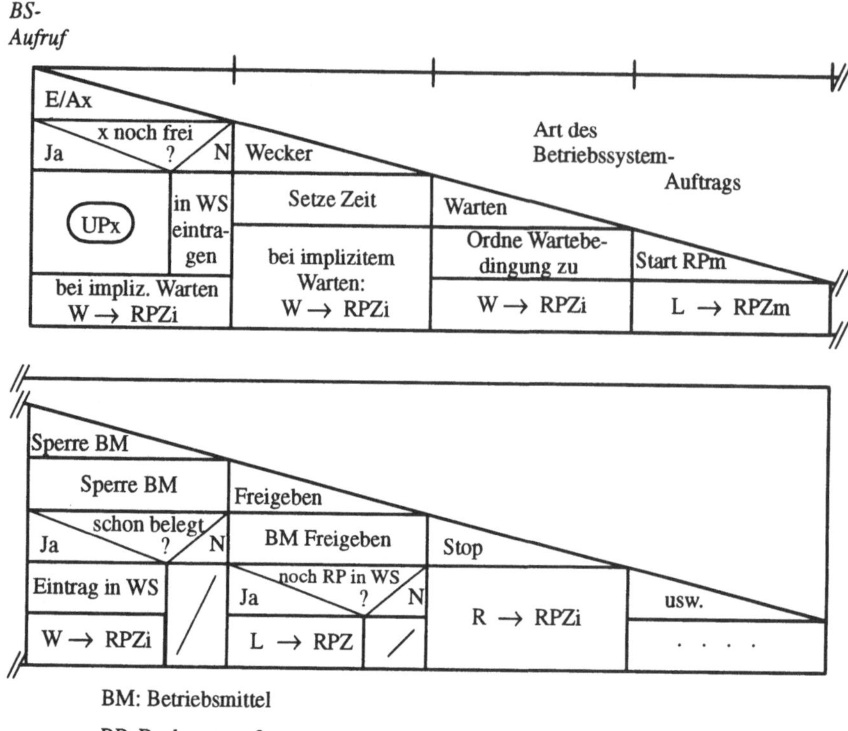

Abb. 3.25: Interpretation der Betriebssystem-Aufträge

geführt haben), dann tritt der Scheduler in Aktion: Er hat die Aufgabe, nach dem vorgegebenen Scheduling-Algorithmus den nächsten Rechenprozeß RP_j auszuwählen, der auf dem Rechner aktiv wird. Im einfachsten Fall handelt es sich – wie im nachfolgenden Anwendungsbeispiel – um ein prioritätsgesteuertes Scheduling. Danach wird der Kontext des Rechenprozesses RP_j in den Rechner geladen, die Kontrolle kehrt zu diesem Anwender-Rechenprozeß zurück.

Der Geräte-Treiber zur Bedienung des E/A-Gerätes x muß zunächst das Statuswort des Gerätes einlesen, wobei auch das DONE-Bit zurückgesetzt wird. Entstand bei der Ausführung des Ein-/Ausgabe-Auftrags ein Fehler, dann muß eine Fehlerbehandlungs-Routine durchlaufen werden, durch die auch eine Fehler-Nachricht an die Task weitergegeben wird, die diesen Auftrag erteilt hat. Danach wird der Zustand dieses Rechenprozesses lauffähig gesetzt, steht in der Warteschlange vor diesem Peripheriegerät noch ein weiterer Auftrag, dann muß das Unterprogramm UPx ausgeführt werden, durch das der neue Auftrag übernommen, ein Timeout-Zeitgeber aufgezogen und der erste Ein-/Ausgabe-Befehl erteilt wird. Wurde beim Einlesen des Statusworts kein Fehler entdeckt, dann werden (bei Eingabe-Befehlen) die bereitstehenden Daten eingelesen und im Speicher abgelegt, es wird geprüft, ob es sich nicht um das letzte Datum dieses Eingabe-Auftrags handelt, dann wird der nächste E/A-Befehl gegeben. Handelte es sich um das letzte Datum, dann wird der Rechenprozeß, der diesen Auftrag erteilt hat, lauffähig gesetzt, auch hier wird überprüft, ob sich in der Warteschlange vor diesem Gerät noch ein weiterer Auftrag befindet. Besitzt der Rechner mehrere Peripheriegeräte, dann muß für jedes Gerät ein derartiger Treiber erstellt und in das Betriebssystem eingebunden werden.

Die RTC-Interrupt-Routine übernimmt die Zeit-Behandlung: Das DONE-Bit der Echtzeituhr wird zurückgesetzt, es erfolgt die Behandlung der Timeout-Zeit für das Gerät x. Ist dabei der Timeout abgelaufen, dann kommt es ebenfalls zu einer Fehlerbehandlung, zur Übergabe einer Fehlernachricht an den aufrufenden Rechenprozeß, dessen Zustand dann lauffähig gesetzt wird. Der Ein-/Ausgabe-Auftrag wird also beim Überschreiten des Timeout abgebrochen. Warten vor dem fehlerhaften Peripheriegerät noch weitere Aufträge in der Warteschlange, dann wird durch das Unterprogramm UPx wiederum der nächste Auftrag gestartet.

Nach der Verwaltung der Timeout-Zeiten (Zeitüberwachung) werden die Wecker-Zeiten verwaltet, die durch Wecker-Aufrufe vorbesetzt wurden. Im einfachsten Fall werden bei jedem RTC-Interrupt Speicherzellen dekrementiert, ist die voreingestellte Zeit abgelaufen, dann wird der Zustand des Rechenprozesses auf "lauffähig" gesetzt, der auf den Ablauf dieser Wecker-Zeit gewartet hat.

Für die Interpretation der Betriebssystem-Aufträge (Abb. 3.25) wird zunächst eine Case-Anweisung in Abhängigkeit von der Art des Betriebssystem-Auftrags durchgeführt:

- Handelte es sich um einen Auftrag an ein E/A-Gerät, dann wird zunächst geprüft, ob dieses Gerät gerade frei oder durch einen anderen Auftrag besetzt ist. Ist es frei, dann werden die Aufruf-Parameter übernommen und der erste E/A-Befehl ausgegeben. War das Gerät nicht frei, dann muß dieser neue Auftrag in die Warteschlange vor dem Peripheriegerät eingetragen werden. Handelte es sich um einen E/A-Auftrag mit implizitem Warten, dann muß der Zustand des aufrufenden Rechenprozesses auf "wartend" gesetzt werden.
- Beim Wecker-Aufruf wird zunächst die abzuwartende Differenzzeit gesetzt, handelte es sich um einen Wecker-Aufruf mit implizitem Warten, wird der Zustand des rufenden Rechenprozesses ebenfalls auf wartend gestellt.
- Warten: Die Warte-Bedingung wird dem aufrufenden Rechenprozeß zugeordnet, dessen Zustand wird auf "wartend" gestellt.
- Beim Start eines Rechenprozesses m wird der Zustand dieses Rechenprozesses auf "lauffähig" gebracht.
- Bei dem Auftrag "sperre Betriebsmittel" wird zunächst diese Sperre durchgeführt (z.B. ein Semaphor dekrementiert). War er nicht belegt, dann kann der Prozeß fortgesetzt werden, war er belegt, dann muß der Rechenprozeß in die Warteschlange vor dem Semaphor eingereiht werden, sein Zustand wird auf "wartend" gestellt.
- Betriebsmittel freigeben: Das Betriebsmittel wird wieder freigegeben (z.B. durch Inkrementieren eines Semaphors), warten noch andere Rechenprozesse

vor diesem Betriebsmittel, dann muß der Zustand des nächsten wartenden Rechenprozesses auf "lauffähig" gestellt werden.

- Beim Betriebssystem-Aufruf "Stop Rechenprozeß" wird der Zustand des aufrufenden Rechenprozesses auf "ruhend" gebracht.

An einem einfachen Beispiel soll im folgenden das Zusammenspiel zwischen Anwender-Tasks und Betriebssystem und dem gesteuerten technischen Prozeß erläutert werden. Es entstammt dem Bereich der Laborautomatisierung, speziell der Automatisierung des klinisch-chemischen Labors. Klassische Laborgeräte liefern dabei meist einen Analogwert sowie ein Digitalsignal, welches anzeigt, daß jetzt der neue Analogwert zur Übernahme bereitsteht.

Eine wichtige Aufgabe ist die eindeutige Identifizierung der Proben. Auf die Probengefäße ist daher ein maschinell lesbarer Code aufgebracht, der von einem Identifikationsleser erfaßt und an einen Rechner weitergemeldet werden kann. Die Tendenz geht im Labor dahin, solche aus Laborgerät und Identifikationsleser bestehende Einheiten mit einem Meßwert-Vorverarbeitungsrechner zu versehen, der vollständige Meßwertsätze einschließlich Identifikation aufbereitet und an einen übergeordneten Laborrechner weitergibt. Das vorliegende Beispiel beschreibt einen solchen Klein-Prozeßrechner.

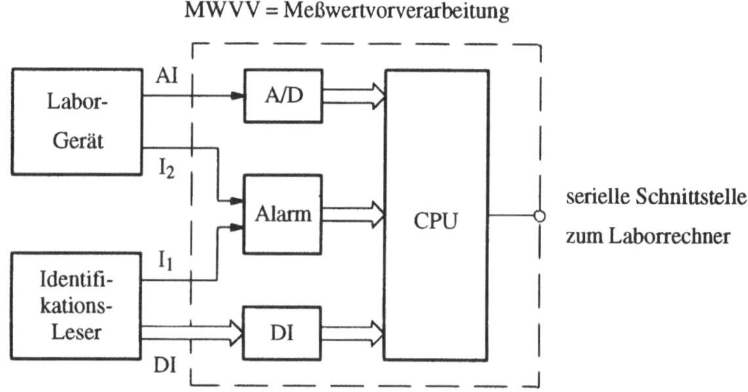

Abb. 3.26: Meßwert-Vorverarbeitungsrechner

Abb. 3.26 zeigt die Hardware-Konfiguration dieses Rechners. Der Analogwert vom Laborgerät (AI) wird über einen langsamen A/D-Wandler in Digitalwerte umgesetzt, die in die CPU eingelesen werden. Das Digitalsignal I2, welches das Anlegen des Meßwertes ankündigt, wird an einem Alarmeingang (Interrupt) angeschlossen. Die Zeichen vom Identifikationsleser werden seriell eingelesen, im vorliegenden Beispiel insgesamt 4 Dezimalstellen. Das Anlegen jeder Stelle an einer 4-bit-Digitaleingabe (DI-Gruppe) wird durch das Digitalsignal I1 angezeigt, das einem zweiten Interrupt-Eingang zugeführt wird. Auf der Ausgabeseite tauscht der Rechner über eine serielle Verbindung Daten mit einem Laborrechner aus.

Die Zeit-Diagramme im oberen Teil von Abb. 3.28 zeigen beispielhaft ein Zeit-Diagramm für die Vorgänge an dem Rechnersystem. Die Abstände zwischen den Zeichen betragen 20 ms, jede Probe ist durch 4 Zeichen charakterisiert. Die vier Zeichen-Gruppen für die Proben folgen in einem Abstand von mehr als 10 Sekunden. Irgendwann nach dem ersten Zeichen und vor dem letzten Zeichen kommt das Digitalsignal I2 vom Laborgerät, welches das Anlegen des Meßwerts anzeigt. Daraufhin muß der A/D-Wandler gestartet werden, der eine Wandlungszeit von 20 ms hat. Nach Erfassen der vollständigen Probenidentifikation und des Meßwertes erfolgt eine Umrechnung und die Aufbereitung eines Übertragungsblocks für den übergeordneten Laborrechner. Danach wird die eigentliche Datenübertragung angestoßen, welche normalerweise etwa 1 Sekunde benötigt.

Es wird davon ausgegangen, daß im Echtzeit-Betriebssystem des Meßwert-Vorverarbeitungsrechners folgende Betriebssystem-Aufrufe vorhanden sind:

- Impliziter Eingabe-Aufruf für den A/D-Wandler.
- Expliziter Ausgabe-Aufruf für das Übertragungssystem.
- Warten auf die Interrupts I1 und I2.
- Aufträge zum Starten und Beenden von Rechenprozessen.

Das Einlesen der Digitalinformation von dem Digitalleser erfolgt durch einen ”kurzen Befehl”, welcher in diesem Fall vom Benutzerprogramm selbst ausgeführt werden kann.

Im Abb. 3.27 sind die Struktogramme der drei notwendigen Rechenprozesse zusammengestellt. Der Rechenprozeß 0 (höchste Priorität) ist der Bearbeitung des Identifikationslesers zugeordnet. Von diesem Rechenprozeß aus werden die beiden anderen Rechenprozesse gestartet. Gleich zu Beginn wird der Rechenprozeß 2 gestartet, er bleibt während der ganzen Zeit lauffähig. Mit einer Laufanweisung werden die 4 Zeichen für eine Probenidentifikation in einen Puffer übertragen, wobei jeweils zuvor auf die Programmunterbrechung I1 gewartet werden muß. Beim ersten Durchlauf durch die Schleife wird auch der Rechenprozeß 1 gestartet, der für die Meßwerterfassung zuständig ist.

Der Rechenprozeß 1 wartet nun auf den Interrupt I2, der das Anlegen des Meßwerts signalisiert. Danach wird der A/D-Wandler angestoßen, nach Ablauf dieser Operation wird der Analogwert in einen Puffer übertragen, es wird eine Anzeige gesetzt, welche deutlich macht, daß der Analogwert jetzt vorhanden ist, danach beendet sich der Rechenprozeß 1 selbst. Er muß später erneut vom Rechenprozeß 0 aus gestartet werden.

Der Rechenprozeß 2 ist für das Umrechnen der Meßwerte sowie für die Ausgabe an den Laborrechner verantwortlich. Zunächst wird geprüft, ob die vom Rechenprozeß 0 (D = 1) und Rechenprozeß 1 (A = 1) gelieferten Daten bereits vorhanden sind. Die Abfrage wird zyklisch durchlaufen, bis die Bedingung erfüllt ist. Eine derartige zyklische Abfrage darf nur im Rechenprozeß mit der niedersten Priorität vorkommen: Rechenprozesse mit noch niedrigerer Priorität würden sonst niemals aktiv werden. Nach Umrechnung des Meßwerts erfolgt die Übertragung des Ausgabeblocks in die Ausgabepuffer und das Löschen der Puffer-Anzeiger A und D. Die Übertragung wird mit dem Betriebssystem-Aufruf mit explizi-

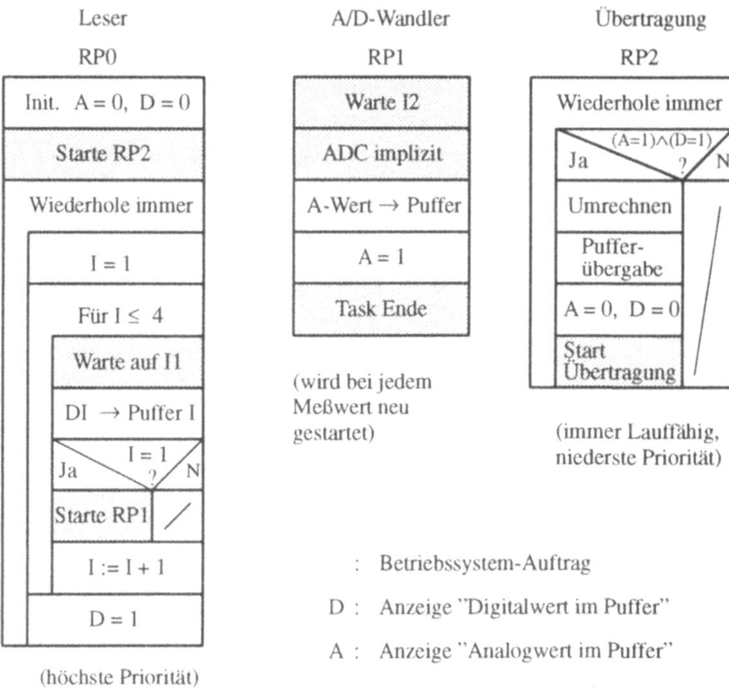

Abb. 3.27: Struktogramm der 3 MWVV-Rechenprozesse

tem Warten angestoßen. Abb. 3.28 gibt zusätzlich zu dem die technischen
Prozesse beschreibenden Zeit-Diagramm die Zustände der drei Rechenprozesse
wieder und demonstriert, wie sie durch Betriebssystem-Aufrufe und externe Interrupts verändert werden. Auch die Auswirkungen von Rechenprozessen auf äu-
ßere Vorgänge (A/D-Wandlung, Datenübertragung) werden deutlich: Hier ist ein
Beispiel für die zeitliche Wechselwirkung zwischen Rechenprozessen und technischen Prozessen dargestellt.

Charakteristisch ist auch das Zustands-Profil der drei Rechenprozesse:

- Der Leser-Rechenprozeß (RP 0) mit der höchsten Priorität kann nur zwei Zustände einnehmen: wartend und aktiv. Immer, wenn er lauffähig würde, wird
  er automatisch aktiv, da er ja die höchste Priorität besitzt.

- Der Rechenprozeß 1 befindet sich meist im Ruhezustand, er wird bei jedem
  Meßwert neu gestartet, nimmt dabei die Zustände "lauffähig", "aktiv" und
  "wartend" ein und setzt sich am Ende wieder in den Zustand "ruhend".

- Der Rechenprozeß 2 ist immer lauffähig, was nur für Rechenprozesse der niedersten Priorität zulässig ist. Durch das hier eingebaute "aktive Warten" wird
  ja die gesamte übrige Rechenzeit verbraucht.

In vielen Anwendungen wird die niederste Priorität einem Idle-Prozeß zugeordnet, in welchem zyklisch eine Funktions-Überprüfung des Systems erfolgt.

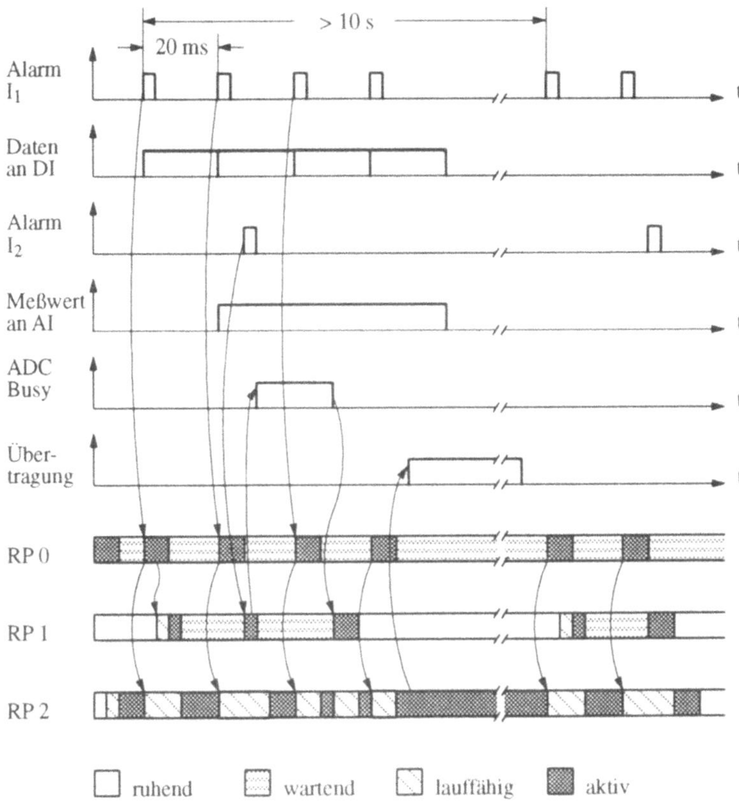

Abb. 3.28: Zeitablauf und Zustände der 3 Rechenprozesse

3.3.4   Betriebssystem-Erweiterungen

Das unter 3.3.2 beschriebene Basis-Betriebssystem hat den Nachteil, daß es während des gesamten Durchlaufs nicht mehr unterbrechbar ist. Da dieser Durchlauf einige 100 µs bis einige Millisekunden benötigen kann, erfolgt auch die Reaktion auf externe Ereignisse mit Verzögerungen bis zu einigen Millisekunden. Durch eine etwas aufwendigere Betriebssystemstruktur kann dieser Nachteil vermieden werden. Dazu muß man die Betriebssystem-Ebene (Supervisor) in zwei Teilbereiche aufteilen:

- eine nicht unterbrechbare Interrupt-Ebene, in der die Daten-Ein-/Ausgabe, die Alarmaufnahme und Zeit-Interrupts behandelt werden. Häufig spricht man von der Primär-Reaktion auf externe Interrupts.
- eine unterbrechbare Ebene des Betriebssystem-Kerns, auf der die Betriebssystem-Funktionen bearbeitet werden, die zu Zustandsänderungen der Rechenprozesse führen können.

Abb. 3.29 gibt die Struktur dieses Betriebssystems wieder. Der Übergang vom Betriebssystem-Kern zum Benutzer (1) startet Rechenprozesse des Anwenders oder führt diese fort, wie dies bereits unter 3.3.2 beschrieben wurde. Der mit (2) be-

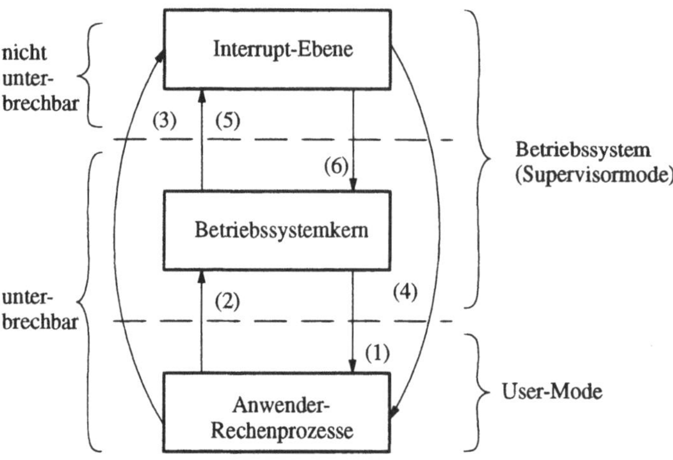

Abb. 3.29: Erweitertes Echtzeitbetriebssystem

zeichnete Übergang zeigt die Betriebssystem-Aufrufe aus den Anwender-Rechenprozessen.

Tritt während der Bearbeitung eines Anwender-Prozesses eine externe Programmunterbrechung ein, so erfolgt der Übergang (3) zu der Interrupt-Ebene des Betriebssystems. Dort erfolgt die Interrupt-Bearbeitung, welche im allgemeinen sehr kurz ist (z.B. das Einlesen oder Ausgeben eines weiteren Datenwertes): Wird durch diesen Interrupt-Vorgang keine Änderung für den Zustand eines Rechenprozesses bewirkt, dann kann die Programmkontrolle direkt aus dem Interrupt-Programm in den Anwender-Rechenprozeß zurückkehren (4). Wurde jedoch ein vollständiger Ein-/Ausgabe-Auftrag abgeschlossen, ein Alarm gemeldet oder der Ablauf einer Wartezeit mitgeteilt, dann führt dies zu Änderungen in den Rechenprozeß-Zuständen: Im allgemeinen wird ein wartender Rechenprozeß lauffähig, es kann also sein, daß nicht der durch den Interrupt unterbrochene Rechenprozeß fortgesetzt wird, sondern ein anderer mit höherer Priorität, der jetzt lauffähig wurde.

In diesem Fall erfolgt ein Übergang aus der Interrupt-Ebene in den Betriebssystem-Kern (6), alle länger dauernden Verwaltungsaufgaben werden in diesem unterbrechbaren Programmteil durchgeführt.

Auch der Betriebssystem-Kern kann jetzt durch externe Interrupts unterbrochen werden: Auch hier gibt es einen Übergang der Programmkontrolle in die Interrupt-Ebene (5), die Programmunterbrechung wird dort bedient. Aus dem Unterbrechungsprogramm kehrt die Programmkontrolle an die Stelle des Betriebssystems zurück, an welcher die externe Programmunterbrechung erfolgte.

Besondere Beachtung verlangt die Unterbrechung des Betriebssystem-Kerns, deren Bearbeitung zustandsverändernd wirkt: Auch hier kehrt die Programmkontrolle an die Unterbrechungsstelle im Betriebssystem-Kern zurück, zuvor wird jedoch in der Interrupt-Ebene eine weitere Anforderung an den Betriebssystem-Kern abgesetzt, welche erst dann bearbeitet werden kann, wenn die zuvor begonnene Betriebssystemkern-Funktion abgeschlossen wurde. Gab es während der Bearbeitung einer Betriebssystemkern-Funktion mehrere zustandsverändernde Interrupts, dann müssen ggf. mehrere derartige Anforderungen erzeugt werden.

Die Struktur des erweiterten Betriebssystems ist geeignet, mehr als eine Hardware-Interrupt-Ebene (Prioritätsebene) zu bedienen: Es besteht die Möglichkeit, die Unterbrechungsroutinen der Interrupt-Ebene auf mehrere Hardware-Ebenen zu verteilen, so daß es auch möglich ist, Unterbrechungsprogramme mit niederer Priorität durch Interrupt-Programme höherer Priorität zu unterbrechen.

Neben den Rückmeldungen von Peripheriegeräten und externen Alarmen gibt es auch Interrupt-Ursachen, die in jedem Fall sofort behandelt werden müssen. Dazu gehören schwere Maschinenfehler (z.B. Powerfail-Interrupt), denen meist eine höhere Interrupt-Priorität zugewiesen wird: Wie zeitkritisch auch immer die Situation im technischen Prozeß aussehen mag, diese Maschinenfehler müssen zuerst bearbeitet werden. Während Prozeßrechner der ersten Generation durch eine große Zahl von Hardware-Prioritätsebenen charakterisiert waren (bis zu 256 Interrupt-Ebenen), sind es in modernen Prozeßrechner-Architekturen typisch 4 bis 7 (68010) Unterbrechungsebenen, welche wie folgt zugeordnet werden:

- Die höchste Prioritätsebene ist der Rückmeldung von schweren Maschinenfehlern zugeordnet. Die Bearbeitung dieser Ausnahmesituationen kann also ohne jede Wartezeit begonnen werden.
- Die nächste Prioritätsebene (ggf. auch mehrere prioritätsmäßig gestufte Ebenen) sind den Alarmen aus dem technischen Prozeß, den Geräte-Rückmelde-Interrupts und den Zeit-Interrupts zugeordnet. Wie bereits erwähnt, kann ggf. kurzen, zeitkritischen Unterbrechungsprogrammen eine höhere Priorität zugewiesen werden als langsameren Einheiten.
- Eine weitere Prioritätsebene ist dem Betriebssystem-Kern zugewiesen, der damit ebenfalls durch Maschinenfehler und Geräte-Interrupts unterbrechbar ist. Aufrufe der Betriebssystemkern-Funktionen (Supervisor Calls) werden wie softwaremäßig ausgelöste Programmunterbrechungen auf dieser Unterbrechungsebene behandelt: Erfolgen sie aus der niederen Ebene der Anwenderprozesse, dann führt dies zum sofortigen Übergang in den Betriebssystem-Kern, erfolgt er aus den Interrupt-Programmen, dann erfolgt die Ausführung der Betriebssystemkern-Funktion erst, wenn das höherpriore Unterbrechungsprogramm verlassen wurde.
- Auf der niedersten Prioritätsebene sind schließlich die Anwender-Rechenprozesse angesiedelt: Ihre Priorität wird heute nicht durch die Hardware (alle laufen auf derselben Ebene), sondern durch die Software bestimmt (prioritätsgesteuertes Scheduling zur Auswahl des nächsten aktiven Rechenprozeß).

Während frühere Echtzeit-Betriebssysteme komplexe, große Software-Systeme darstellten, zeigt die moderne Entwicklung in Richtung auf modulare "Baukastensysteme", aus deren Moduln das einzelne Betriebssystem nach Bedarf zusammengesetzt werden kann. Besonders wichtig ist dies bei "embedded systems", die nicht mit komplexen und für den Einzelfall nicht benötigten Software-Komponenten belastet werden dürfen.

Am System-Software-Markt werden heute zahlreiche Echtzeit-Betriebssysteme dieser Art für Aufgaben der Prozeß-Automatisierung angeboten:

- Es gibt einerseits Realzeit-Betriebssysteme, welche auf spezielle Mikroprozessor-Architekturen angepaßt und aus Effizienzgründen z.T. auch in Maschinensprache geschrieben sind. Beispiele dafür sind die Betriebssysteme RMX80 bzw. RMX86 für die Familie der Intel-Prozessoren.
- Andererseits erlaubt die zunehmende Leistungsfähigkeit der Prozessoren die Implementierung von Echtzeit-Betriebssystemen auch in höheren Programmiersprachen (C), wegen des sehr geringen maschinenspezifischen Anteils sind diese Systeme für alle gängigen Prozessor-Architekturen verfügbar. Beispiele hierfür sind VRTX, RTOS, pSOS, C-Exekutive. Im Umfeld des für Prozeßrechner-Anwendungen wichtigen VME-Bus hat die RTEID/ORCHID-Initiative Spezifikationen für ein standardisiertes Echtzeit-Betriebssystem herausgegeben, welche bereits von einigen Anbietern eingehalten werden.

Die Standardisierung dieser kleinen Echtzeit-Betriebssysteme ist zwar noch nicht so weit fortgeschritten wie bei den Arbeitsplatzrechner-Betriebssystemen, auch hier kann jedoch in den nächsten Jahren mit einer Standardisierung der Schnittstelle zwischen Anwender-Rechenprozessen und Betriebssystemen gerechnet werden.

3.3.5   Plattenorientierte Echtzeit-Betriebssysteme

Plattenorientierte Betriebssysteme nutzen Massenspeicher (heute meist Festplattenspeicher), um für die Prozeßrechneraufgabe benötigte Daten und Programme (Betriebssystem und Anwenderprogramme) zu speichern:

- Daten werden einerseits abgespeichert bzw. archiviert, diese Aufgabe kann meist ohne hohe Echtzeitanforderungen im Hintergrund abgewickelt werden. Kritisch ist dagegen der Zugriff auf Daten, welche in einem Echtzeit-Rechenprozeß benötigt werden: Hier entstehen Zugriffszeiten von 20 bis 100 ms, welche sich zur Reaktionszeit des Rechenprozesses addieren. Meist können Prefetch-Strategien angewandt werden, um diese Daten bereits vor ihrer Verwendung in einem Rechenprozeß in den Hauptspeicher zu laden. Daten, welche von wirklich Echtzeit-kritischen Rechenprozessen benötigt werden, müssen im Hauptspeicher liegen ("Hauptspeicher-residente Datei").
- Auch der Code für das Betriebssystem und für die Rechenprozesse ist meist auf dem Massenspeicher abgelegt. Kernbestandteile des Echtzeit-Betriebssystems und die für die Anwender-Rechenprozesse benötigten Programme werden vor

dem Beginn des Echtzeitbetriebs in die Arbeitsspeicher geladen, werden im Echtzeitbetrieb zusätzliche Betriebssystem-Bestandteile und Rechenprozesse benötigt, dann müssen die zugehörigen Programmteile erst geladen werden, was zu Verzögerungszeiten im 100ms-Bereich führt. Auch hier gilt, daß wirklich zeitkritische Rechenprozesse (Reaktionszeit im Submillisekunden-Bereich) bereits im Hauptspeicher resident sein müssen (locking).

Eine besondere Rolle nehmen Betriebssysteme mit virtueller Speicherverwaltung ein, bei denen Code- und Daten-Bestandteile (Seiten, Pages) unter Umständen erst bei Bedarf in den Hauptspeicher geladen werden. Auch diese Mechanismen dürfen für Rechenprozesse mit kurzen Reaktionszeitanforderungen nicht verwendet werden. Die meisten Systeme mit virtueller Speicherverwaltung erlauben es, solche Code- und Daten-Bereiche im Speicher festzuhalten.

Für die Verwaltung der Rechenprozesse in plattenorientierten Betriebssystemen genügen nicht mehr die vier in 3.3.2 erläuterten Rechenprozeß-Zustände. Vielmehr müssen weitere Zustände hinzu kommen, welche z.B. unterscheiden, ob der Code eines Rechenprozesses bereits im Hauptspeicher steht oder noch auf dem Massenspeicher. Bis zu 16 unterschiedliche Zustände können hier erforderlich sein – es handelt sich also um deutlich komplexere Software-Systeme.

Da Prozeßrechnersysteme durch ihre Echtzeitaufgaben meist nur zu 10 bis 30% belastet sind, liegt es nahe, die übrige Rechenkapazität für andere Aufgaben zu nutzen. Dabei kann es sich um die Programmentwicklung, um zeitunkritische Rechenprozesse etwa zur globalen Systemoptimierung oder um andere Aufgaben ohne direkte Auswirkungen auf die technischen Prozesse handeln. Für diese Rechenprozesse dürfen der Code und die Daten auch auf dem Massenspeicher liegen und erst bei Bedarf in den Rechner und seinen Hauptspeicher geholt werden. In klassischen Prozeßrechnersystemen sprach man vom *Foreground/Background*-Betrieb: Zeitkritische Prozeßaufgaben laufen im Foreground, die übrige Kapazität wird im Background den hier genannten nicht-zeitkritischen Aufgaben zugeordnet.

Plattenorientierte Echtzeit-Betriebssysteme stellen zahlreiche zusätzliche Funktionen zur Verfügung, die dem Programmentwickler oder dem Betreiber des Systems von Nutzen sind:

- Basis-Dienstleistungen sorgen beispielsweise für den Anlauf des gesamten Systems (Bootstrap, Initial Program Load IPL), wobei die erforderlichen Bestandteile des Betriebssystems und der Code der benötigten Rechenprozesse sowie die Daten in den Hauptspeicher geholt werden. Auch der Wiederanlauf (z.B. nach einem Spannungsausfall) gehört ebenso zu den Basis-Dienstleistungsfunktionen wie das geordnete Abfahren des Systems oder die Speicherverwaltung, welche für die Zuteilung des Hauptspeichers verantwortlich ist.
- Für die Programmentwicklung stehen zahlreiche Systemprogramme wie etwa die Editoren (zum Erstellen der Quelltexte), die Übersetzer (Compiler für höhere Programmiersprachen, Assembler für maschinennahe Sprachen), welche für die Maschine ausführbare Programme erzeugen. Mit Hilfe des Binders werden diese übersetzten Programme mit vorhandenen Bibliotheks-Routinen zu-

sammengebunden, der Lader sorgt dafür, daß das so entstandene Programm in den Hauptspeicher gelangt. Besonders hoch sind die Anforderungen an sogenannte Online-Lader, welche während des Echtzeitbetriebs neue Programme laden und nahtlos in den Echtzeitbetrieb einfügen. Hohe Anforderungen werden auch an die Debugger gestellt, welche das Austesten der neu entwickelten Programme möglichst unter Echtzeitbedingungen und auf dem semantischen Niveau der Programmiersprache unterstützen sollten.

- Weitere Funktionen umfassen die Dateiverwaltung, deren Inhaltsverzeichnisse in modernen Systemen meist baumförmig ausgelegt sind und durch welche Programme und Daten verwaltet werden. Zunehmend spielen Datenbanken eine zentrale Rolle: Für Echtzeitaufgaben werden Echtzeit-Datenbanken verwendet, welche z.B. ein jeweils aktuelles Abbild der externen Prozeßzustände beinhalten. Immer größere Bedeutung haben auch die Funktionen zur Realisierung (graphischer) Benutzeroberflächen, wobei es neben Defacto-Standards (z.B. X-Windows) spezielle Software-Werkzeuge etwa für die Prozeß-Visualisierung gibt. Schließlich gibt es Standard-Funktionen für die Vernetzung von Rechnern, welche auch für Prozeßrechneraufgaben immer wichtiger wird: Sowohl die Vernetzung nach unten (Bedienung von Feldbus-Systemen) als auch nach oben (Anbindung an übergeordnete Informationssysteme) werden hierdurch unterstützt.

Ein wichtiges Beispiel für ein plattenorientiertes Echtzeit-Betriebssystem ist OS/9. Es ist für 68000-Prozessoren verfügbar und spielt bei VME-Bus-Automatisierungssystemen eine große Rolle. OS/9 hat viele Ähnlichkeiten mit dem Standard-Betriebssystem UNIX, ein ähnliches Dateisystem, ähnliche Betriebssystem-Funktionen. Allerdings ist es viel kompakter und besser an die Anforderungen des Echtzeitbetriebs angepaßt. Mit dem Nachfolge-Produkt OS/9000 wird ein plattenorientiertes Echtzeit-Betriebssystem auf den Markt kommen, welches in einfacher Weise an unterschiedliche Prozessor-Architekturen angepaßt werden kann.

Auch MS-DOS als Standard-Betriebssystem für die PC's wird oft für kleinere Prozeßrechneraufgaben verwendet, obwohl es Multitasking nicht unterstützt: Gleichzeitig kann nur ein Benutzer-Rechenprozeß ausgeführt werden. Für einfache Anwendungen z.B. der Meßdatenerfassung kann es dennoch verwendet werden, man hat dabei den Vorteil, auf sehr umfangreiche Systemprogramme zur Datenauswertung sowie zur graphischen Darstellung (Windows) zurückgreifen zu können. Es gibt auch einige Ansätze, mit denen die Begrenzung auf einen Rechenprozeß aufgehoben werden kann:

- Ein unterlagertes Echtzeit-Betriebssystem erzeugt auf einem physikalischen 286- oder 386-Prozessor mehrere virtuelle MS-DOS-Prozessoren: Auf jedem dieser virtuellen Prozessoren kann ein MS-DOS-Prozeß ablaufen, es gibt zusätzliche Mechanismen, durch welche diese Rechenprozesse miteinander kommunizieren können.
- Ähnliche Konzepte lassen die Ausführung eines MS-DOS-Prozesses zu, gleichzeitig können jedoch mehrere Echtzeit-Prozesse ausgeführt werden, welche das unterlagerte Realzeit-Betriebssystem benutzen. Meist gibt es je-

doch Begrenzungen sowohl für die Echtzeitprozesse als auch für den MS-DOS-Prozeß.

- Eine weitere Technik besteht darin, das Konzept eines MS-DOS-Treibers zu verwenden, um eine oder mehrere Echtzeit-Rechenprozesse auszuführen. Programmunterbrechungen, welche diesen Treiber aufrufen, führen zur Aktivierung der Rechenprozesse, welche untereinander und mit den MS-DOS-Prozeß kommunizieren können. Der MS-DOS-Prozeß läuft dabei nur mit niederster Priorität, die Echtzeit-Prozesse unterbrechen seine Ausführung.

Alle diese Ansätze, welche ja versuchen, die sehr preiswerte PC-Hardware und die zahlreichen für MS-DOS verfügbaren Programmpakete auch für Prozeßautomatisierungs-Aufgaben einsetzen zu können, haben also gewisse Einschränkungen.

Bei den leistungsfähigeren Arbeitsplatz-Rechnersystemen hat sich UNIX als Standard-Betriebssystem breit durchgesetzt. Da es sich um ein Multitasking-fähiges Betriebssystem handelt, stellt sich die Frage, ob es auch für Aufgaben mit Echtzeit-Anforderungen eingesetzt werden kann. Folgende Eigenschaften des heutigen UNIX-Standards führen noch zu erheblichen Einschränkungen:

- Der UNIX-Kern ist nicht unterbrechbar, so daß ggf. lange Zeiten entstehen, in welchen keine externen Ereignisse bearbeitet werden können.
- Die Ein-/Ausgabe-Operationen werden synchron durchgeführt (implizites Warten), die Kontrolle kehrt also erst zum Rechenprozeß zurück, wenn der jeweilige Auftrag ausgeführt ist. Dies erschwert den Parallelbetrieb.
- Das Scheduling bei UNIX erfolgt nach einem Round-Robin-Verfahren, alle Prozesse sind gleichberechtigt, damit sind hochpriore Rechenprozesse mit hohen Reaktionszeit-Anforderungen nicht möglich.
- Die heute übliche virtuelle Speicherverwaltung erschwert ebenfalls den Einsatz im Echtzeitbetrieb.
- Das UNIX-Prozeßkonzept ist sehr aufwendig ("schwergewichtig"): Für einen Prozeßwechsel werden ca. 10 mal soviele Instruktionen benötigt wie bei einem klassischen Echtzeit-Betriebssystem.

Es gibt jedoch eine ganze Reihe von UNIX-Varianten und -Derivaten, welche für die Anwender-Rechenprozesse dieselbe Betriebssystem-Schnittstelle zur Verfügung stellen, jedoch einige der erwähnten Implementierungsschwächen vermeiden. Genannt seien hier die Systeme VENIX, LYNXOS oder QNS. Aber auch bei den zukünftigen Versionen des UNIX-Betriebssystems System-V.4 wird zunehmend auf eine bessere Echtzeitfähigkeit geachtet.

Neuere Entwicklungen im UNIX-Bereich lassen vermuten, daß es in Zukunft UNIX-Systeme geben wird, welche auch für Echtzeitaufgaben hervorragend geeignet sind:

- Der Trend geht dahin, auf der Hardware zunächst einen kleinen Echtzeit-Betriebssystem-Kern (Mikro-Kernel) aufzusetzen, der für die Verwaltung der Hardware-Ressourcen unter Echtzeitbedingungen verantwortlich ist. Auf diesem nicht-unterbrechbaren Kernel setzen die UNIX-Betriebssystem-Funktionen auf, sie nutzen einen oder mehrere Mikro-Kernel-Aufrufe, um jeweils einen UNIX-Aufruf auszuführen. Diese Programm-Schicht zwischen Anwender-Programmen und dem Mikro-Kernel ist unterbrechbar, er ist modular aufgebaut und kann nach Bedarf konfiguriert werden. Damit entsteht aus dem heutigen monolithischen UNIX ein Satz von konfigurierbaren Moduln, welche durch die Unterbrechungsfähigkeit ein deutlich besseres Echtzeitverhalten zeigen. Ein Beispiel für diese Entwicklung ist *MACH-3.0*, welches die Basis für das zukünftige Betriebssystem OSF/2 ist. Ähnliche Konzepte werden in Deutschland mit *BIRLIX* und in Frankreich mit *CHORUS* verfolgt.

- Das Konzept des schwergewichtigen UNIX-Prozesses wird zugunsten eines Konzeptes aufgegeben, in dem eine Task einen Adreßraum definiert, in welchem mehrere leichtgewichtige Prozesse (Threads) ablaufen können. Der Aufwand für den Wechsel von einem Thread zu einem anderen ist damit deutlich geringer als bei den heutigen UNIX-Prozessen.

Diese nächste Generation von UNIX-Betriebssystemen, welche auch den Multiprozessor-Betrieb und die Vernetzung von Rechnern elementar unterstützen, haben eine große Chance, auch bei den plattenorientierten Echtzeit-Betriebssystemen zum Standard zu werden.

4 Technische Ausprägung von Prozeßrechensystemen

4.1 Embedded Systems

Embedded Systems sind meist sehr kleine Ausprägungen von Prozeßrechnersystemen mit folgenden Eigenschaften:

- Sie sind Bestandteil eines Gerätes, dessen Funktion wesentlich durch sie definiert ist. Beispiele hierfür sind Waschmaschinen oder Fernsehgeräte, aber auch Industriewaagen oder Meßgeräte. Das Beispiel aus Abschnitt 3.3.3 beschreibt eine typische Aufgabenstellung: Heute sind solche Meßwertvorverarbeitungs-Systeme in die Geräte integriert.
- Gegenüber größeren Prozeßrechnersystemen sind Einrichtungen zur Mensch-Maschine-Kommunikation nicht oder nur schwach ausgeprägt. Häufig gibt es eine Tastatur und eine Anzeige, über welche nicht das "Embedded System", sondern das Gerät bedient wird.
- Bisher war die Daten-Kommunikationsfähigkeit dieser Systeme nicht gegeben. Zunehmend erhalten jedoch alle diese Systeme einen Anschluß an übergeordnete informationsverarbeitende Systeme; dies gilt sogar für Haushaltsgeräte, die in Zukunft über Bus-Systeme miteinander gekoppelt werden können (z.B. Digital-Domestic-Bus D2B von Philips).

Die Hardware dieser Systeme wird heute durch einen oder durch einige wenige integrierte Schaltkreise realisiert. Dabei werden Prozessor-Architektur-Konzepte mit einer Wortlänge von 4, 8, 16 oder 32 bit eingesetzt, typisch finden auf einem Silizium-Baustein neben dem Prozessor auch der Speicher (ROM/RAM) sowie die erforderliche Prozeß- und Kommunikations-Peripherie Platz (1-Chip-Mikrocomputer). Alle Hersteller solcher Mikro-Controller bieten heute "Systeme auf einem Chip" in verschiedenen Konfigurationen als Standard an, wobei je nach Anwendungsbereich (Automobil, Telekommunikation, weiße/braune Ware) unterschiedliche Peripherie-Komponenten auf dem Chip mit verfügbar sind. Aus der 68000-Familie stammen die 683xx-Mikrocomputer, welche über eine echte 32-bit-Architektur verfügen. Gerade für Echtzeit-kritische Anwendungen im Automobil-Bereich werden auch RISC-Prozessoren hoher Leistung als Prozessor-Kern eines 1-Chip-Mikrocomputers eingesetzt. Beispiele hierfür sind der R3000

(MIPS) oder der Motorola-Prozessor 88110, für dessen Einsatz sich einige große amerikanische Automobil-Hersteller entschieden haben.

Alternativ zu verfügbaren Standard-Lösungen werden solche Prozessoren auch als *Zelle* (Corecell) in Verbindung mit kundenspezifischen Schaltungen angeboten, die um RAM- und ROM-Module sowie um beliebige Peripherie-Module ergänzt werden können und bei denen zusätzlich weitere logische Schaltungen untergebracht werden können (Standardzellen-Konzept). Auf diese Weise ist es dem Entwerfer eines Embedded System möglich, sein anwendungsspezifisches System für die Realisierung auf einem einzigen Silizium-Chip zu entwerfen. Hohen Entwicklungs- und Einmalkosten stehen extrem geringe Stückkosten für solche Systeme gegenüber.

Die Software-Entwicklung für die Embedded Systems erfolgt in einer Cross-Development-Umgebung: Auf einem Host-Rechner, typisch einem Personal Computer oder einer Workstation werden die Übersetzer, Binder, Lade- und Debug-Programme zur Verfügung gestellt. Bei diesen Anwendungen spielt die maschinennahe Assembler-Sprache immer noch die wichtigste Rolle, da sowohl extreme Zeitanforderungen als auch der geringe auf dem Chip verfügbare Speicherplatz eine optimale Codierung verlangen. Mit steigender Onchip-Speicherkapazität und Rechnerleistung steigt allerdings auch der Trend zu höheren Programmiersprachen, wobei C die wichtigste Rolle spielt.

Während früher die Anwendungsprogramme direkt auf der Prozessor-Hardware abliefen, werden heute oft kleine Echtzeit-Betriebssysteme eingesetzt. Hier gibt es Lösungen, die nur etwa 0,5 bei 1,0 KByte Code benötigen, dafür gewinnt man die Möglichkeit, die Anwendung sauber und besser überschaubar in einzelne Rechenprozesse zu zergliedern, die durch dieses Echtzeit-Betriebssystem verwaltet werden. Während früher die Programme häufig in einer großen, zyklisch durchlaufenen Schleife angeordnet waren, erlauben Echtzeit-Betriebssysteme eine ökonomischere und übersichtlichere Nutzung.

4.2 Steuerungen

4.2.1 Speicherprogrammierbare Steuerungen

Während klassische Regel- und Steuergeräte durch analoge Elektronikschaltungen oder Relais bzw. digitale Logik realisiert wurden, basiert die heutige Gerätegeneration auf dem Einsatz freiprogrammierbarer Prozessoren. Es handelt sich um kleine Prozeßrechner mit speziell vorgefertigten Funktionen, welche nach ähnlichen Verfahren eingesetzt und parametriert werden wie bei den Geräten der früheren Generation.

Die wichtigste Rolle spielt die speicherprogrammierbare Steuerung *SPS* (Programmed Logic Control PLC). Es handelt sich um einen eigenen, für die Automatisierungstechnik besonders wichtigen Markt, da diese Geräte breite Anwendungsmöglichkeiten finden und da ihre Programmierung von einem breiten Anwenderkreis beherrscht wird.

Die *Hardware* der speicherprogrammierbaren Steuerungen basiert heute auf Standard-Mikroprozessoren mit RAM-Speicher zur Darstellung interner Zustände, mit EPROM- bzw. EEPROM-Speicher für die Programme, mit Digital-Eingabe- und Ausgabe-Schaltungen sowie mit Kommunikationsfunktionen zu übergeordneten informationsverarbeitenden Einheiten. Während früher der Standard-Mikroprozessor häufig um einen bitorientierten Prozessor zur schnellen Durchführung der logischen Verknüpfungsbefehle ergänzt wurde, geht der Trend heute mit zunehmender Prozessorleistung (auch RISC-Prozessoren werden eingesetzt) zu einer einfachen, homogenen Systemarchitektur.

Die Gerätetechnik der speicherprogrammierbaren Steuerungen gibt es in sehr unterschiedlichen Ausprägungen:

- Kleine Steuerungen sind meist fest konfiguriert mit z.B. 32 digitalen Eingängen und 32 digitalen Ausgängen, sie finden auf einer Platine Platz und werden im Preisbereich von 500 bis 1000 DM angeboten. Häufig werden diese einfachen Geräte auf der Basis von 1-Chip-Mikrocomputern realisiert, sie werden ähnlich wie die eingebetteten Systeme häufig zur Ablaufsteuerung in Maschinen integriert.
- Modulare Systeme ermöglichen es, Speicherkomponenten und digitale Ein-/Ausgabe-Karten nach Bedarf zu konfigurieren, so daß auch der Anschluß sehr vieler digitaler Eingabe- und Ausgabe-Signale möglich wird. Auch der Anschluß an unterschiedliche Kommunikationssysteme (serielle Bussysteme) zum Datenaustausch mit übergeordneten Rechnern ist hier konfigurierbar.

Bei manchen Systemen können mehrere solcher Steuerungen, die über einen seriellen Bus gekoppelt sind, an einer gemeinsamen Steuerungsaufgabe arbeiten.

Die *Laufzeit-Organisation* der speicherprogrammierbaren Steuerungen folgt meist dem in Abschnitt 3.3.1 (Beispiel 1) dargestellten Schema: Die Programme werden *zyklisch* durchlaufen nach dem Schema

- Erfassung der externen Zustände,
- Verknüpfung von internen und externen Zuständen zu neuen internen Zuständen und Ausgangssignalen,
- Ausgabe nach außen.

Das bedeutet, daß die Dauer des Steuerzyklus direkt von der Komplexität der Aufgabe (Zahl der Verknüpfungsbefehle) abhängt: Bei z.B. 4000 Verknüpfungsbefehlen und einer Verarbeitungsleistung von 4 MIPS dauert der Zyklus eine Millisekunde – dies ist das kleinste Zeitintervall, in dem die Steuerung auf externe Veränderungen reagieren kann. Nur selten wird ein Programmunterbrechungs-Konzept unterstützt, das eine Anpassung der Reaktionszeiten auf die Reaktionszeitanforderungen der einzelnen Teilaufgaben ermöglicht.

Die *Programmierung* der Anwendung orientiert sich am Erfahrungshorizont der Steuerungstechniker, die schon die früheren Gerätegenerationen programmiert und betreut haben – die Programmiersprachen orientieren sich an deren Erfahrungen und benutzen daher eine vertraute syntaktische Darstellung. Die Programmierung selbst erfolgt über Programmiergeräte: Für diese Aufgabe wurden früher spezielle Geräte entwickelt, heute werden fast ausschließlich Standardgeräte auf PC-Basis (Laptop, Notebook) eingesetzt, die mit einer komfortablen graphischen Benutzeroberfläche versehen sind.

Die Standardisierung eines universellen Sprachkonzepts zur Programmierung von speicherprogrammierbaren Steuerungen wird durch die IEC (Internationale Elektrotechnische Kommission) vorbereitet: Die SPS-Programmierung nach IEC-65 faßt die bisher gebräuchlichen vier Sprachkonzepte zusammen und ergänzt sie um eine fünfte, an klassischen Programmiersprachen orientierte Variante. Abb. 4.1 (nach /27/) zeigt beispielhaft vier dieser Sprachfamilien:

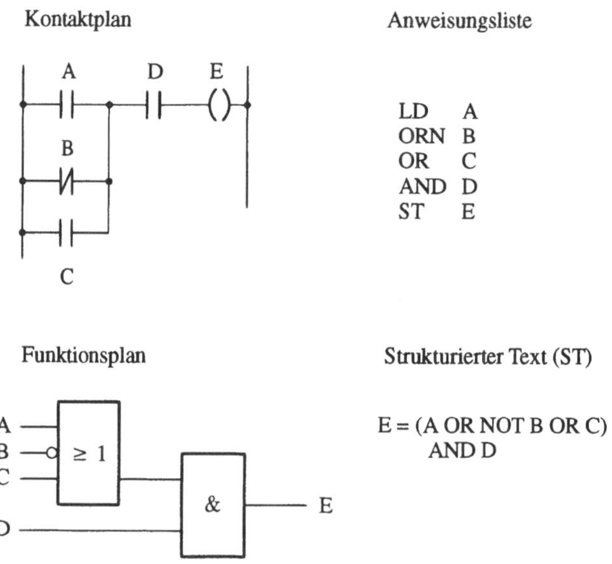

Abb. 4.1: 4 SPS-Sprachkonzepte nach IEC 65

- Der *Kontaktplan* orientiert sich an den klassischen Relais-Steuerungen (UND/ODER-Schaltungen durch Parallel- und Serienschaltungen von Kontakten). Vor allem in den USA ist diese Programmiertechnik noch sehr gebräuchlich ("Ladder Diagram").
- Das *Funktionsblockdiagramm* (Funktionsplan), das sich als graphische Darstellung aus den klassischen Logik-Schaltungen ableitet.
- Die *Anweisungsliste*, in der logische Verknüpfungen wie auf einer Akkumulatormaschine ausgeführt werden, wobei interne Zustände (Merker), Eingangs- und Ausgangs-Variable benutzt werden.
- In IEC-65 gibt es zusätzlich den *strukturierten Text*, in welchem zusammengesetzte logische Ausdrücke erarbeitet und zugewiesen werden können, aber

auch andere Sprachelemente wie Zeitglieder, Zähler und Funktionsbausteine unterstützt werden. Während die Fachsprachen *AKF* (*A*nweisungsliste, *K*ontaktplan, *F*unktionsplan) bereits in DIN 19239 definiert waren, ist dieser "strukturierte Text" neu hinzugekommen, er wird ergänzt um das Ablaufdiagramm SFC (Sequential Function Chart), das zur Strukturierung der Ausführung sequentieller Kontrolloperationen dient.

Neben der durch die technologische Entwicklung gegebenen Möglichkeit, immer kleinere Steuerungssysteme zu realisieren ("Single Chip-SPS"), ist vor allem mit folgenden Weiterentwicklungen dieser Gerätetechnik zu rechnen:

- Zu den Steuerungsfunktionen kommen weitere Verknüpfungs- und Verarbeitungsfunktionen hinzu, mit denen z.B. Regelungsaufgaben, die Verarbeitung von Meßwerten und andere allgemeine Automatisierungsaufgaben durchgeführt werden können. Es können auch Standard-Programmiersprachen wie C eingesetzt werden, um eigene Funktionsblöcke zu definieren.
- Es gibt einen Trend, auch für Steuerungsaufgaben die extrem preiswerten PC-Komponenten einzusetzen und damit die Entwicklungs- und Herstellkosten für speicherprogrammierbare Steuerungen zu reduzieren.
- Die Kommunikationsfähigkeit der SPS wird nicht nur zu übergeordneten Rechnersystemen verbessert (z.B. MAP-Protokolle, die einen gegenseitigen Zugriff von Steuerung und übergeordnetem Rechner auf Zustandsgrößen in beiden Systemen unterstützen), sondern auch nach unten hin ausgebaut: Die digitalen Ein- und Ausgänge werden als Anschlußmodule dezentral angeordnet und über einen Feldbus gekoppelt. Dabei kann es sich z.B. um einfache Module des PROFIBUS handeln. Wie bereits erwähnt, gibt es jedoch auch noch einfachere Feldbusse, wie etwa den ASI (Aktor-Sensor-Interface), bei welchem der Bus-Anschluß für einfache Sensoren (z.B. Lichtschranken) und Aktoren (z.B. Motoransteuerungen) bereits in diesen Einheiten untergebracht ist – eine einfache Verbindungsleitung zwischen diesen Komponenten und der Steuerung erleichtert die Installation und ermöglicht die zeitgerechte Behandlung der Sensoren und Aktoren. Für die SPS bedeutet dies natürlich, daß die Bus-Protokolle dieser einfachen Peripheriekomponenten beherrscht werden müssen.

SPS-Geräte erhalten zunehmende Funktionalität, die Unterschiede zu anderen Geräten der Automatisierungstechnik verwischen sich. So gibt es zahlreiche Aufgaben der Automatisierungstechnik, die sowohl mit einem Netz von SPS-Geräten als auch von einem Prozeßleitsystem beherrscht werden können.

4.2.2 Numerische Steuerungen

Eine weitere Klasse von Automatisierungsgeräten sind die NC-Steuerungen (Numeric Control), welche die Aufgabe haben, die Bahn eines Werkzeugs in der Werkzeugmaschine oder die Hand eines Roboterarms zu steuern. Im allgemeinen müssen dabei mehrere Achsen simultan, also zueinander synchron bewegt werden. Zwischen drei und sechs Achsen werden typisch von einer NC-Steuerung verwaltet. Gerätetechnisch sind diese Steuerungen meist um eine Einrichtung zur Mensch-Maschine-Kommunikation ergänzt, über welche die Bedienung des Gerätes erfolgt.

Die *Hardware* der NC-Steuerungen basiert auf schnellen Mikroprozessoren zur Verwaltung und Bereitstellung der Steuerdaten sowie zur Kommunikation mit dem Bediener bzw. einem übergeordneten Rechnersystem. Diese Mikroprozessoren werden durch Hardware-Interpolatoren oder andere Coprozessoren unterstützt, häufig ist gerätetechnisch auch die digitale Regelung für die nachfolgende Antriebselektronik integriert. Gerade bei der Anwendung in Werkzeugmaschinen sind diese Steuerungen mit übergeordneten Rechnern gekoppelt (DNC: Direct Numeric Control), eine Tastatur/Display-Kommunikation dient der Maschinenbedienung, der Überwachung des Bearbeitungsvorgangs und der Programmierung.

Die Laufzeitsysteme für NC-Steuerungen sind einfach gehalten, meist herrscht auch hier eine zyklische Programmorganisation vor, die Steuerprogramme laufen direkt auf der Hardware ab. Mit zunehmender Funktionalität (Kommunikation zum Bediener und zum übergeordneten Rechner) wird die Verwendung einfacher Echtzeit-Betriebssysteme erforderlich. Für die Programmierung gibt es zwei sich ergänzende Möglichkeiten:

- *Werkstattprogrammierung.* Hier erfolgt die Programmierung der Bahnen direkt bei der Maschine, im allgemeinen werden die Geometriedaten für das Werkstück mit einem Graphik-Editor eingegeben. Das Verfahren hat den Vorteil, daß der Bediener der Werkzeugmaschine den Programmiervorgang durchführen kann und damit seine Arbeitsinhalte erweitert werden. Nachteilig ist die Notwendigkeit, im CAD-System vorhandene Geometriedaten nochmals eingeben zu müssen sowie der Zeitbedarf an der Maschine, die während der Programmierung nicht zur Produktion genutzt werden kann.

- Die Bahnkurven können natürlich auch *automatisch* aus den im *CAD-System* vorhandenen Geometriedaten abgeleitet werden, hierzu dienen Spezialsprachen wie etwa APT oder EXAPT. Aus den Daten der Werkstückgeometrie sowie der Maschinen-Technologie wird eine Sequenz von Bahnpunkten ermittelt, die als Basis für die Bahnbewegungen in der NC-Steuerung genutzt werden.

Mit dem Einsatz schneller RISC-Prozessoren entfällt die Notwendigkeit, spezielle Prozessoren für die Bahninterpolation einzusetzen. Damit können Standardkomponenten, z.B. auch aus dem PC-Bereich eingesetzt werden, es muß nicht mehr spezielle Hardware entwickelt und gefertigt werden. Kommunikationseinrichtungen werden nicht nur die Verbindung zu übergeordneten Leitsystemen herstellen, vielmehr werden zunehmend schnelle Busse auch zur Synchronisierung von mehreren NC-Steuerungen etwa für Transferstraßen eingesetzt. Ein Beispiel hierfür ist der SERCOS-Bus.

4.2.3 Digitale Steuer- und Regelgeräte

In der klassischen, geräteorientierten Automatisierungstechnik haben sich unterschiedliche Geräteformen herausgebildet (z.B. Regler, Registriergeräte usw.), die in heutigen Generationen durch kleine Prozeßrechner substituiert werden. Ein Beispiel hierfür sind *Kompaktregler*, die in der gleichen Bauform angeboten werden wie klassische analoge Regelgeräte und die damit auch zum Ersatz in bestehenden Anlagen geeignet sind.

Vorteile der digitalen Implementierung dieser Regler auf Kleinprozeßrechnerbasis sind:

- Sie sind sehr kompakt, im gleichen Volumen können sehr viel mehr Regelkreise untergebracht werden.
- Es können beliebige, auch adaptive Regelalgorithmen ausgeführt werden.
- Die digitale Implementierung erlaubt eine höhere Stabilität und die Einführung von Funktionen der Systemdiagnose.
- Die Bedienkonzepte lassen sich sehr viel komfortabler gestalten.
- Auch hier ist eine Kommunikation (z.B. Sollwert-Vorgabe, Istwert-Rückmeldung) zu übergeordneten Systemkomponenten möglich.

Die Hardware-Realisierung basiert auf Mikroprozessoren mit Analog-Peripherie, einem meist einfachen Bedienfeld und einer Kommunikationseinrichtung (z.B. Bus-Anschluß). Der Kompaktregler kann entweder genauso bedient werden wie sein analog realisierter Vorgänger, die Programmierung bzw. Parametrierung kann jedoch auch über eine blockorientierte Sprache erfolgen, wobei wiederum ein Programmiergerät (z.B. Notebook) die erforderliche graphische Benutzeroberfläche zur Verfügung stellt. Dabei werden die erforderlichen Blöcke definiert (aus einem Menue ausgewählt), miteinander verbunden und parametriert.

Da die Regler-Funktionalität auch in anderen Geräten (z.B. SPS, Geräterechner, Prozeßleittechnik) bereitgestellt wird, bleibt der Einsatz solcher dedizierten Kompaktregler auf einfache Anwendungen begrenzt.

4.3 Modulare Prozeßrechnersysteme

4.3.1 Systeme auf PC-Basis

Der Personal Computer (PC) hat sich durch seine sehr hohen Stückzahlen zu einem Commodity-Produkt entwickelt, das heute zu sehr günstigen Preisen verfügbar ist. Damit stellt sich die Frage, ob er auch als Plattform für Prozeßrechneraufgaben geeignet ist. Der Vergleich eines 486-PC (1992) mit den Daten eines klassischen Prozeßrechners von 1967 (IBM 1800) zeigt, daß die Leistungsdaten und Konfigurationsmöglichkeiten moderner PCs sehr gut geeignet sind, auch Automatisierungsaufgaben zu übernehmen (Tabelle 4.1).

	IBM 1800 (67)	486-PC(92)	Verhältnis
Leistung (MIPS)	0,05	15	300
Preis (TDM)	1000	5	0,005
Preis/Leistung$\left(\frac{TDM}{MIPS}\right)$	20 000	0,33	0,0000166
Hauptspeicher	64 K	4...64 M	1000
Platte	5 M	500 M	100

Tabelle 4.1: Personal Computer im Vergleich mit einem klassischen Prozeßrechner

Folgende PC-Formen werden für Automatisierungsaufgaben eingesetzt:

- Standard-PCs sind zwar für Büro-Umgebungen konzipiert, viele Geräte sind jedoch so stabil aufgebaut, daß sie problemlos auch im Bereich der Fertigung oder des Labors eingesetzt werden können. Die Verwendung von kompletten Standard-PCs führt zu besonders günstigen Kosten.
- Industrie-PCs unterscheiden sich hauptsächlich durch ihre Verpackung: Standard-PC-Komponenten werden in industrietauglicher Form angeboten. Diese Geräte müssen unempfindlich sein gegen Wärme und Schmutz, an die EMV-Verträglichkeit werden höhere Anforderungen gestellt, ggf. müssen bestimmte Industrie-Schutzklassen (z.B. IP-54) eingehalten werden.
- Es gibt auch PC-Konzepte, bei denen die PC-Elektronik auf Steckkarten nach der DIN-Norm mit indirekter Steckung untergebracht wird, der PC-Bus wird auf der Rückwand des DIN-Gehäuses verdrahtet. Dem Vorteil der höheren Stabilität steht der Nachteil gegenüber, daß Standard-PC-Komponenten nicht genutzt werden können.

Immer häufiger werden auch PC-Komponenten (z.B. die CPU) als Basis von Automatisierungsgeräten genutzt und in spezielle Gerätegehäuse verpackt. Bereits erwähnt wurden die Beispiele SPS und NC-Steuerung.

Als Ergänzung zu der Standard-Konfiguration des PC gibt es ein sehr breites Angebot preisgünstiger Peripherie-Boards, die über den PC-Bus (ISA-Bus) angeschlossen werden:

- Als *Massenspeicher* können neben Festplatten, Floppy-Disks und Bandgeräten auch optische Platten mit sehr hoher Speicherkapazität (Prozeßdaten-Archivierung) eingesetzt werden. Für kritische Prozeßumgebungen gibt es kleine, auf das Board montierte Festplatten oder PC-Platinen, auf welchen eine RAM-Disk montiert ist (Festkörperspeicher).
- Alle Formen der *Datenkommunikation* werden durch PC-Zusatzboards unterstützt. Dies gilt für Punkt-zu-Punkt-Verbindungen zu übergeordneten Rechnern (z.B. IBM-Protokolle) und für alle lokalen Netze einschließlich dem FDDI (Fiber Distributed Data Interface).

- Auch für spezielle *Prozeß-Bussysteme* gibt es Anschluß-Einheiten zunächst für den PC: Beispiele sind MAP-Adapter, PROFIBUS-Anschlüsse oder Controller für den IEEE-488-Bus.
- Immer leistungsfähigere *Graphik-Komponenten* stehen für Personal Computer zur Verfügung, die hervorragend für Aufgaben der Mensch-Maschine-Kommunikation (z.B. Prozeßvisualisierung) geeignet sind.
- Es gibt einen großen Markt für Boards, die der *Beschleunigung von Rechenvorgängen* dienen. Typisch werden anspruchsvolle numerische Berechnungen oder Aufgaben der Bild- und Signalverarbeitung unterstützt.
- Boards zum *Anschluß von Prozeßsignalen* (Prozeßperipherie: analoge und digitale Ein-/Ausgabe) sind in großer Zahl und vielen Varianten am Markt verfügbar.
- Daneben gibt es spezielle Komponenten etwa für die *Bildverarbeitung* (Frame Grabber, Komponenten für die Bild-Datenkompression) oder für die Audio-Kommunikation.

Da der PC das wichtigste Vehikel zur Einführung neuer Technologien geworden ist, sind neue Konzepte immer zuerst für diese Geräteklasse verfügbar. Praktisch jede erforderliche Konfiguration kann aus Standard-Komponenten zusammengesteckt werden.

Alle relevanten Programmiersprachen sind von mehreren Herstellern und in hoher Qualität für Personal Computer verfügbar. Dies gilt auch für spezielle Sprachen, mit denen z.B. die einfache Gestaltung graphischer Benutzeroberflächen unterstützt wird.

Weniger einfach ist die Situation bei den Betriebssystemen. Wie bereits in Abschnitt 3.3.5 erwähnt wurde, eignet sich das Standard-Betriebssystem MS-DOS nur für begrenzte Anwendungen, da es Multitasking nicht unterstützt. Typische Aufgaben sind hier etwa Arbeitsstationen zur Mensch-Maschine-Kommunikation oder Aufgaben der Meßwerterfassung im Labor. Die bereits erwähnten Erweiterungen und Zusätze zu MS-DOS erlauben auch den Echtzeit-Betrieb und Multitasking bei Prozeßrechneranwendungen auf PC-Basis. Die komfortable Programmier- und Bedienumgebung von MS-DOS bleibt dabei erhalten.

UNIX-Varianten mit Echtzeit-Eigenschaften (z.B. VENIX, LYNXOS) unterstützen die Anwendung von PCs für weniger zeitkritische Echtzeit-Aufgaben (z.B. Leitrechner für numerische Steuerungen), auch dort können meist MS-DOS-Tasks unter UNIX betrieben werden, und erlauben den Zugang auf die große Vielfalt von PC-Anwendungsprogrammen. Prinzipiell ist auch OS/2 als Multitasking-Betriebssystem für Automatisierungsaufgaben geeignet, in der NT-Version (New Technology) wird es vielleicht ein ernst zu nehmender Kandidat.

Schließlich werden auch spezielle bzw. portable Echtzeit-Betriebssysteme auch für die PC-Architektur angeboten, Beispiele sind MTOS oder VRTX, wobei auch die Entwicklungsumgebung auf dem PC bereitsteht. Abschließend werden einige typische Aufgabenstellungen für den Einsatz von PCs als kleinen Prozeßrechner zusammengestellt:

- Aufgaben der Meßdatenerfassung.
- Aufgaben der Versuchssteuerung.
- Labor-Rechner z.B. zur Kontrolle von IEEE-488-Geräten.
- Einsatz zur Mensch-Maschine-Kommunikation, wobei hier zahlreiche Standard-Softwarepakete die Realisierung komfortabler Benutzeroberflächen unterstützen.
- Leitstation für kleine Leitsysteme.

Bereits erwähnt wurde, daß PC-Komponenten mehr und mehr auch als Basis für SPS und NC-Steuerungen sowie für andere Realzeit-Aufgaben zum Einsatz kommen.

4.3.2   VME-Bus-Systeme

Viele Prozeßrechneraufgaben werden heute durch modular konfigurierbare Systeme auf der Basis von Standard-Parallel-Bussystemen realisiert. Dabei spielt der VME-Bus die wichtigste Rolle. Eine große Zahl von Unternehmen bietet Komponenten für dieses Bus-System an, so daß nahezu alle denkbaren Konfigurationen aus standardmäßig verfügbaren Komponenten zusammengestellt werden können.

Es gibt jedoch auch andere Parallel-Bus-Systeme, die als Basis für ähnliche technische Lösungen eingesetzt werden. Besonders zu erwähnen ist hier der Multibus-I bzw. dessen Variante AMS, bei welcher direkt gesteckte Karten durch den Europakarten-Standard mit indirekter Steckung (DIN-Leiste) ersetzt wurden. Auch für Komponenten des neuen Multibus-II gibt es am Markt mehrere Anbieter. Zusätzlich gibt es eine große Zahl spezieller 8- oder 16-bit-Bussysteme, für welche z.T. sehr preiswerte Prozeßperipherie-Komponenten angeboten werden. Es ist damit zu rechnen, daß die meisten dieser Bus-Systeme durch den PC-Bus ersetzt werden.

Die folgenden Betrachtungen konzentrieren sich auf den VME-Bus, für den die meisten Prozessor-Boards auf der 68000-Familie von Motorola basieren (meist werden die Prozessoren 68030 oder 68040 eingesetzt).

Die wachsende Integrationsdichte der Halbleiter-Komponenten führt zu immer vollständigeren "Systemen auf einem Board":

- Neben dem Bus-Adapter, der ca. 20% der Board-Fläche einnimmt, spielt der Prozessor mit seiner Infrastruktur (Taktgenerator, Anlaufschaltung usw.) die zentrale Rolle.
- Daneben finden Speicherkomponenten Platz, typisch 0,25 bis 1 MByte EPROM und 4 bis 16 MByte RAM. Häufig kann diese Speicherkapazität durch zusätzliche kleine Steckkarten (Piggyback) noch erweitert werden.
- Als Standard-Peripherie finden 2 bis 4 programmierbare serielle Schnittstellen Platz auf demselben Board.
- Schließlich werden zusätzlich die wichtigsten Peripherie-Controller auf demselben Board mit untergebracht. Dies sind besonders der SCSI-Bus zum An-

schluß von Massenspeichern und eine Ethernet-Schnittstelle zum Anschluß an lokale Netze.

Nachdem somit das gesamte Rechnersystem auf einem Board untergebracht werden kann, dient der VME-Bus häufig nur noch zur Ankopplung komplexer Subsysteme, wie sie im folgenden kurz beschrieben werden.

Der VME-Bus unterstützt auch Multiprozessor-Konzepte: Es können daher auch mehrere der oben beschriebenen Prozessor-Boards in einem System zusammenarbeiten: Die Leistung des Prozeßrechnersystems kann damit an die Anforderungen der Automatisierungsaufgabe angepaßt werden, durch die Verteilung der Rechenprozesse auf mehrere Prozessoren sind solche Multiprozessor-Architekturen skalierbar.

Die von zahlreichen Lieferanten angebotenen Peripherie-Boards verfügen heute meist über eigene "Intelligenz", es handelt sich meist um komplexe Subsysteme, die für ihre jeweilige dedizierte Aufgabe ebenfalls über Echtzeit-Betriebssysteme gesteuert werden. Beispiele hierfür sind:

- Graphik-Controller, welche die Abbildung interner 2D- oder 3D-Repräsentationen auf dem Bildschirm zur Aufgabe haben.
- Numerik-Coprozessoren oder Array-Prozessoren, die in der Lage sind, komplexe Numerik-Operationen in sehr hoher Geschwindigkeit parallel zum Hauptprozessor auszuführen.
- Subsysteme zur intelligenten Massenspeicher-Verwaltung übernehmen Aufgaben der Fehlerbehandlung (z.B. die Verwaltung fehlerhafter Plattenspuren), die Optimierung der Zugriffszeiten durch Disk-Caching und intelligente Algorithmen zum Disk-Prefetch, so daß die mittleren Zugriffszeiten auf die Massenspeicher deutlich reduziert werden, aber auch selbständige Aufgaben der Datensicherung (z.B. Kopie von Platteninhalten auf Backup-Magnetbänder).
- Intelligente Netzwerk-Subsysteme sorgen für die Abwicklung aller 7 OSI-Protokoll-Ebenen für lokale Netze und Prozeß-Busse wie etwa MAP oder FDDI. Der Austausch von Daten zwischen dem Hauptprozessor und dem Netzwerk-Controller erfolgt auf Anwendungs-Ebene.
- Schließlich gibt es auch ein breites Angebot von Prozeß-Peripherie zur Ankopplung analoger und digitaler Prozeßsignale.

Für die auf VME-Bus verfügbaren Prozessoren (vor allem 68000) gibt es Compiler für alle wichtigen Programmiersprachen. Problematischer sind die Test-Hilfsmittel (Debugging-Tools), speziell für Realzeit-Anwendungen, die meist durch ein getrenntes Entwicklungssystem unterstützt werden.

Bereits in 3.3.5 wurden einige Betriebssysteme vorgestellt, die für diese VME-Bus-Umgebung eingesetzt werden. OS/9 ist ein Defacto-Standard, für den VME-Bus wurde unter der Bezeichnung ORCHID eine Standard-Echtzeit-Betriebssystem- Schnittstelle definiert. Daneben gibt es portable Multitasking-Betriebssysteme wie VRTX; UNIX mit seiner wachsenden Realzeitfähigkeit spielt ebenfalls eine große Rolle. Häufig werden auch mehrere Betriebssysteme in einem VME-Bus-System gemischt eingesetzt: Auf einem Prozessor wird UNIX zur Bedienung der Mensch-Maschine-Kommunikation, des File-Systems und der Vernetzung eingesetzt, auf einem zweiten Prozessor läuft ein Realzeit-Betriebssystem zur Bedienung der Prozeß-Peripherie und zur Ausführung der zeitkritischen Rechenprozesse. Beide Betriebssysteme kommunizieren z.B. über gemeinsame Speicher oder den Austausch von Nachrichten.

Praktisch alle Automatisierungsaufgaben werden mit solchen modularen Prozeßrechnersystemen gelöst. Es kann sich dabei um die Automatisierung komplexer Prüfstände, um Zellenrechner für Fertigungs- oder Montagezelle oder um die Automatisierung eines Hochregallagers handeln. Häufig werden auch mehrere über ein lokales Netz gekoppelte VME-Bus-Einheiten zur Bearbeitung komplexer Automatisierungsaufgaben eingesetzt.

4.4   Verteilte Prozeßrechnersysteme

Bereits in Abschnitt 2.1 wurde der Trend zu verteilten Prozeß-Automatisierungssystemen dargestellt, die sich in Funktionalität, Topologie und Verarbeitungsleistung an die Anforderungen der jeweiligen Automatisierungsaufgabe anpassen lassen. Die heute vorherrschende hierarchische Organisation dieser verteilten Systeme war bereits in Abb. 2.6 wiedergegeben: In Abb. 4.2 ist dieses, im allgemeinen aus drei Ebenen bestehende hierarchische Schema detaillierter dargestellt.

Die *Ebene 1* (Feld-Ebene) dient der Erfassung von Prozeß-Zuständen und der Ausgabe von Prozeß-Signalen. Als zentrales Kommunikations-Medium dient der *Feldbus* (z.B. PROFIBUS), dessen Protokoll von dem in Ebene 2 angeordneten Realzeitrechner ausgeführt wird (der Kommunikations-Adapter des Realzeitrechners dient dabei als Master, die angeschlossenen Moduln übernehmen die Slave-Rolle). Folgende Arten von Slave-Moduln sind an den Feldbus angeschlossen und sorgen für die Verbindung zu den Prozeß-Signalen:

- Intelligente Automatisierungs-Geräte wie z.B. speicherprogrammierbare Steuerungen, die über ihre Prozeß-Peripherie Zugang zu den Prozeß-Signalen herstellen und eigenständig für die Ablauf-Steuerung im technischen Prozeß zuständig sind. Über den Feldbus können dabei sowohl die Steuerprogramme als auch Ausgabe- und Zustandsinformation übertragen werden. Schematisch ist an der SPS noch ein ASI-Bus eingezeichnet (Aktor-Sensor-Interface), der noch eine weitergehende Dezentralisierung der Prozeß-Signalerfassung und -Ausgabe ermöglicht.
- Über Anschluß-Module AM, die meist als 1-Chip-Mikrocomputer realisiert sind, kann der Anschluß an analoge oder digitale Prozeß-Signale erfolgen. Die Aufgabe des Anschluß-Moduls bleibt auf die Bedienung der Prozeß-Peripherie sowie des Kommunikations-Protokolls beschränkt, eine Programmierbarkeit ist hier nicht vorgesehen.

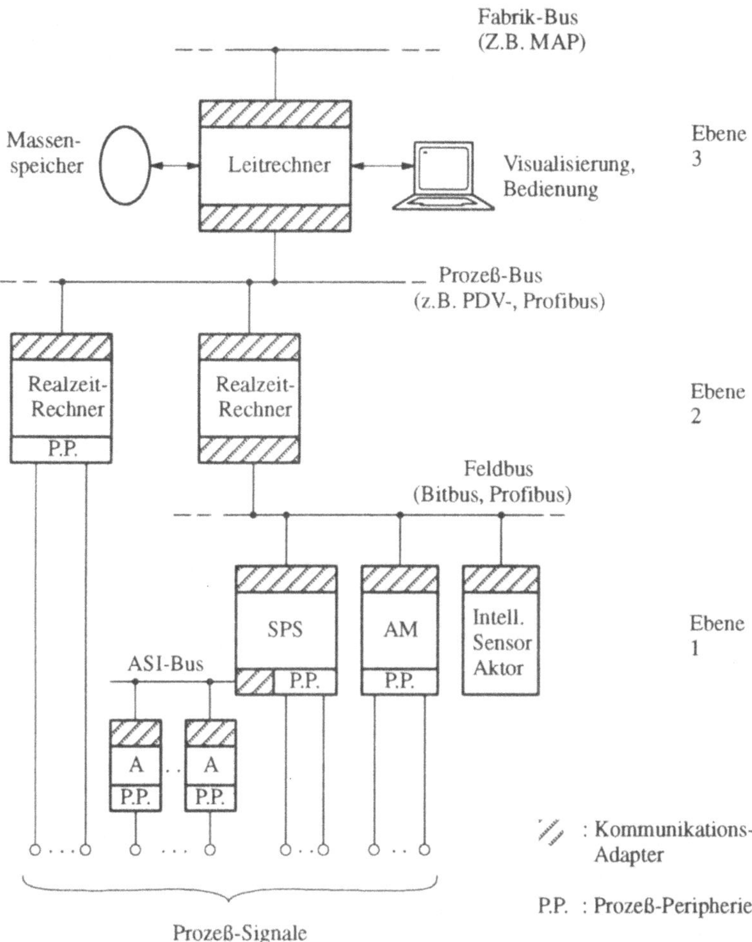

Abb. 4.2: Verteiltes Prozeßautomatisierungssystem

- Schließlich ist damit zu rechnen, daß Feldbus-Anschlüsse zunehmend in Sensor- und Aktor-Subsysteme hineinwandern, so daß der Feldbus direkt zur Verbindung dieser "intelligenten Sensoren/Aktoren" dient.

Die *Ebene 2* ist die eigentliche Ausführungs-Ebene für Echtzeit-kritische Aufgaben. Diese Realzeitrechner verfügen heute noch oft über direkt angeschlossene Prozeß-Peripherie, was natürlich zu unterschiedlichen, aufgabenabhängigen Systemkonfigurationen führt. Verstärkt werden Feldbus-Systeme zur Erfassung und Ausgabe von Prozeß-Signalen eingesetzt (Ebene 1).

Die Realzeitrechner werden damit zu reinen Kommunikationsrechnern zwischen den Feldbussen und dem übergeordneten Prozeßbus: Ihre Konfiguration wird dabei weitgehend standardisiert und kann z.B. als Ein-Board-System realisiert werden. Abb. 4.3 zeigt ein Beispiel für diese Konfiguration, die optional den Anschluß eines Bediengerätes (Mensch-Maschine-Kommunikation) und eines Massenspeichers ermöglicht. Solche einheitlichen Konfigurationen erleichtern

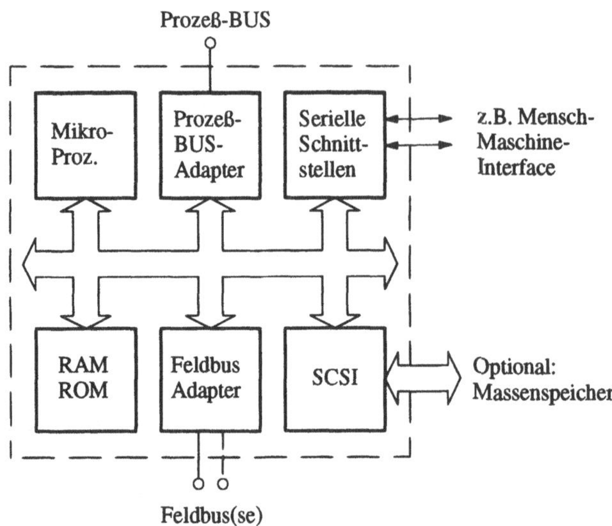

Abb. 4.3: Standard-Konfiguration für Realzeit-Rechner (=Kommunikationsrechner)

die Wartung und die Ersatzteilhaltung und tragen zu höherer Zuverlässigkeit und geringeren Systemkosten bei.

Auf diesen Echtzeitrechnern laufen Echtzeit-Betriebssysteme, die zusammen mit den Anwendungsprogrammen vom übergeordneten Leitrechner geladen werden. Auch das Austesten (Debugging) erfolgt vom Leitrechner aus. Damit sind alle gebräuchlichen Programmiersprachen verfügbar, wobei schwerpunktmäßig die Sprache C eingesetzt wird.

Die Kommunikation mehrerer derartiger Realzeitrechner miteinander und mit dem übergeordneten Leitrechner erfolgt über echtzeitfähige Prozeßbus-Systeme. Da bei ihrem Ausfall die gesamte Systemkonfiguration betroffen wäre, wird dieser Bus häufig redundant ausgelegt.

In *Ebene 3* ist der Leitrechner angeordnet, dessen typische Aufgaben im folgenden zusammengestellt sind:

- Mit Hilfe der angeschlossenen Massenspeicher übernimmt er die Aufgaben der Datenhaltung, Datenverwaltung und Archivierung. Über RPC-Aufrufe (Remote Procedure Call) stellt er diese Dienste auch den über den Prozeßbus angeschlossenen Realzeitrechnern zur Verfügung.
- Mensch-Maschine-Interface zur Visualisierung der Prozeß-Zustände und zur Prozeß-Bedienung. Meist werden mehrere Bildschirme benötigt, um die Zustände in komplexen Prozessen darstellen und bedienen zu können.

- Steuerung des Prozeßbus, wobei meist ein Bus-Adapter mit eigener Intelligenz eingesetzt wird, um die Bus-Protokolle zu bedienen.
- Die Kommunikation zu übergeordneten Systemen, etwa zum Planungsrechner oder zu anderen Leitrechnern in der Fabrik erfolgt ebenfalls über intelligente, weitgehend autonome Controller. Ein Beispiel für diesen übergeordneten Fabrikbus ist MAP (Manufacturing Automation Protocol).
- Komplexe numerische Berechnungen, Aufgaben der globalen Prozeßoptimierung und der Bestimmung von Vorgaben für die Realzeitrechner gehören ebenfalls zu den Aufgaben des Leitrechners. Zu den numerischen Aufgaben treten zunehmend auch Symbolverarbeitungs-Aufgaben, da auch die Verarbeitung regelbasierter Programme Einzug in das Gebiet der Prozeß-Automatisierung hält.
- Aufgaben der Programmentwicklung für die Leitrechner und für die Realzeitrechner, alle Phasen der Entwicklung einschließlich Test und Down-Loading müssen im Leitrechner unterstützt werden.

Aus diesen Aufgaben ergeben sich auch die Echtzeit-Anforderungen an die Leitrechner. Während bei den Echtzeitrechnern Reaktionszeiten im Bereich von 50 bis 1000 μs erreichbar sein müssen, sind hier nur etwa 100 bis 1000 ms erforderlich (z.B. zum Update eines Prozeß-Abbildes oder zur Reaktion auf eine Bedien-Anforderung) und möglich (Plattenzugriffszeiten usw.). Während früher spezielle Leitrechner bzw. die Nachfolger der klassischen Prozeßrechnersysteme (z.B. AEG-Modcomp, SIEMEMS-M-Serie) genutzt wurden, kommen heute immer mehr *Standard-Workstations* als Leitrechner zum Einsatz (einschließlich Personal Computers auf 386/486-Basis für einfachere Aufgaben). Dies liegt einerseits darin, daß der Entwicklungsaufwand für diese speziellen Rechner mit ihren relativ kleinen Stückzahlen und raschen Generationsfolgen nicht mehr finanzierbar ist, andererseits erfüllen heutige Standard-Workstations alle an Leitrechner gestellte Anforderungen.

Neben proprietären Betriebssystemen (z.B. Digital Equipment VMS) wird hier das Betriebssystem UNIX immer wichtiger: Bereits in der heutigen Ausführung genügt es auch den für Leitrechner-Ebene gestellten Echtzeit-Anforderungen; die UNIX-Weiterentwicklung wird wesentliche Verbesserungen für das Echtzeit-Verhalten mit sich bringen. Damit ist der ganze Komfort der UNIX-Entwicklungsumgebung vorhanden, alle denkbaren Programmiersprachen werden ebenso wie die Entwicklungsumgebung für die Realzeitrechner unterstützt (Cross Development).

Zur Prozeß-Visualisierung und -Bedienung werden ebenfalls Standard-Benutzeroberflächen wie etwa X-Windows und MOTIF eingesetzt. Die steigende Leistung der RISC-Workstations erlaubt diese Lösung. Zunehmend werden Software-Werkzeuge zur Erstellung von Benutzeroberflächen zur Prozeß-Visualisierung angeboten, die auf diesen Standards aufsetzen.

Auch für die Kommunikation zu übergeordneten Systemen ist gesorgt, sowohl die Kommunikation zur IBM-Welt (SNA) als auch zu DEC (DECnet), zu den offenen Standards (OSI) und zur Welt der Fabrik-Automatisierung (MAP) ist unter

UNIX standardmäßig verfügbar. Ebenso gibt es Werkzeuge zur Datenverwaltung (Datenbanken, Archivierungssysteme), die für Prozeß-Automatisierungsaufgaben eingesetzt werden können.

Die Kosten der Workstations sinken bei laufend steigender Leistung – die Nutzung dieser Standards erlaubt die rasche Migration zur jeweils neuesten Technologie.

Verteilte Prozeß-Automatisierungssysteme wie in Abb. 4.2 können einerseits für allgemeine Aufgaben der Prozeßautomatisierung eingesetzt werden. Dabei sind softwaretechnisch zwei Voraussetzungen von Nutzen:

- Die Verfügbarkeit einer einheitlichen *Software-Plattform*, welche die Verteilung der Aufgaben auf Leitrechner und Echtzeitrechner unterstützt, die Kommunikation zwischen Rechenprozessen auf beiden Ebenen bereitstellt und z.B. das Konzept der Echtzeit-Datenbank für die jeweils bearbeitete Prozeß-Automatisierungsaufgabe unterstützt: Rechenprozesse erhalten ihre Information über Prozeß-Zustände aus dieser Datenbank und liefern auch ihre Ausgabe-Ergebnisse dort ab - für die Kommunikation nach außen sorgt die Software-Plattform. Sie abstrahiert von der jeweiligen Systemkonfiguration und erleichtert damit die Entwicklungsaufgabe.

- Als *Programmiersprachen* werden zum einen Standard-Programmiersprachen wie FORTRAN, PASCAL oder C eingesetzt, die um zusätzliche Sprachelemente zur Bedienung der Prozeß-Peripherie, zur Zeitverwaltung und zur Kommunikation zwischen den Rechenprozessen ergänzt sind. Andererseits gibt es spezielle Programmiersprachen wie ADA oder PEARL, die bereits standardmäßig über solche Konzepte verfügen.

Die Anwendungsprogrammierung erfolgt individuell unter Nutzung dieser Werkzeuge.

Andererseits gibt es jedoch anwendungsspezifische Varianten dieser verteilten Prozeß-Automatisierungssysteme, deren Programmierung sich am jeweiligen Einsatzgebiet orientiert und durch spezielle Fachsprachen unterstützt wird. Wichtigste Beispiele sind die *Leitsysteme:*

- *Prozeß-Leitsysteme* zur Automatisierung verfahrenstechnischer Prozesse.
- *Kraftwerks-Leitsysteme* zur Automatisierung von Kraftwerken.
- *Fertigungs-Leitsysteme* zur Automatisierung der Vorgänge in der diskreten Fertigung und Montage.
- *Gebäude-Leitsysteme* zur Automatisierung komplexer Gebäude und
- *Verkehrs-Leitsysteme* zur Optimierung des Straßenverkehrsflusses.

Neben den unterschiedlichen Fachsprachen für diese Einsatzbereiche unterscheiden sich diese Leitsysteme auch durch unterschiedliche Anforderungen an die Verfügbarkeit und Sicherheit: Hardware- und Software-technisch realisierte Redundanz-Konzepte sind erforderlich, um die anwendungsspezifisch erforderliche Verfügbarkeit der Anlagen zu erreichen.

Literaturverzeichnis

1   Syrbe, M.: Messen, Steuern, Regeln mit Prozeßrechnern. Frankfurt/M: Akademische Verlagsgesellschaft, 1972.

2   Lauber, R.: Prozeßautomatisierung. Band 1, 2. Aufl. Berlin: Springer, 1989.

3   Herrtwich, R.G.; Hommel, G.: Kooperation und Konkurrenz. Studienreihe Informatik. Berlin: Springer, 1989.

4   Anonym: "IEEE standard for binary floating point arithmetic". SIGPLAN Notices 22, 2; S. 9-25.

5   Hennessy, J.L.; Patterson, D.A.: Computer Architecture – a quantitative Approach. Morgan Kaufmann Publishers, 1990.

6   Patterson, D.A.; Ditzel, D.R.: The Case for the Reduced Instruction Set Computer. – In: Computer Architecture News 8 (6), S. 25-33 (October 1980).

7   Anonym: M68000 User's Manual. New Jersey: Prentice-Hall, Inc. (Motorola, 1990).

8   Anonym: 68000-System Datenkommunikation CRT-Controller. Datenbuch. Hamburg: Valvo, 1987.

9   Anonym: The VMEbus Specification Manual. Rev. C.1, October 1985. Motorola.

10   Rübel, M.: 16/32bit-Mikroprozessorsysteme. Stuttgart: Teubner, 1991.

11   Bähring, H.: Mikrorechnersysteme. Berlin: Springer, 1991.

12   Anonym: Der Computer im Computer – MICRO 2000. Broschüre. Intel, 1990.

13   Anonym: Am286ZX/LX Integrated Processor. Technical Manual. AMD, 1991.

14   Färber, G. (Hrsg.); Ries, W.; Wiemann, B.; u.a.: Bussysteme. Parallele und serielle Bussysteme, lokale Netze. 2. Aufl. München: Oldenbourg, 1987.

15   Anonym: CAMAC – A Modular Instrumentation System for Data Handling. Description and Specification EUR4100E. Luxemburg: CEC, 1972.

16   Buxmeyer, E.; Hausmann, G.; Mielenz, P.; Walze, P.: Serielles Bus-System für industrielle Anwendungen (PDV-Bus). Karlsruhe: Gesellschaft für Kernforschung, 1976 (KfK-PDV-Bericht 70).

17   Bender, K.: PROFIBUS. Der Feldbus für die Automation. München: Hanser, 1990.

18   Anonym: CAN Spec. Version 1.0., Stuttgart: Bosch, 1987.

19   Schrüfer. E.: Elektrische Meßtechnik. 2. Aufl. München: Hanser, 1984.

20   Kopetz, H.; Ochsenreiter, W.: Clock Synchronization in Distributed Real-Time Systems. – In: IEEE Transactions on Computers, Vol. C-36, No.8, August 1987, S. 933-940.

21   Schrüfer, E.: Zuverlässigkeit von Meß- und Automatisierungseinrichtungen. München: Hanser, 1984.

22   Dal Cin, M.; Dilger, E.: Self-Diagnosis and Fault-Tolerance. Tübingen: Attempto, 1981.

23   Konakowsky, R.: Definition und Berechnung der Sicherheit von Automatisierungssystemen. Braunschweig: Vieweg, 1977.

24   Demmelmeier, F.: Fehlertolerante Multimikrorechnersysteme für die Prozeßautomatisierung. München: Oldenbourg, 1988.

25   Henn, R.: Deterministische Modelle für die Prozessorzuteilung in einer harten Realzeit-Umgebung. TU München: Dissertation (1975).

26   Rüb, W.; Schrott, G.: Automatisierter Aufbau von Prozeßrechner-Betriebssystemen aus Basisfunktionen. – In: Prozeßrechner 1977. Berlin: Springer, 1977.

27   Mittmann, R.: International standardisierte SPS-Programmierung nach IEC65 zum Vorteil für Anwender und Hersteller. – In: Fortschrittliche Automatisierung mit SPS, VDI-Bericht 914, S. 1-18. Düsseldorf: VDI, 1991.

Anhang A: Mikroprozessor 68010

A.1 Registermodell

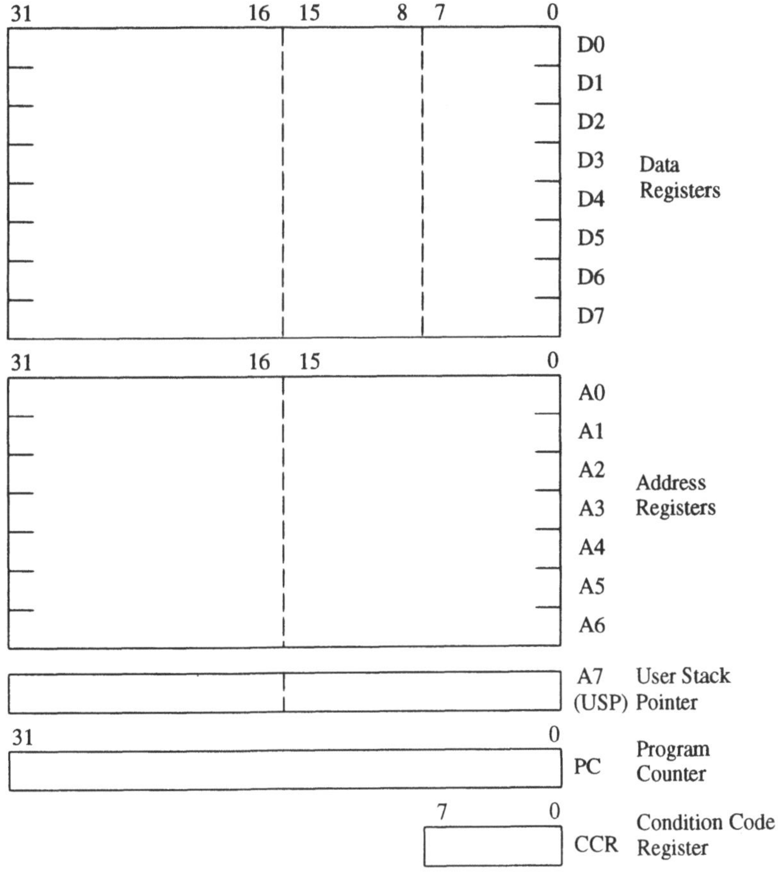

A.2 Weitere Register

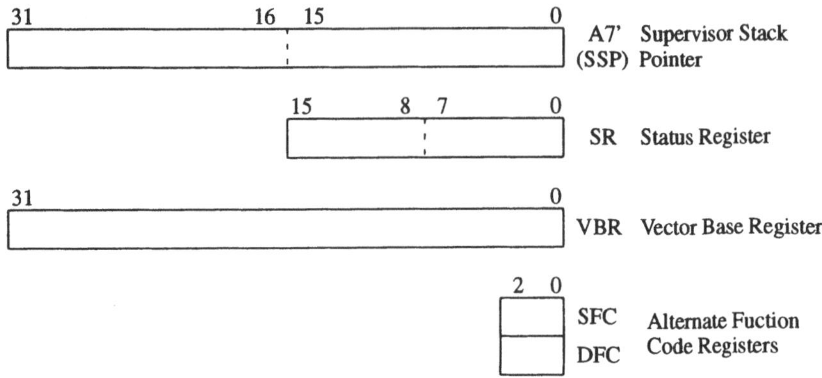

A.3 Befehlssatz

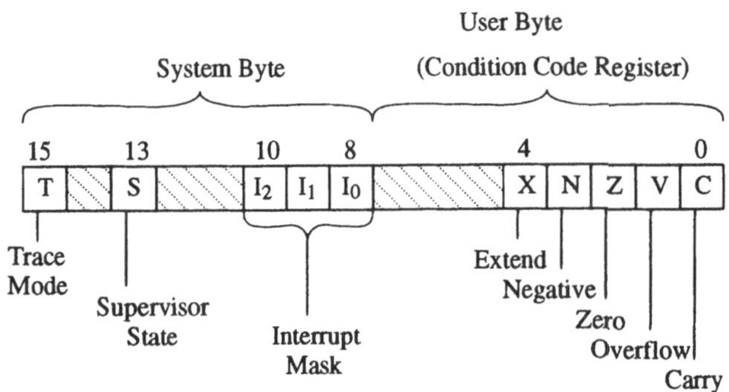

MNEMONIC	DESCRIPTION	OPERATION	CONDITION CODES				
			X	N	Z	V	C
ABCD	Add decimal with extend	$(Destination)_{10} + (Source)_{10} + X \rightarrow Destin.$	*	U	*	U	*
ADD	Add binary	$(Destination) + (Source) \rightarrow Destination$	*	*	*	*	*
ADDA	Add address	$(Destination) + (Source) \rightarrow Destination$	–	–	–	–	–
ADDI	Add immediate	$(Destination) + Immediate\ Data \rightarrow Destin.$	*	*	*	*	*
ADDQ	Add quick	$(Destination) + Immediate\ Data \rightarrow Destin.$	*	*	*	*	*
ADDX	Add extended	$(Destination) + (Source) + X \rightarrow Destination$	*	*	*	*	*
AND	AND logical	$(Destination) \wedge Source \rightarrow Destination$	–	*	*	0	0
ANDI	AND immediate	$(Destination) \wedge Immediate\ Data \rightarrow Destin.$	–	*	*	0	0
ANDI to CCR	AND immediate to condition codes	$(Source) \wedge CCR \rightarrow CCR$	*	*	*	*	*
ANDI to SR	AND immediate to status register	$(Source) \wedge SR \rightarrow SR$	*	*	*	*	*

MNEMONIC	DESCRIPTION	OPERATION	CONDITION CODES				
			X	N	Z	V	C
ASL, ASR	Arithmetic shift	(Destination) Shifted by <count> → Destin.	*	*	*	*	*
B$_{CC}$	Branch conditionaly	If $_{CC}$ then PC + d → PC	–	–	–	–	–
BCHG	Test a bit and change	~ (<bit number>) OF Destination → Z ~ (<bit number>) OF Destination → <bit number> OF Destination	–	–	*	–	–
BCLR	Test a bit and clear	~(<bit number>) OF Destination → Z 0 → <bit number> → OF Destination	–	–	*	–	–
BRA	Branch always	(PC) + displacement → PC	–	–	–	–	–
BSET	Test a bit and set	~(<bit number>) OF Destination → Z 1 → <bit number> → OF Destination	–	–	*	–	–
BSR	Branche to subroutine	(PC) → –(SP); (PC) + d → PC	–	–	–	–	–
BTST	Test a bit	~(<bit number>) OF Destination → Z	–	–	*	–	–
CHK	Check register against bounds	If Dn < 0 or Dn > (< ea >) then TRAP	–	*	U	U	U
CLR	Clear and operand	0 → Destination	–	0	1	0	0
CMP	Compare	(Destination) – (Source)	–	*	*	*	*
CMPA	Compare address	(Destination) – (Source)	–	*	*	*	*
CMPI	Compare immediate	(Destination) – Immediate Data	–	*	*	*	*
CMPM	Compare memory	(Destination) – (Source)	–	*	*	*	*
DB$_{CC}$	Test condition, decrement and branch	if ~ $_{CC}$ then Dn – 1 → Dn, if Dn ≠ – 1 then PC + d → Destination	–	–	–	–	–
DIVS	Signed devide	(Destination) / (Source) → Destination	–	*	*	*	0
DIVU	Unsigned devide	(Destination) / (Source) → Destination	–	*	*	*	0
EOR	Exclusive OR logical	(Destination) ⊕ (Source) → Destination	–	*	*	0	0
EORI	Exclusive OR immediate	(Destination) ⊕ Immediate Data → Destin.	–	*	*	0	0
EORI to CCR	Exclusive OR immediate to condition codes	(Source) ⊕ CCR → CCR	*	*	*	*	*
EORI to SR	Exclusive OR immediate to status register	(Source) ⊕ SR → SR	*	*	*	*	*
EXG	Exchange register	(Rx) ↔ (Ry)	–	–	–	–	–
EXT	Sign extend	(Destination) Sign-Extended → Destination	–	*	*	0	0
JMP	Jump	(Destination) → PC	–	–	–	–	–
JSR	Jump to subroutine	(PC) → –(SP); Destination → PC	–	–	–	–	–
LEA	Load efffective address	(Destination) → An	–	–	–	–	–
LINK	Link and allocate	(An) → –(SP); (SP) → An; (SP) + → SP	–	–	–	–	–
LSL, LSR	Logical shift	(Destination) Shifted by <count> → Destin.	*	*	*	0	*
MOVE	Move data from source to destination	(Source) → Destination	–	*	*	0	0
MOVE to CCR	Move to condition code	(Source) → CCR	*	*	*	*	*
MOVE from CCR	Move from condition codes	(CCR) → Destination	–	–	–	–	–
MOVE to SR	Move to the status reg.	(Source) → SR	*	*	*	*	*
MOVE from SR	Move from the status reg.	(SR) → Destination	–	–	–	–	–
MOVE USP	Move user stack pointer	(USP) → An; (An)=Ar USP	–	–	–	–	–
MOVEA		(Source) → Destination					
MOVEC		(Cr) → Rn; (Rn) → Cr					
MOVEM		(Register) → Destination (Source) → Register					
MOVEP		(Source) → Destination					
MOVEQ		Immediate Data → Destination				0	0
MOVES		(Dn) → Destination; (Source) → Dn					

MNEMONIC	DESCRIPTION	OPERATION	CONDITION CODES				
			X	N	Z	V	C
MULS	Signed multiply	(Destination)X(Source) $\rightarrow$ Destination	–	*	*	0	0
MULU	Unsigned multiply	(Destination)X(Source) $\rightarrow$ Destination	–	*	*	0	0
NBCD	Negate decimal with extend	$(Destination)_{10}$ –X(Source) $\rightarrow$ Destination	*	U	*	U	*
NEG	Negate	0 – (Destination) $\rightarrow$ Destination	*	*	*	*	*
NEGX	Negate with extend	0 – (Destination) – X $\rightarrow$ Destination	*	*	*	*	*
NOP	No operation	–	–	–	–	–	–
NOT	Logical complement	~(Destination) $\rightarrow$ Destination	–	*	*	0	0
OR	Inclusive OR logical	(Destination) $\vee$ (Source) $\rightarrow$ Destination	–	*	*	0	0
ORI	Inclusive OR Immediate	(Destination) $\vee$ Immediate Data $\rightarrow$ Destin.	–	*	*	0	0
ORI to CCR	Inclusive OR Immediate to condition codes	(Source) $\vee$ CCR $\rightarrow$ CCR	*	*	*	*	*
ORI to SR	Inclusive OR Immediate to status register	(Source) $\vee$ SR $\rightarrow$ SR	*	*	*	*	*
PEA	Push effective address	Destination $\rightarrow$ – (SP)	–	–	–	–	–
RESET	Reset external device	–	–	–	–	–	–
ROL, ROR	Rotate (without extend)	(Destination) rotated by <count> $\rightarrow$ Destin.		*	*	0	*
ROXL, ROXR	Rotate with extend	(Destination) rotated by <count> $\rightarrow$ Destin.	*	*	*	0	*
RTD	Return and deallocate stack	(SP)+ $\rightarrow$ PC; (SP) + d $\rightarrow$ PC	–	–	–	–	–
RTE	Return from exception	(SP)+ $\rightarrow$ SR; (SP) + $\rightarrow$ PC	*	*	*	*	*
RTR	Return and restore condition codes	(SP)+ $\rightarrow$ CC; (SP) + $\rightarrow$ PC	*	*	*	*	*
RTS	Return from subroutine	(SP) + $\rightarrow$ PC	–	–	–	–	–
SBCD	Substract decimal with extend	$(Destination)_{10}$ –$(Source)_{10}$ –X $\rightarrow$ Destin.	*	U	*	U	*
S_{CC}	Set according to condition	If $_{CC}$ then 1's $\rightarrow$ Destination else 0's $\rightarrow$ Destination	–	–	–	–	–
STOP	Load status register and stop	Immediate Data $\rightarrow$ SR; STOP	*	*	*	*	*
SUB	Subtract binary	(Destination)–(Source) $\rightarrow$ Destination	*	*	*	*	*
SUBA	Subtract address	(Destination)–(Source) $\rightarrow$ Destination	–	–	–	–	–
SUBI	Subtract immediate	(Destination) – Immediate Data $\rightarrow$ Destin.	*	*	*	*	*
SUBQ	Suhtract quick	(Destination) – Immediate Data $\rightarrow$ Destin.	*	*	*	*	*
SUBX	Subtract with extend	(Destination) – (Source) – X $\rightarrow$ Destin.	*	*	*	*	*
SWAP	Swap register halves	Register [31:16] $\leftrightarrow$ Register [15:0]	–	*	*	0	0
TAS	Test and set an operand	(Destin.) Tested $\rightarrow$ CC; 1 $\rightarrow$ [7] OF Destin.	–	*	*	0	0
TRAP	Trap	(PC) $\rightarrow$ –(SSP); (SR) $\rightarrow$ –(SSP); (Vector) $\rightarrow$ PC	–	–	–	–	–
TRAPV	Trap on overflow	If V set then TRAP	–	–	–	–	–
TST	Test and operand	(Destination) Tested $\rightarrow$ CC	–	*	*	0	0
UNLK	Unlink	(AN $\rightarrow$ SP; (SP) + $\rightarrow$ AN	–	–	–	–	–

NOTES:

[ ]	= bit number	~ logical complement	1 set
$\oplus$	logical exclusive OR	* affected	U undefined
$\wedge$	logical AND	– not affected	
$\vee$	logical OR	0 cleared	

A.4 Befehlsformat

<table>
<tr><td colspan="8" align="center">EVEN BYTES (A0 = 0)</td><td colspan="8" align="center">ODD BYTES (A0 = 1)</td></tr>
<tr><td>7</td><td>6</td><td>5</td><td>4</td><td>3</td><td>2</td><td>1</td><td>0</td><td>7</td><td>6</td><td>5</td><td>4</td><td>3</td><td>2</td><td>1</td><td>0</td></tr>
<tr><td>15</td><td>14</td><td>13</td><td>12</td><td>11</td><td>10</td><td>9</td><td>8</td><td>7</td><td>6</td><td>5</td><td>4</td><td>3</td><td>2</td><td>1</td><td>0</td></tr>
<tr><td colspan="16" align="center">OPERATION WORD
(FIRST WORD SPECIFIES OPERATION AND MODES)</td></tr>
<tr><td colspan="16" align="center">IMMEDIATE OPERAND
(IF ANY, ONE OR TWO WORDS)</td></tr>
<tr><td colspan="16" align="center">SOURCE EFFECTIVE ADDRESS EXTENSION
(IF ANY, ONE OR TWO WORDS)</td></tr>
<tr><td colspan="16" align="center">DESTINATION EFFECTIVE ADDRESS EXTENSION
(IF ANY, ONE OR TWO WORDS)</td></tr>
</table>

A.5 Adressierungsarten

<table>
<tr><td colspan="8" align="center">EVEN BYTES</td><td colspan="8" align="center">ODD BYTES</td></tr>
<tr><td>7</td><td>6</td><td>5</td><td>4</td><td>3</td><td>2</td><td>1</td><td>0</td><td>7</td><td>6</td><td>5</td><td>4</td><td>3</td><td>2</td><td>1</td><td>0</td></tr>
<tr><td>15</td><td>14</td><td>13</td><td>12</td><td>11</td><td>10</td><td>9</td><td>8</td><td>7</td><td>6</td><td>5</td><td>4</td><td>3</td><td>2</td><td>1</td><td>0</td></tr>
<tr><td>x</td><td>x</td><td>x</td><td>x</td><td>x</td><td>x</td><td>x</td><td>x</td><td>x</td><td>x</td><td colspan="3" align="center">EFFECTIVE ADDRESS
MODE</td><td colspan="3" align="center">REGISTER</td></tr>
</table>

Mode	Generation
Register Direct Addressing Data Register Direct Address Register Direct	$EA = Dn$ $EA = An$
Absolute Data Addressing Absolute Short Absolute Long	$EA = $ (Next Word) $EA = $ (Next Two Words)
Program Counter Relative Addressing Relative with Offset Relative with Index and Offset	$EA = (PC) + d_{16}$ $EA = (PC) + d_8$
Register Indirect Addressing Register Indirect Postincrement Register Indirect Predecrement Register Indirect Register Indirect with Offset Indexed Register Indirect with Offset	$EA = (An)$ $EA = (An), An \leftarrow An + N$ $An \leftarrow An{-}N, EA = (An)$ $EA = (An) + d_{16}$ $EA = (An) + (Xn) + d_8$
Immediate Data Addressing Immediate Quick Immediate	$DATA = $ Next Word(s) Inherent Data
Implied Addressing Implied Register	$EA = SR, USP, SSP,$ PC, VBR, SFC, DFC

Addressing Mode	Mode	Register
Data Register Direct	000	Register Number
Address Register Direct	001	Register Number
Address Register Indirect	010	Register Number
Address Register Indirect with Postincrement	011	Register Number
Address Register Indirect with Predecrement	100	Register Number
Address Register Indirect with Displacement	101	Register Number
Address Register Indirect with Index	110	Register Number
Absolute Short	111	000
Absolute Long	111	001
Programm Counter with Displacement	111	010
Programm Counter with Index	111	011
Immediate	111	100

A.6 Exception Stack Frame

Exception Stack Frame (BERR)

A.7 Exception Vector Assignment

Vector Number(s)	Address		Space	Assignment
	Dec	**Hex**		
0	0	000	SP	Reset: Initial SSP
1	4	004	SP	Reset: Initial PC
2	8	008	SD	Bus Error
3	12	00C	SD	Address Error
4	16	010	SD	Illegal Instruction
5	20	014	SD	Zero Divide
6	24	018	SD	CHK Instruction
7	28	01C	SD	TRAPV Instruction
8	32	020	SD	Privilege Violation
9	36	024	SD	Trace
10	40	028	SD	Line 1010 Emulator
11	44	02C	SD	Line 1111 Emulator
12	48	030	SD	(Unassigned, Reserved)
13	52	034	SD	(Unassigned, Reserved)
14	56	038	SD	Format Error
15	60	03C	SD	Uninitialized Interrupt Vector
16-23	64	040	SD	(Unassigned, Reserved)
	92	05C		–
24	96	060	SD	Spurious Interrupt
25	100	064	SD	Level 1 Interrupt Autovector
26	104	068	SD	Level 2 Interrupt Autovector
27	108	06C	SD	Level 3 Interrupt Autovector
28	112	070	SD	Level 4 Interrupt Autovector
29	116	074	SD	Level 5 Interrupt Autovector
30	120	078	SD	Level 6 Interrupt Autovector
31	124	07C	SD	Level 7 Interrupt Autovector
32-47	128	080	SD	TRAP Instruction Vectors
	188	0BC		–
48-63	192	0C0	SD	(Unassigned, Reserved)
	252	0FC		–
64-255	256	100	SD	User Interrupt Vectors
	1020	3FC		–

A.8 Anschlußbelegung

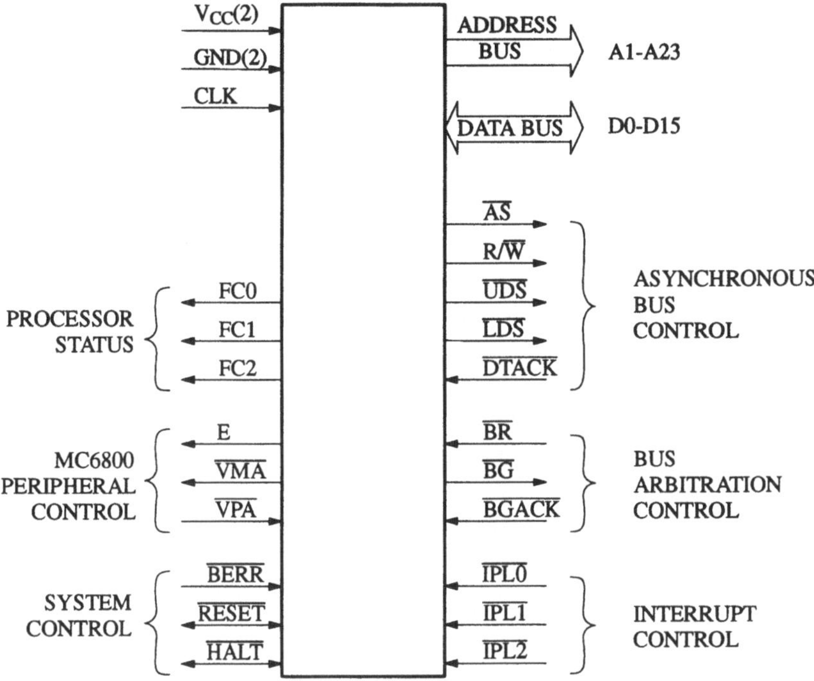

Function Code Outputs

Fuction Code Output			Address Space Type
FC2	FC1	FC0	
0	0	0	(Undefined, Reserved)
0	0	1	User Data
0	1	0	User Program
0	1	1	(Undefined, Reserved)
1	0	0	(Undefined, Reserved)
1	0	1	Supervisor Data
1	1	0	Supervisor Program
1	1	1	CPU Space

Signal Name	Mnemonic	Input/Output	Active State	Hi-Z	
				On $\overline{\text{HALT}}$	On $\overline{\text{BGACK}}$
Address Bus	A1–A23	Output	High	Yes	Yes
Data Bus	D0–D15	Input/Output	High	Yes	Yes
Address Strobe	$\overline{\text{AS}}$	Output	Low	No	Yes
Read/Write	$\text{R}/\overline{\text{W}}$	Output	Read-High Write-Low	No	Yes
Data Strobe	$\overline{\text{DS}}$	Output	Low	No	Yes
Upper and Lower Data Strobes	$\overline{\text{UDS}},\overline{\text{LDS}}$	Output	Low	No	Yes
Data Transfer Acknowledge	$\overline{\text{DTACK}}$	Input	Low	No	No
Bus Request	$\overline{\text{BR}}$	Input	Low	No	No
Bus Grant	$\overline{\text{BG}}$	Output	Low	No	No
Bus Grant Acknowledge	$\overline{\text{BGACK}}$	Input	Low	No	No
Interrupt Priority Level	$\overline{\text{IPL0}},\overline{\text{IPL1}},\overline{\text{IPL2}}$	Input	Low	No	No
Bus Error	$\overline{\text{BERR}}$	Input	Low	No	No
Reset	$\overline{\text{RESET}}$	Input/Output	Low	No	No
Halt	$\overline{\text{HALT}}$	Input/Output	Low	No	No
Enable	E	Output	High	No	No
Valid Memory Address	$\overline{\text{VMA}}$	Output	Low	No	Yes
Valid Peripheral Address	$\overline{\text{VPA}}$	Input	Low	No	No
Function Code Output	FC0,FC1,FC2	Output	High	No	Yes
Clock	CLK	Input	High	No	No
Power Input	V_{CC}	Input	–	–	–
Ground	GND	Input	–	–	–

Signal-Berchreibung 68010

A.9 Lesezyklus

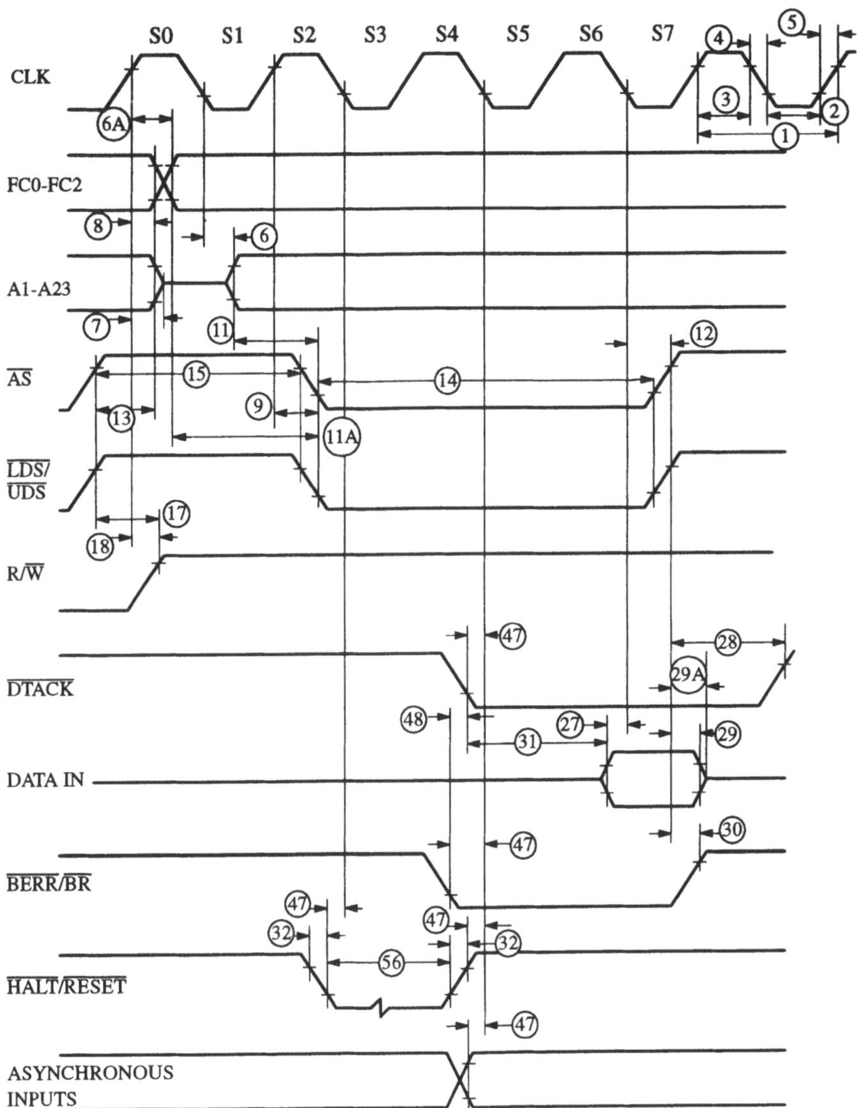

A.10 Schreibzyklus

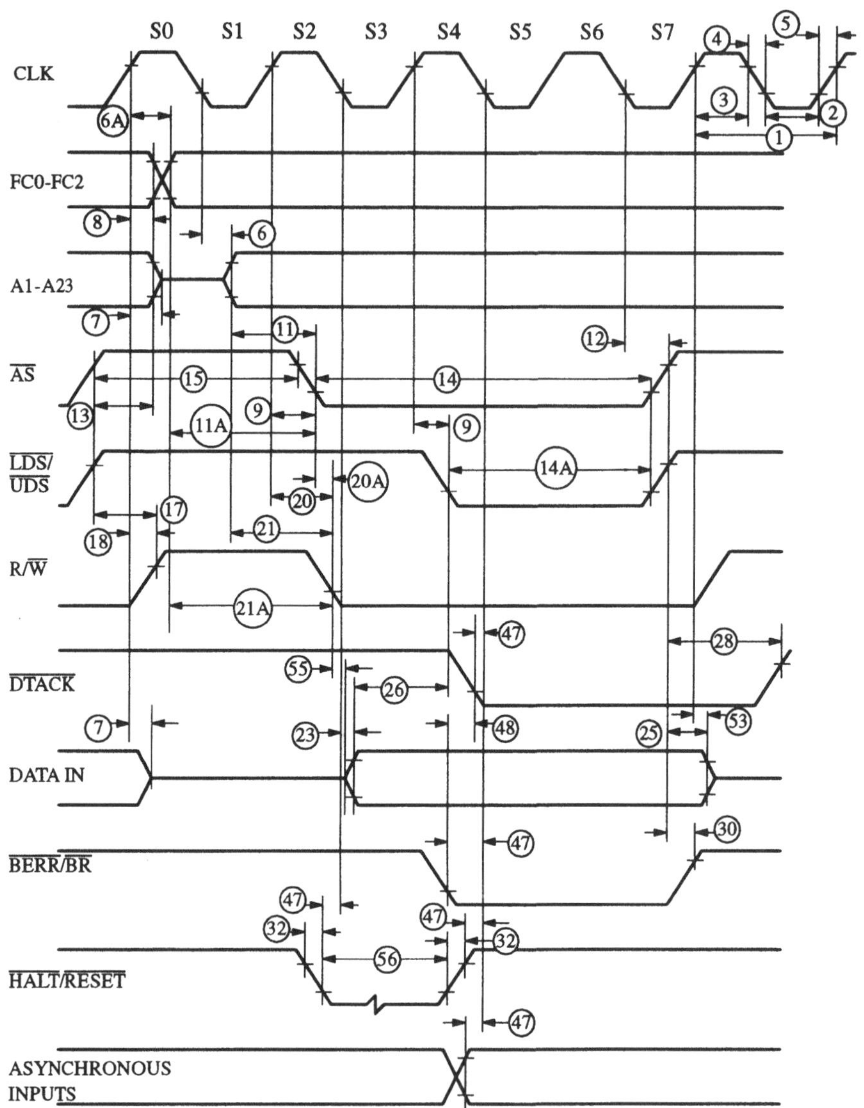

Anhang B: VMEbus Signal Identification

Signal Mnemonic	**Signal Name and Description**
A01-A15	ADDRESS bus (bits 1-15) - Three-state driven address lines that are used to broadcast a short, standard, or extend address.
A16-A23	ADDRESS bus (bits 16-23) - Three-state driven address lines that are used in conjunction with A01-A15 to broadcast a standard or extended address.
A24-A31	ADDRESS bus (bits 24-31) - Three-state driven address lines that are used in conjunction with A01-A23 to broadcast an extended address.
$\overline{\text{ACFAIL}}$	AC FAILURE - An open-collector driven signal which indicates that the AC input to the power supply is no longer being provide or that the required AC input voltage levels are not being met.
AM0-AM5	ADDRESS MODIFIER (bits 0-5) - Three-state driven lines that used to broadcast information such as address size, cycle type, and/or MASTER identification.
$\overline{\text{AS}}$	ADDRESS STROBE - A three-state driven signal that indicates when a valid address has been placed on the address bus.
$\overline{\text{BBSY}}$	BUS BUSY - An open-collector driven signal low by the current MASTER to indicate that it is using the bus. When the MASTER releases this line, the resultant rising edge causes the ARBITER to sample the bus grant lines and grant the bus to the highest priority requester.
$\overline{\text{BCLR}}$	BUS CLEAR - A totem-pole driven signal, generated by an ARBITER to indicate when there is a higher priority

	request for the bus. This signal requests the current MASTER to release the DTB.
$\overline{\text{BERR}}$	BUS ERROR - An open-collector driven signal generated by a SLAVE or BUS TIMER. This signal indicates to the MASTER that the data transfer was not completed.
$\overline{\text{BG0IN}}$-$\overline{\text{BG3IN}}$	BUS GRANT (0-3) IN - Totem-pole driven signals generated by the ARBITER and REQUESTERS. "Bus grant in" and "bus grant out" signals from bus grant daisy chains. The "bus grant in" signal indicates, to the board receiving it, that it may use the DTB
$\overline{\text{BG0OUT}}$-$\overline{\text{BG3OUT}}$	BUS GRANT (0-3) OUT - Totem-pole driven signals generated by REQUESTERS. The bus grant out signal indicates to the next board in the daisy-chain that it may use the DTB.
$\overline{\text{BR0}}$-$\overline{\text{BR3}}$	BUS REQUEST (0-3) - Open-collector driven signals generated by REQUESTERS. A low level on one of these lines indicates that some MASTERS needs to use the DTB.
D00-D31	DATA BUS - Three-state driven bidirectional data lines used to transfer data between MASTERS and SLAVES.
$\overline{\text{DS0}}$, $\overline{\text{DS1}}$	DATA STROBE ZERO, ONE - Three-state driven Signals used in conjunction with $\overline{\text{LMORD}}$ and A01 to indicate how many data bytes are being transferred (1, 2, 3, or 4). During a write cycle, the falling edge of the first data strobe indicates that valid data is available on the data bus. On a read cycle, the rising edge of the first data strobe indicates that data has been accepted from data bus.
$\overline{\text{DTACK}}$	DATA TRANSFER ACKNOWLEDGE - An open-collector driven signal generated by a SLAVE. The falling edge of this signal indicates that valid data is available on the data bus during a read cycle, or that data has been accepted from the data bus during a write cycle. The rising edge indicates when the SLAVE has released the data bus at the end of a READ CYCLE.
GND	The DC voltage reference for the VMEbus system.
$\overline{\text{IACK}}$	INTERRUPT ACKNOWLEDGE - An open-collector or three-state driven Signal used by an INTERRUPT

HANDLER acknowledging an interrupt request. It is routed, via a backplane signal trace, to the $\overline{\text{IACKIN}}$ pin of slot 1; where it is monitored by the IACK DAISY-CHAIN DRIVER.

$\overline{\text{IACKIN}}$ INTERRUPT ACKNOWLEDGE IN - A totem-pole driven signal. The $\overline{\text{IACKIN}}$ and $\overline{\text{IACKOUT}}$ signals from a daisy-chain. The $\overline{\text{IACKIN}}$ signal indicates to the VMEbus board receiving it that it is allowed to respond to the INTERRUPT ACKNOWLEDGECYCLE that is in progress.

$\overline{\text{IACKOUT}}$ INTERRUPT ACKNOWLEDGE OUT - A totem-pole driven signal. The $\overline{\text{IACKIN}}$ and $\overline{\text{IACKOUT}}$ signals from a daisy-chain. The $\overline{\text{IACKIN}}$ signal is sent by a board to indicate to the next board in the daisy-chain that it is allowed to respond to the INTERRUPT ACKNOWLEDGE CYCLE that is in progress.

$\overline{\text{IRQ1}}$-$\overline{\text{IRQ7}}$ INTERRUPT REQUEST (1-7) - Open-collector driven signals,generated by an INTERRUPTER, which carry interrupt requests. When several lines are monitored by a single INTERRUPT HANDLER the highest numbered line is given the highest priority.

$\overline{\text{LWORD}}$ LONGWORD - A three-state driven signal used in conjunction with $\overline{\text{DS0}}$, $\overline{\text{DS1}}$, and A01 to select which byte location(s) within the 4 byte group are accessed during the data transfer.

RESERVED   RESERVED - A signal line reserved for future VMEbus enhancements. This line MUST NOT be used.

SERCLK   SERIAL CLOCK - A totem-pole driven signal which is used to synchronize the data transmission on the VMEbus.

$\overline{\text{SERDAT}}$ SERIAL DATA - An open-collector driven signal which is used for VMEbus data transmission.

SYSCLK   SYSTEM CLOCK - A totem-pole driven signal which provides a constant 16-MHz clock signal that is independent of any other bus timing.

$\overline{\text{SYSFAIL}}$ SYSTEM FAIL - An open-collector driven signal that indicates that a failure has occurred in the system. This signal may be generated by any board on the VMEbus.

$\overline{\text{SYSRESET}}$ — SYSTEM RESET - An open-collector driven signal which, when low, causes the system to be reset.

$\overline{\text{WRITE}}$ — WRITE - A three-state driven signal generated by the MASTER to indicate whether the data transfer cycle is a read or write. A low level indicates a write operation. (Data transfer from MASTER to SLAVE).

+5V STDBY — +5 Vdc STANBY - This line sipplies +5 Vdc to devices requiring battery backup.

+5V — +5 Vdc Power - Used by system logic circuits.

+12V — +12 Vdc Power - Used by system logic circuits.

-12V — -12 Vdc Power - Used by system logic circuits.

Sachverzeichnis

Springer-Verlag und Umwelt

Als internationaler wissenschaftlicher Verlag sind wir uns unserer besonderen Verpflichtung der Umwelt gegenüber bewußt und beziehen umweltorientierte Grundsätze in Unternehmensentscheidungen mit ein.

Von unseren Geschäftspartnern (Druckereien, Papierfabriken, Verpackungsherstellern usw.) verlangen wir, daß sie sowohl beim Herstellungsprozeß selbst als auch beim Einsatz der zur Verwendung kommenden Materialien ökologische Gesichtspunkte berücksichtigen.

Das für dieses Buch verwendete Papier ist aus chlorfrei bzw. chlorarm hergestelltem Zellstoff gefertigt und im pH-Wert neutral.